電気電子情報のための

線形代数

奥村浩士 著

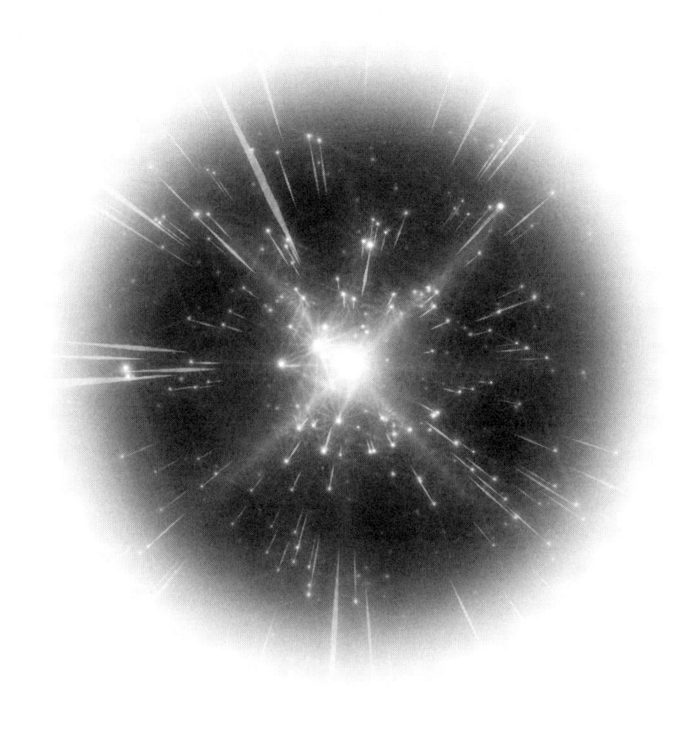

朝倉書店

まえがき

この本は電気電子工学や情報工学を専攻する大学1年生や高等専門学校生向けに書いた「線形代数」の入門書です．初めて習う数学科目「線形代数」を電気回路理論や電磁気学などの専門基礎科目に応用するために必要な最小限の内容をわかりやすく説明したつもりです．

確かに数学の「線形代数」の教科書には，定義が示され，それに基づいて論理的に導き出される定理と証明が理路整然と書かれています．n 個の変数を使い，n 次元空間で記述し，後から例として $n=2$ や $n=3$ の場合が述べられることが多いようです．しかし，はじめて学ぶ人にはとっつきにくかったり，戸惑いを感じたりします．

さらに，筆者が私立大学の電気情報系の学科で数学の教科書を使って「線形代数」を教えていたとき，学生諸君から「数学の線形代数がどのように電気電子工学に利用され，どんなふうに役に立っているのかはよくわからない」，「もっと線形代数の応用面を教えてほしい」という声をよく聞きました．

そこで，本書はこのような疑問や要望に答えるつもりで，当時の講義メモなどを参考にしながら電気回路や電磁気学への応用を中心に工学風にまとめています．

本書の特色は次のとおりです．

1）定理の証明はほとんど書いていません．ピタゴラスの定理 (三平方の定理) のように，定理も使えればよい，知っていればよいという立場をとって説明しています．証明などより詳しいことを知りたい方は数学の教科書「線形代数」と併用して読まれることを勧めます．

2）数学を理解するには「まず手を動かすこと」です．主に，手が動きやすい2行2列，3行3列の行列で説明し，ベクトルも幾何ベクトル以外，2行1列，

3行1列の行列として扱いました.

3)「ひと言コーナー」を設け, 筆者の体験や感じること, 本文から派生する内容, 別の言い方や表し方, 人物伝など参考になると思ったことを書いておきました.

本書から数学「線形代数」がけっして電気電子工学から遊離しているのではないことを少しでも感じ取っていただき,「線形代数」の理解に少しでもお役に立てれば幸いです.

最後になりますが, 原稿を注意深く読んで貴重なご意見を賜った京都大学大学院工学研究科電気工学専攻の久門尚史准教授に心より御礼申し上げます. また, 広島工業大学在職当時, いろいろなご教示をいただいた数学グループの先生方に心より感謝申し上げます. さらに, 学生のときからご指導いただいた恩師 京都大学名誉教授 (故) 木嶋 昭先生に深い感謝の意を表します.

2015年3月

奥 村 浩 士

目　　次

1

ベクトル

はじめに平面上の幾何ベクトルを復習する．そのあと数ベクトルを導入し，ベクトル空間を定義しその基本的な性質を述べる．

ベクトル空間で重要なのは一次従属と一次独立の概念であり，これを幾何ベクトルおよび数ベクトルで説明する．さらに，電磁気学や電気回路理論を理解する上で必要な3次元ベクトル空間の位置ベクトル，スカラー積およびベクトル積などを定義し，その応用も述べる．

1.1 幾何ベクトル

図1.1(a)のように，平面上の任意の点Aから点Bに向きを付けた有向線分ABを**幾何ベクトル** (geometric vector) といい，$\overrightarrow{\mathrm{AB}}$ で表す．点Aを始点，点Bを終点という．また，幾何ベクトル $\overrightarrow{\mathrm{AB}}$ を，たとえば $\overrightarrow{a}$ を用いて，

$$\overrightarrow{a} = \overrightarrow{\mathrm{AB}}$$

と表す．有向線分ABの長さを $\overrightarrow{a}$ の大きさといい，$\|\overrightarrow{a}\|$ で表す．幾何ベクトルは向きと大きさで定まる量である．このように，向きと大きさで定まる量を**ベクトル** (vector) あるいはベクトル量という．これに対し，実数や複素数のように，大きさのみで定まる量を**スカラー** (scaler) あるいはスカラー量という．

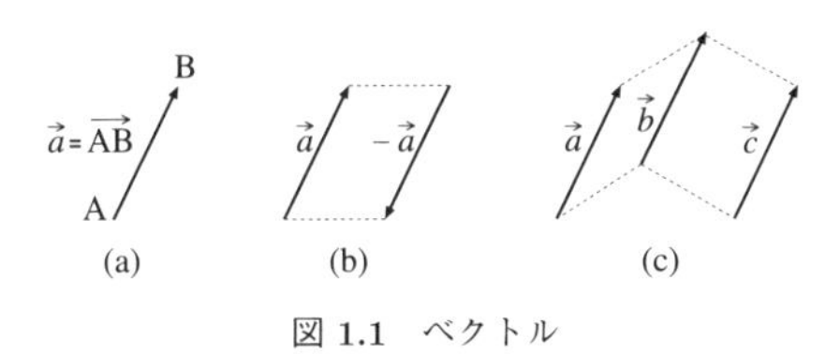

図 1.1 ベクトル

幾何ベクトルは向きと大きさが同じであれば同一のものとして扱われる．別の言い方をすれば，幾何ベクトルは向きと大きさを変えなければ，自由に動かすことができる．図 1.1(b) のように，幾何ベクトル $\overrightarrow{a}$ と大きさが等しく，向きが反対の幾何ベクトルを $\overrightarrow{a}$ の逆ベクトルといい，$-\overrightarrow{a}$ で表す．幾何ベクトル $\overrightarrow{a}$ とその逆ベクトル $-\overrightarrow{a}$ の和は

$$\overrightarrow{a} + (-\overrightarrow{a}) = \overrightarrow{\mathrm{AB}} + \overrightarrow{\mathrm{BA}} = \overrightarrow{\mathrm{AA}}$$

となるから，最右辺は始点と終点の一致した特別な有向線分を表す幾何ベクトルで，これを零ベクトル (null vector) といい，記号 $\overrightarrow{0}$ で表す．つまり，

$$\overrightarrow{a} + (-\overrightarrow{a}) = \overrightarrow{0}$$

である．また，同図 (c) の向きが同じで大きさが等しい 3 つの幾何ベクトルはすべて同じであり，$\overrightarrow{a} = \overrightarrow{b} = \overrightarrow{c}$ と書く．

a.　幾何ベクトルの和

図 1.2(a) 左図のように，$\overrightarrow{a}$ の終点から $\overrightarrow{b}$ を引き，$\overrightarrow{b}$ の終点に向かって $\overrightarrow{a}$ の始点から引いた有向線分を $\overrightarrow{a} + \overrightarrow{b}$ と書き，$\overrightarrow{a}$ と $\overrightarrow{b}$ の和という．

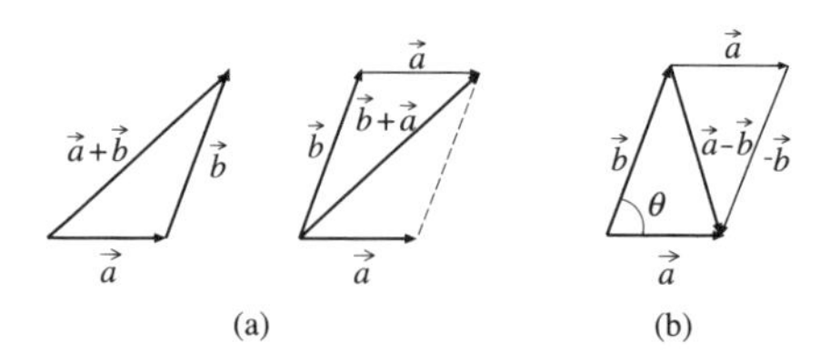

図 1.2　ベクトルの加法と減法

同図 (a) 右図のように $\overrightarrow{b} + \overrightarrow{a}$ も $\overrightarrow{b}$ と $\overrightarrow{a}$ の和であるから，交換法則

$$\overrightarrow{a} + \overrightarrow{b} = \overrightarrow{b} + \overrightarrow{a}$$

が成り立つ．このように，幾何ベクトルの和は始点を一致させた 2 つの有向線分からできる平行四辺形の対角線として表される．これを**平行四辺形の法則** (law of parallelogram) という．同図 (b) に差 $\overrightarrow{a} - \overrightarrow{b}$ を示す．差は和 $\overrightarrow{a} + (-\overrightarrow{b})$ と考え，逆向きの幾何ベクトル $-\overrightarrow{b}$ を作り，それと $\overrightarrow{a}$ との和をとればよい．平行四辺形の対角線はベクトルの和と差を表す．また，結合法則

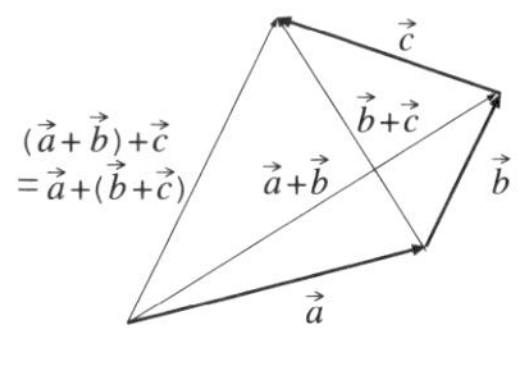

図 **1.3** ベクトル

$$(\overrightarrow{a}+\overrightarrow{b})+\overrightarrow{c}=\overrightarrow{a}+(\overrightarrow{b}+\overrightarrow{c})$$

を満たしていることも，図 1.3 から容易に確かめることができる．

b. 幾何ベクトルのスカラー倍

幾何ベクトルを $\overrightarrow{a}$，実数を p とする．幾何ベクトルのスカラー倍 $p\overrightarrow{a}$ は幾何ベクトルの大きさを $|p|$ 倍することと定義する．たとえば，$2\overrightarrow{a}$ は $\overrightarrow{a}$ と同じ向きで大きさが $\overrightarrow{a}$ の 2 倍のベクトル，$-2\overrightarrow{a}$ は $2(-\overrightarrow{a})$ であるから，反対向きで大きさが $\overrightarrow{a}$ の 2 倍のベクトルを表す．

スカラーと幾何ベクトルの乗法は次の法則を満たしている．

(1) 分配則：$p(\overrightarrow{a}+\overrightarrow{b})=p\overrightarrow{a}+p\overrightarrow{b}$

(2) 分配則：$(p+q)\overrightarrow{a}=p\overrightarrow{a}+q\overrightarrow{a}$

(3) 結合則：$(pq)\overrightarrow{a}=p(q\overrightarrow{a})$

この法則 (1), (2), (3) を図示すると，それぞれ図 1.4 の (a), (b), (c) に対応する．

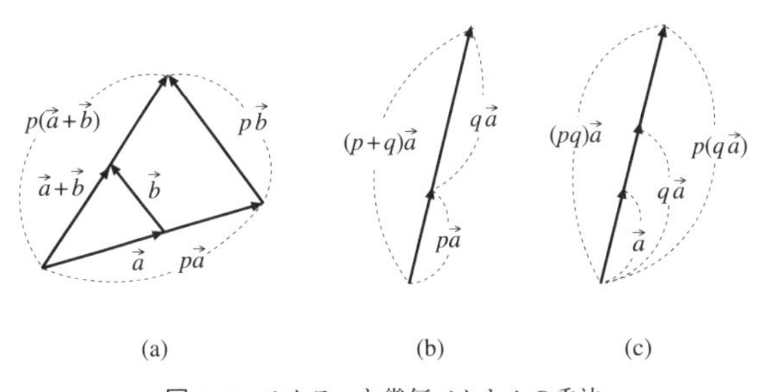

図 **1.4** スカラーと幾何ベクトルの乗法

一般にベクトルの和をつくる操作を**加法** (vector addition) とよび，ベクトルを定数倍する操作を**スカラー乗法** (scaler multiplication) という．幾何ベクトルでは和とスカラー倍のほかに，幾何ベクトルの間の角度を余弦定理を用いて定めることができる．

1.1.1　幾何ベクトルの分解

平行四辺形の法則を用いて，1 つの幾何ベクトルを決められた 2 つの方向に分解することはよく行われる．図 1.5(a) では幾何ベクトル $\overrightarrow{a}$ を与えられた OU, OV の方向に分解している．幾何ベクトル $\overrightarrow{a}$ の始点から OU, OV に平行線を引き，OU，OV との交点を幾何ベクトル $\overrightarrow{b}$，$\overrightarrow{c}$ の始点にとればよい．同図 (b) からも明らかなように，分解した幾何ベクトル $\overrightarrow{b}$，$\overrightarrow{c}$ の大きさが分解前の幾何ベクトル $\overrightarrow{a}$ よりも大きいこともある．

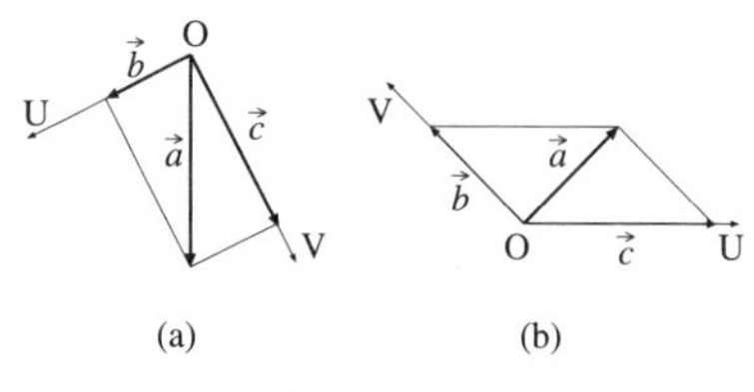

図 **1.5**　幾何ベクトルの分解

このような幾何ベクトルの和，差，スカラー倍，分解は交流回路でよく用いられ，変圧器 (transformer)，誘導モータ (induction motor)，同期発電機 (synchronous generator) などの電圧・電流，磁束などの相互の関係を描くベクトル図として活用されている．

1.1.2　幾何ベクトルの一次従属と一次独立

図 1.6(a) に示すように，平面上に 2 つの幾何ベクトル $\overrightarrow{a}$，$\overrightarrow{b}$ が互いに平行であれば，同図 (b) のように始点を点 O にそろえて描くことができる．

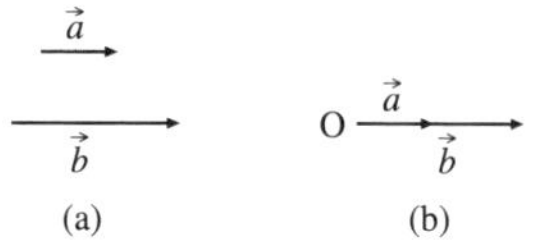

(a)　　(b)

図 **1.6**　幾何ベクトルの一次従属

この場合，p を実数として

$$\overrightarrow{b} = p\overrightarrow{a} \tag{1.1}$$

と表すことができる．このとき，幾何ベクトル $\overrightarrow{a}$ と $\overrightarrow{b}$ とは互いに**一次従属** (linear dependent) であるという．この場合，$\overrightarrow{a}$ と $\overrightarrow{b}$ は同一直線上に描くことができる．式 (1.1) は m, n を実数として

$$m\overrightarrow{a} + n\overrightarrow{b} = \overrightarrow{0} \tag{1.2}$$

の形に書ける．一般に，2 つの幾何ベクトル $\overrightarrow{a}$, $\overrightarrow{b}$ に対して，式 (1.2) が成り立つような同時に 0 でない実数 m, n が存在すれば，$\overrightarrow{a}$ と $\overrightarrow{b}$ とは互いに一次従属であるという．

これに対し，式 (1.2) が成り立つのは $m = 0$, $n = 0$ のときに限るとき，幾何ベクトル $\overrightarrow{a}$ と $\overrightarrow{b}$ とは互いに**一次独立** (linear independent) であるという．この場合

$$0\overrightarrow{a} + 0\overrightarrow{b} = \overrightarrow{0} \tag{1.3}$$

であるから，$\overrightarrow{a}$, $\overrightarrow{b}$ はお互いに無関係 (平行は除く) でそれ自体独立の存在である．つまり，2 つの幾何ベクトル $\overrightarrow{a}$, $\overrightarrow{b}$ が一次独立ならば，これらは同一直線上にはない[*1)]．

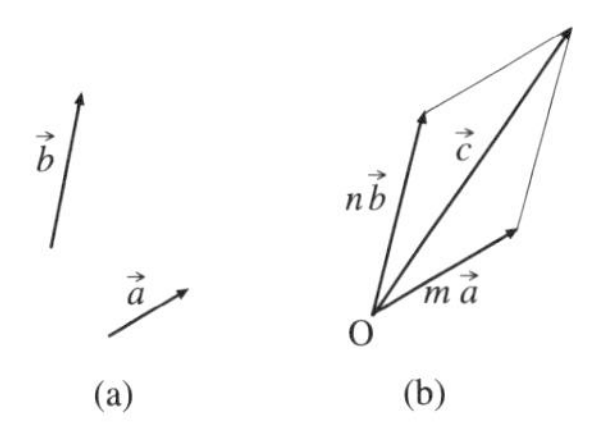

図 1.7 幾何ベクトルの一次独立

図 1.7(a) は互いに一次独立な幾何ベクトル $\overrightarrow{a}$, $\overrightarrow{b}$ を示している．始点を点 O にそろえ $\overrightarrow{a}$ を m 倍し，$\overrightarrow{b}$ を n 倍すると平行四辺形の法則により，同図 (b) のように幾何ベクトル $\overrightarrow{c}$ が合成され，式 (1.2) の関係はもはや成り立たない．

[*1)] ♠ ひと言コーナー ♠ 一次従属や一次独立ははじめはわかりにくい．広辞苑によれば，従属とは中心となる他のものにつき従うこと．独立とは単独で存在すること，他に束縛または支配されないこと．式 (1.1) や式 (1.3) はこのことを物語っている．一次従属，一次独立という呼び方を数学者はうまくつけたものだと思う．一次独立の概念は後に述べるベクトル空間の次元に関係する．

このことは 0 でない実数 m, n に対して

$$\overrightarrow{c} = m\overrightarrow{a} + n\overrightarrow{b} \tag{1.4}$$

と表される幾何ベクトル $\overrightarrow{c}$ が存在することを意味する．平面上では $\overrightarrow{a}, \overrightarrow{b}, \overrightarrow{c}$ のうち，どの 2 つも一次独立である．また，式 (1.4) はベクトル $\overrightarrow{c}$ が一次独立なベクトル $\overrightarrow{a}$，$\overrightarrow{b}$ に平行なベクトルに分解できることを示している．この分解は一意的 (1 つしかない) である．

1.1.3 幾何ベクトルと数ベクトルの対応

2 次元平面に座標系を導入することによって，幾何ベクトルを数ベクトルという 2 つの数の組に対応させることができることを示そう．

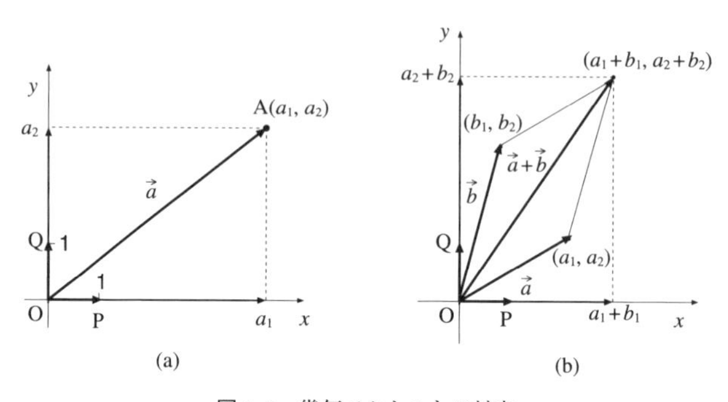

図 1.8 幾何ベクトルとの対応

図 1.8(a) のように点 O を原点とする直交座標系 O–xy を導入し，x，y 軸上に基準となる大きさ 1 の幾何ベクトル $\overrightarrow{\mathrm{OP}}, \overrightarrow{\mathrm{OQ}}$ をとる．大きさ 1 のベクトルを単位ベクトル (unit vector) という．

点 A から x 軸，y 軸に垂線を降ろし，交点の x 座標，y 座標をそれぞれ a_1，a_2 とすれば，点 A の座標は (a_1, a_2) である．したがって，幾何ベクトル $\overrightarrow{a}$ は一次独立な $\overrightarrow{\mathrm{OP}}, \overrightarrow{\mathrm{OQ}}$ によって一意的に

$$\overrightarrow{a} = a_1\overrightarrow{\mathrm{OP}} + a_2\overrightarrow{\mathrm{OQ}} \tag{1.5}$$

と表され，実数の組 $\begin{bmatrix} a_1 \\ a_2 \end{bmatrix}$ に対応させることができる．同図 (b) のように，2

つの幾何ベクトル $\overrightarrow{a}$, $\overrightarrow{b}$ を

$$\overrightarrow{a} = a_1\overrightarrow{\mathrm{OP}} + a_2\overrightarrow{\mathrm{OQ}}$$
$$\overrightarrow{b} = b_1\overrightarrow{\mathrm{OP}} + b_2\overrightarrow{\mathrm{OQ}}$$

と表せば，$\overrightarrow{a}$, $\overrightarrow{b}$ がそれぞれ $\begin{bmatrix} a_1 \\ a_2 \end{bmatrix}$, $\begin{bmatrix} b_1 \\ b_2 \end{bmatrix}$ に対応し，これらの和は

$$\overrightarrow{a} + \overrightarrow{b} = (a_1 + b_1)\overrightarrow{\mathrm{OP}} + (a_2 + b_2)\overrightarrow{\mathrm{OQ}} \tag{1.6}$$

であるから，$\overrightarrow{a} + \overrightarrow{b}$ が $\begin{bmatrix} a_1 + b_1 \\ a_2 + b_2 \end{bmatrix}$ に対応する．また，実数 p に対して

$$p\overrightarrow{a} = pa_1\overrightarrow{\mathrm{OP}} + pa_2\overrightarrow{\mathrm{OQ}} \tag{1.7}$$

であるから，$p\overrightarrow{a}$ が $\begin{bmatrix} pa_1 \\ pa_2 \end{bmatrix}$ に対応することがわかる．そこで，幾何ベクトルの和の式 (1.6) とスカラー倍の式 (1.7) から，次に述べる**数ベクトル** (numerical vector) を定義することができる．

1.1.4 数ベクトル

ここで，縦に並べた 2 個の数の組に対して和とスカラー倍を

(i) $\begin{bmatrix} a_1 \\ a_2 \end{bmatrix} + \begin{bmatrix} b_1 \\ b_2 \end{bmatrix} = \begin{bmatrix} a_1 + b_1 \\ a_2 + b_2 \end{bmatrix}$

(ii) $p\begin{bmatrix} a_1 \\ a_2 \end{bmatrix} = \begin{bmatrix} pa_1 \\ pa_2 \end{bmatrix}$ (p は実数)

で定義する．そして，2 個の数の組に対して (i), (ii) が成り立つとき，2 個の数の組を **2 次元数ベクトル** (two-dimensional numerical vector) あるいは 2 次の数ベクトルという．この数ベクトルを幾何ベクトルに対応させるには 1.1.3 項で述べたような何らかの座標系を導入しなければならない．今後，説明の都合上幾何ベクトルと区別する必要がないときは，数ベクトルを単にベクトルとよぶ．2 次のベクトルを拡張して，n 個の実数を縦に並べた組 (n-tuples)

$$\begin{bmatrix} a_1 \\ a_2 \\ \vdots \\ a_n \end{bmatrix}$$

を $\boldsymbol{n}$ 次元ベクトル (n-dimensional vector) あるいは $\boldsymbol{n}$ 次のベクトル (n-vector) とよび，太文字 $\boldsymbol{a}$ で表す．また，$a_1, a_2, \cdots, a_n$ を成分 (component)，a_k を第 k 成分という．2 次のベクトルと同様に，n 次のベクトルの和とスカラー倍

$$\begin{bmatrix} a_1 \\ a_2 \\ \vdots \\ a_n \end{bmatrix} + \begin{bmatrix} b_1 \\ b_2 \\ \vdots \\ b_n \end{bmatrix} = \begin{bmatrix} a_1 + b_1 \\ a_2 + b_2 \\ \vdots \\ a_n + b_n \end{bmatrix}, \qquad p\begin{bmatrix} a_1 \\ a_2 \\ \vdots \\ a_n \end{bmatrix} = \begin{bmatrix} pa_1 \\ pa_2 \\ \vdots \\ pa_n \end{bmatrix} \quad (p \text{ は実数})$$

が成り立つ．

(例 1.1)　$\boldsymbol{a} = \begin{bmatrix} 1 \\ 2 \end{bmatrix}, \boldsymbol{b} = \begin{bmatrix} 2 \\ -3 \end{bmatrix}$ のとき，次の値を求めよ．

(1)　$2\boldsymbol{a}$,　(2)　$5\boldsymbol{a} + 3\boldsymbol{b}$

〈解と説明〉　和とスカラー倍の定義から

(1)　$2\boldsymbol{a} = 2\begin{bmatrix} 1 \\ 2 \end{bmatrix} = \begin{bmatrix} 2 \\ 4 \end{bmatrix}$

(2)　$5\boldsymbol{a} + 3\boldsymbol{b} = 5\begin{bmatrix} 1 \\ 2 \end{bmatrix} + 3\begin{bmatrix} 2 \\ -3 \end{bmatrix} = \begin{bmatrix} 2 \\ 10 \end{bmatrix} + \begin{bmatrix} 6 \\ -9 \end{bmatrix} = \begin{bmatrix} 8 \\ 1 \end{bmatrix}$

(例 1.2)　$\boldsymbol{a} = \begin{bmatrix} 1 \\ -2 \end{bmatrix}, \boldsymbol{b} = \begin{bmatrix} 1 \\ 1 \end{bmatrix}$ とする．ベクトル $\boldsymbol{d} = \begin{bmatrix} 5 \\ -1 \end{bmatrix}$ を $\boldsymbol{a}, \boldsymbol{b}$ を用いて表せ．

〈解と説明〉　$\boldsymbol{d} = m\boldsymbol{a} + n\boldsymbol{b}$ と置くと

$$\begin{bmatrix} 5 \\ -1 \end{bmatrix} = m\begin{bmatrix} 1 \\ -2 \end{bmatrix} + n\begin{bmatrix} 1 \\ 1 \end{bmatrix} = \begin{bmatrix} m + n \\ -2m + n \end{bmatrix}$$

ゆえに連立一次方程式 $\{m + n = 5,\ -2m + n = -1\}$ を得る．これを解いて，$m = 2,\ n = 3$．よって，$\boldsymbol{d} = 2\boldsymbol{a} + 3\boldsymbol{b}$.

1.1.5 ベクトル空間

n 次のベクトルは和とスカラー倍によって定義された．この考え方をさらに進めると以下の (1) から (8) に示す数と同じ演算の法則が成り立つ．n 次のベクトルを $\boldsymbol{a}, \boldsymbol{b}, \boldsymbol{c}$，スカラーを p, q とする．

ベクトルの和に関して：

(1) 交換則：$\boldsymbol{a}+\boldsymbol{b}=\boldsymbol{b}+\boldsymbol{a}$

(2) 結合則：$(\boldsymbol{a}+\boldsymbol{b})+\boldsymbol{c}=\boldsymbol{a}+(\boldsymbol{b}+\boldsymbol{c})$

(3) 零ベクトルの存在：$\boldsymbol{a}+\boldsymbol{0}=\boldsymbol{a}$ となるベクトル $\boldsymbol{0}$ が存在する．

(4) 逆ベクトル $-\boldsymbol{a}$ の存在：$\boldsymbol{a}+(-\boldsymbol{a})=\boldsymbol{0}$ となる $-\boldsymbol{a}$ が存在する．

この性質により，3 つのベクトルの和を $\boldsymbol{a}+\boldsymbol{b}+\boldsymbol{c}=(\boldsymbol{a}+\boldsymbol{b})+\boldsymbol{c}$，差を $\boldsymbol{a}-\boldsymbol{b}=\boldsymbol{a}+(-\boldsymbol{b})$ と定義する．

ベクトルのスカラー乗法に関して：

(5) 分配則：$p(\boldsymbol{a}+\boldsymbol{b})=p\boldsymbol{a}+p\boldsymbol{b}$

(6) 分配則：$(p+q)\boldsymbol{a}=p\boldsymbol{a}+q\boldsymbol{a}$

(7) 結合則：$(pq)\boldsymbol{a}=p(q\boldsymbol{a})$

(8) $1\boldsymbol{a}=\boldsymbol{a}$, $0\boldsymbol{a}=\boldsymbol{0}$, $p\boldsymbol{0}=\boldsymbol{0}$

このような演算法則を満たす n 次のベクトル全体の集合を **$\boldsymbol{n}$ 次元ベクトル空間** (n-dimensional vector space) とよび，個々のベクトルを n 次元ベクトル空間の元 (element) という．2 次のベクトルは 2 次元ベクトル空間の元，3 次のベクトルは 3 次元ベクトル空間の元である．電気電子工学では 2 次，3 次のベクトルを扱う場合が非常に多いので，本書でも 2 次元，3 次元ベクトル空間を中心に述べる[*2)]．

要するにベクトルの加法とスカラー乗法は成分ごとに行うから，ベクトルに関しても数と同じ計算法則が成り立つということである．ベクトル空間は抽象的な概念であり，(1) から (8) の法則を満たすものはすべてベクトルとして扱う

[*2)] ♠ ひと言コーナー ♠　2 次元ベクトル空間や 3 次元ベクトル空間は直感的に幾何学的イメージがわくが，4 次元，5 次元，…になるとお手上げである．まして n 次元ベクトル空間となればイメージがわかないのが普通であろう．そんなとき「空間」を「集合」と読み替えれば 4 次元ベクトルの集合，5 次元ベクトルの集合，…となり理解しやすくなる．筆者は大学で初めて線形代数を習ったとき，いきなり n 次元ベクトル空間から始められ面食らった．幾何学的イメージを描こうとしたからである．

ことができる.

(例 1.3) 3 次のベクトルを $\boldsymbol{a} = \begin{bmatrix} 1 \\ -1 \\ 1 \end{bmatrix}, \boldsymbol{b} = \begin{bmatrix} 1 \\ 2 \\ 3 \end{bmatrix}, \boldsymbol{c} = \begin{bmatrix} 3 \\ 0 \\ -2 \end{bmatrix}$ に対し

$$3\boldsymbol{a} - 2\boldsymbol{b} + \boldsymbol{c} = 3\begin{bmatrix} 1 \\ -1 \\ 1 \end{bmatrix} + (-2)\begin{bmatrix} 1 \\ 2 \\ 3 \end{bmatrix} + \begin{bmatrix} 3 \\ 0 \\ -2 \end{bmatrix}$$

$$= \begin{bmatrix} 3 \\ -3 \\ 3 \end{bmatrix} + \begin{bmatrix} -2 \\ -4 \\ -6 \end{bmatrix} + \begin{bmatrix} 3 \\ 0 \\ -2 \end{bmatrix} = \begin{bmatrix} 3-2+3 \\ -3-4+0 \\ 3-6-2 \end{bmatrix} = \begin{bmatrix} 4 \\ -7 \\ -5 \end{bmatrix}.$$

1.2 スカラー積

幾何ベクトルではベクトルの長さやベクトル間の角度が考えられるように，数ベクトルの空間でも長さや角度が定義できる．いま，零ベクトル $\mathbf{0}$ でない 2 つのベクトル $\boldsymbol{a}$ と $\boldsymbol{b}$ の**スカラー積** (scaler product，**内積** (inner product) ともいう) を記号で $\boldsymbol{a}\boldsymbol{\cdot}\boldsymbol{b}$ と表し

$$\boldsymbol{a}\boldsymbol{\cdot}\boldsymbol{b} = \|\boldsymbol{a}\|\,\|\boldsymbol{b}\|\cos\theta \quad (0 \leq \theta \leq \pi) \tag{1.8}$$

と定義する．ここに，$\|\boldsymbol{a}\|, \|\boldsymbol{b}\|$ はそれぞれ $\boldsymbol{a}$，$\boldsymbol{b}$ の大きさ (長さ) である．角 θ は $\boldsymbol{a}$ と $\boldsymbol{b}$ がつくる角である．いま，角 θ，$\boldsymbol{a}$ と $\boldsymbol{b}$ の関係を 2 次元平面の幾何ベクトルで示すと，図 1.9 のようになる．ここに，ベクトル $\boldsymbol{a} = \overrightarrow{\mathrm{OA}}, \boldsymbol{b} = \overrightarrow{\mathrm{OB}}$ である．

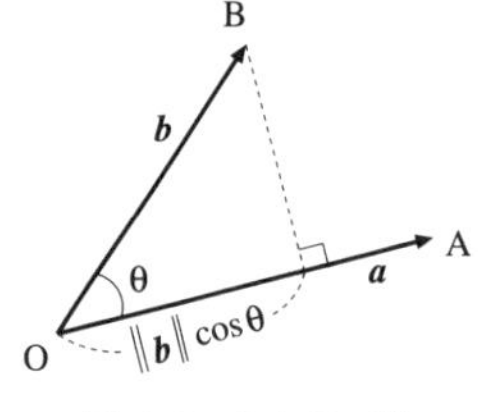

図 1.9 スカラー積

$\boldsymbol{a} = \boldsymbol{0}$ または $\boldsymbol{b} = \boldsymbol{0}$ のときは $\boldsymbol{a} \cdot \boldsymbol{b} = 0$ と定める．したがって，ベクトル $\boldsymbol{a} \neq \boldsymbol{0}$，$\boldsymbol{b} \neq \boldsymbol{0}$ のつくる角は

$$\cos\theta = \frac{\boldsymbol{a} \cdot \boldsymbol{b}}{\|\boldsymbol{a}\| \, \|\boldsymbol{b}\|}$$

によって与えられる．とくに $\theta = \pi/2 = 90^\circ$ のとき，$\boldsymbol{a} \cdot \boldsymbol{b} = 0$ になる．このときベクトル $\boldsymbol{a}, \boldsymbol{b}$ は直交するという．なお，$\|\boldsymbol{b}\| \cos\theta$ をベクトル $\boldsymbol{b}$ の $\boldsymbol{a}$ 上への**正射影** (orthographic projection) という (図 1.9 参照)．例で示すように，スカラー積はいろいろな場面で用いられる．応用では正射影を常に意識しょう．

(例 1.4)　$\|\boldsymbol{a}\| = 3, \|\boldsymbol{b}\| = 2$ とし，$\boldsymbol{a}$ と $\boldsymbol{b}$ のつくる角を θ とするとき，次の各場合について，スカラー積 $\boldsymbol{a} \cdot \boldsymbol{b}$ を求めよ．

(1) $\theta = \pi/3$　(2) $\theta = \pi$　(3) $\theta = 0$　(4) $\theta = \pi/2$

〈解と説明〉　(1) $\boldsymbol{a} \cdot \boldsymbol{b} = 3 \times 2\cos\pi/3 = 3$　(2) $\boldsymbol{a} \cdot \boldsymbol{b} = 3 \times 2\cos\pi = -6$
(3) $\boldsymbol{a} \cdot \boldsymbol{b} = 3 \times 2\cos 0 = 6$　(4) $\boldsymbol{a} \cdot \boldsymbol{b} = 3 \times 2\cos(\pi/2) = 0$

(例 1.5)　**力がする仕事**　図 1.10(a) のように，物体 m の移動は始点 O と終点 P を結ぶ有向線分 OP，つまり，長さと向きをもつ変位ベクトル $\boldsymbol{d}$ で表示される．力もベクトル $\boldsymbol{F}$ である．同図 (b) のように力 $\boldsymbol{F}$ が変位ベクトル $\boldsymbol{d}$ と平行に作用し，距離 $d = \|\boldsymbol{d}\|$ だけ移動したとき，力 $\boldsymbol{F}$ は Fd ($F = \|\boldsymbol{F}\|$) の仕事をしたという．同図 (c) のように，力 $\boldsymbol{F}$ と変位ベクトル $\boldsymbol{d}$ が平行でないとき，仕事は $\boldsymbol{F}$ と $\boldsymbol{d}$ のスカラー積

$$\boldsymbol{F} \cdot \boldsymbol{d} = Fd\cos\theta$$

で与えられる．ここに，$F\cos\theta$ は $\boldsymbol{F}$ の変位ベクトル $\boldsymbol{d}$ 上への正射影である．

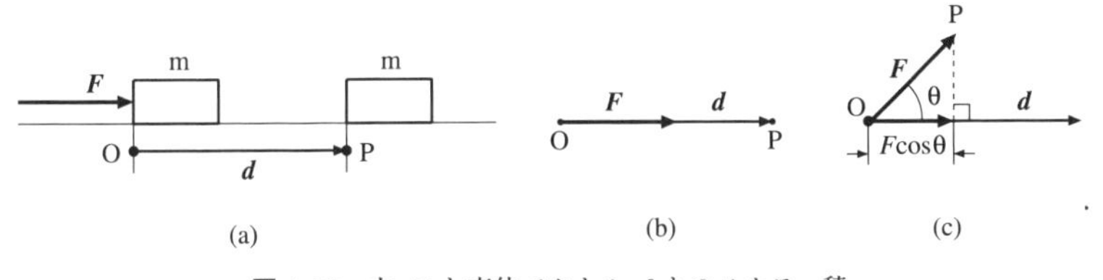

図 1.10　力 $\boldsymbol{F}$ と変位ベクトル $\boldsymbol{d}$ とのスカラー積

1.2.1 スカラー積の成分による表示

図 1.11 のように，点 O を原点とする直交座標軸 x, y, z を導入する．x 軸（右手親指）と y 軸（右手人差し指）を含む平面上で x 軸から y 軸に向かって回転させるとき，右ねじの進む方向が z 軸（右手中指）の正方向であるような座標系を**右手系** (right-hand system) という．今後，座標系は右手系をとる．

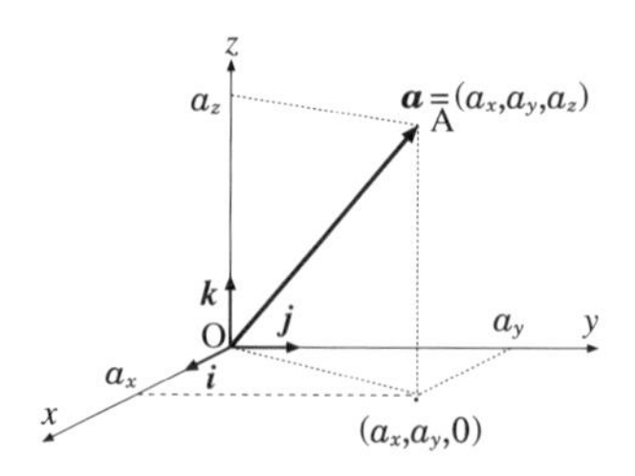

図 1.11 基本ベクトルと位置ベクトル

原点 O を始点とし任意の点 A を終点とする幾何ベクトル $\overrightarrow{\mathrm{OA}}$ を，点 O に対する点 A の**位置ベクトル** (position vector) という．いま，同図のように点 A の座標を $(a_x,\ a_y,\ a_z)$ とする．位置ベクトル $\overrightarrow{\mathrm{OA}}$ を数ベクトルで

$$\boldsymbol{a} = \begin{bmatrix} a_x \\ a_y \\ a_z \end{bmatrix} \tag{1.9}$$

と表す．ここに a_x, a_y, a_z をそれぞれ $\boldsymbol{a}$ の x 成分，y 成分，z 成分という．x, y, z 軸の正方向に向かう単位ベクトルをそれぞれベクトル

$$\boldsymbol{i} = \begin{bmatrix} 1 \\ 0 \\ 0 \end{bmatrix}, \quad \boldsymbol{j} = \begin{bmatrix} 0 \\ 1 \\ 0 \end{bmatrix}, \quad \boldsymbol{k} = \begin{bmatrix} 0 \\ 0 \\ 1 \end{bmatrix} \tag{1.10}$$

で定義する．この 3 つのベクトルを**基本ベクトル** (fundamental vector) という．位置ベクトル $\boldsymbol{a}$ は成分と基本ベクトルによって

$$\boldsymbol{a} = \begin{bmatrix} a_x \\ a_y \\ a_z \end{bmatrix} = a_x \begin{bmatrix} 1 \\ 0 \\ 0 \end{bmatrix} + a_y \begin{bmatrix} 0 \\ 1 \\ 0 \end{bmatrix} + a_z \begin{bmatrix} 0 \\ 0 \\ 1 \end{bmatrix}$$

すなわち

$$\boldsymbol{a} = a_x\boldsymbol{i} + a_y\boldsymbol{j} + a_z\boldsymbol{k} \tag{1.11}$$

と表すことができる．基本ベクトル $\boldsymbol{i}$, $\boldsymbol{j}$, $\boldsymbol{k}$ の係数が位置ベクトル $\boldsymbol{a}$ の座標 $(a_x,\ a_y,\ a_z)$ である．もう 1 つのベクトルを

$$\boldsymbol{b} = b_x\boldsymbol{i} + b_y\boldsymbol{j} + b_z\boldsymbol{k} \tag{1.12}$$

とすると，和とスカラー倍は

$$\begin{aligned} \boldsymbol{a}+\boldsymbol{b} &= (a_x+b_x)\boldsymbol{i} + (a_y+b_y)\boldsymbol{j} + (a_z+b_z)\boldsymbol{k} \\ p\boldsymbol{a} &= pa_x\boldsymbol{i} + pa_y\boldsymbol{j} + pa_z\boldsymbol{k} \quad (\ p\ \text{は実数}\ ) \end{aligned} \tag{1.13}$$

で与えられる．

(例 1.6)　2 次元平面上の基本ベクトルは $\boldsymbol{i} = \begin{bmatrix} 1 \\ 0 \end{bmatrix}$, $\boldsymbol{j} = \begin{bmatrix} 0 \\ 1 \end{bmatrix}$ である．ベクトル $\boldsymbol{a} = \begin{bmatrix} 3 \\ 4 \end{bmatrix}$ を基本ベクトルで表すと $\boldsymbol{a} = 3\boldsymbol{i} + 4\boldsymbol{j}$，座標は $(3,\ 4)$ である．

基本ベクトルは互いに直交しているから，スカラー積は

$$\begin{aligned} \boldsymbol{i}\cdot\boldsymbol{j} = \boldsymbol{j}\cdot\boldsymbol{k} = \boldsymbol{k}\cdot\boldsymbol{i} = 0 \\ \boldsymbol{i}\cdot\boldsymbol{i} = \boldsymbol{j}\cdot\boldsymbol{j} = \boldsymbol{k}\cdot\boldsymbol{k} = 1 \end{aligned} \tag{1.14}$$

となる．この関係と分配則を用いて 2 つのベクトル $\boldsymbol{a}$, $\boldsymbol{b}$ のスカラー積は成分によって

$$\boldsymbol{a}\cdot\boldsymbol{b} = a_xb_x + a_yb_y + a_zb_z \tag{1.15}$$

と表される．

(例 1.7)　$\boldsymbol{a} = 12\boldsymbol{i} + 5\boldsymbol{j}$, $\boldsymbol{b} = 3\boldsymbol{i} + 4\boldsymbol{j}$ のとき，$\boldsymbol{a}\cdot\boldsymbol{b} = 12 \times 3 + 5 \times 4 = 56$.

図 1.11 の位置ベクトル $\overrightarrow{\mathrm{OA}} = \boldsymbol{a}$ の大きさ $\|\boldsymbol{a}\|$ は原点 O と点 A 間の距離であるから，ピタゴラスの定理 (Pythagoras theorem，三平方の定理) により

$$\|\boldsymbol{a}\| = \sqrt{a_x^2 + a_y^2 + a_z^2} \tag{1.16}$$

で与えられる．この式によれば，実数 p に対し

$$\|p\boldsymbol{a}\| = |p|\|\boldsymbol{a}\| \tag{1.17}$$

が成り立つ．このように2点間の距離が定義される3次元ベクトル空間を**3次元ユークリッド空間** (three-dimensional Euclidean space) という．

(例 1.8) $\boldsymbol{a} = \boldsymbol{i} - 2\boldsymbol{j} + 2\boldsymbol{k}$ に対し，$\|\boldsymbol{a}\| = \sqrt{1^2 + (-2)^2 + 2^2} = \sqrt{9} = 3$ である．また，$\|-4\boldsymbol{a}\| = |-4|\|\boldsymbol{a}\| = 4 \times 3 = 12$ である．

ベクトルは数を縦に並べて表すが，紙面スペースのため $\boldsymbol{a} = [a_1\ a_2\ \cdots\ a_n]^{\mathrm{T}}$ と書くことがある．記号 T は横の並びを縦に**転置** (transpose) することを意味する．後述の行列の理論でよく用いられる．

(例 1.9) ベクトル $\boldsymbol{a} = [2\ \ 2\ \ -8]^{\mathrm{T}}$, $\boldsymbol{b} = [2\ \ -4\ \ 4]^{\mathrm{T}}$ のとき，$\boldsymbol{a}$ と $\boldsymbol{b}$ のつくる角 θ を求めよ．また，$\boldsymbol{b}$ の $\boldsymbol{a}$ 上への正射影と $\boldsymbol{a}$ の $\boldsymbol{b}$ 上への正射影を求めよ．

〈解と説明〉 $\|\boldsymbol{a}\| = \sqrt{2^2 + 2^2 + (-8)^2} = 6\sqrt{2}$, $\|\boldsymbol{b}\| = \sqrt{2^2 + (-4)^2 + 4^2} = 6$. スカラー積は $\boldsymbol{a}\cdot\boldsymbol{b} = 2 \times 2 + 2 \times (-4) + (-8) \times 4 = -36$, $\cos\theta = -36/(6\sqrt{2} \times 6) = -1/\sqrt{2}$, よって，$\theta = 135°$ である．$\boldsymbol{b}$ の $\boldsymbol{a}$ 上への正射影は $\|\boldsymbol{b}\|\cos\theta = 6 \times (-1/\sqrt{2}) = -3\sqrt{2}$, $\boldsymbol{a}$ の $\boldsymbol{b}$ 上への正射影は $\|\boldsymbol{a}\|\cos\theta = 6\sqrt{2} \times (-1/\sqrt{2}) = -6$ である．

1.2.2 位置ベクトルによる関数の表示

いま，座標 (x, y, z) の点に働く力を位置ベクトル $\boldsymbol{r} = x\boldsymbol{i} + y\boldsymbol{j} + z\boldsymbol{k}$ により $\boldsymbol{F}(\boldsymbol{r})$ と表す．これは $\boldsymbol{F}(x,\ y,\ z)$ とも記され，成分によって

$$\boldsymbol{F}(\boldsymbol{r}) = \boldsymbol{F}(x,\ y,\ z) = F_x(x,\ y,\ z)\boldsymbol{i} + F_y(x,\ y,\ z)\boldsymbol{j} + F_z(x,\ y,\ z)\boldsymbol{k}$$

と表す．ここに，$F_x(x,\ y,\ z)$, $F_y(x,\ y,\ z)$, $F_z(x,\ y,\ z)$ は $\boldsymbol{F}(\boldsymbol{r})$ の成分である．このように成分で書くと式は長くなるので，位置ベクトルを用いた $\boldsymbol{F}(\boldsymbol{r})$ がよく用いられる．簡潔な表記に慣れよう．

(例 1.10) クーロンの法則 原点 O に電荷 Q があり，そこから位置ベクトル $\boldsymbol{r}$ 離れた点に置かれた十分小さい電荷 q が受ける力は

$$\boldsymbol{F} = \frac{1}{4\pi\varepsilon_0}\frac{Qq}{r^2}\left(\frac{\boldsymbol{r}}{r}\right)$$

である．これを**クーロンの法則** (Coulomb's law) という．ここに ε_0 は真空の誘電率，また $r = \|\boldsymbol{r}\|$ で，$\boldsymbol{r}/r$ は $\boldsymbol{r}$ 方向の単位ベクトルである．

(例 1.11) 電界の定義　静止した電荷が力を受ける空間を**静電界** (electrostatic field) といい，本書では静電界を**電界** (electric field) とよぶ．電界の強さは単位電荷に作用する力の大きさと定義される．位置ベクトル $\boldsymbol{r}$ の位置に十分小さい電荷 q [C] を置いたとき，その電荷に働く力が $\boldsymbol{F}(\boldsymbol{r})$ [N] であるならば，その位置 $\boldsymbol{r}$ の電界は

$$\boldsymbol{E}(\boldsymbol{r}) = \frac{1}{q}\boldsymbol{F}(\boldsymbol{r}) \text{ [N/C]}$$

によって与えられる．この式により

$$\boldsymbol{F}(\boldsymbol{r}) = q\boldsymbol{E}(\boldsymbol{r})$$

と書くことができる．この式は，図 1.12(a) のように位置ベクトル $\boldsymbol{r}$ の点における電界 $\boldsymbol{E}(\boldsymbol{r})$ が既知であるとき，その点に置かれた電荷 q が受ける力が $\boldsymbol{F}(\boldsymbol{r})$ であることを示している．

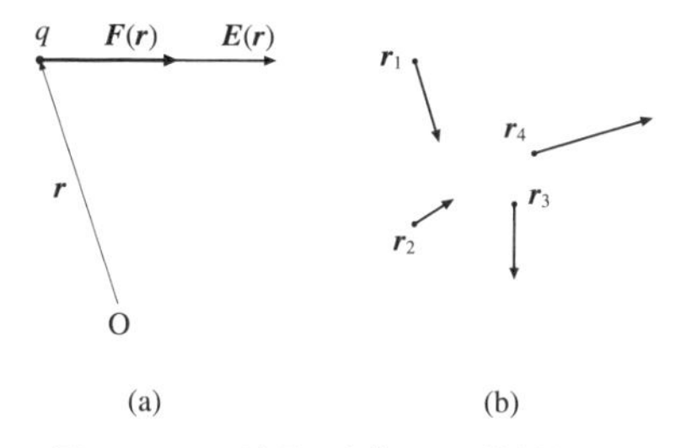

図 1.12　(a) 電界の定義，(b) 位置と電界

電界の表示が $\boldsymbol{E}(\boldsymbol{r})$ であることからも明らかであるが，電界はある点の位置ベクトル $\boldsymbol{r}$ によって決まるベクトル量である．天気図で風の向きと強さを示す各地点の矢印と同じように，同図 (b) は電界が空間の各点にいろいろな大きさと向きをもって分布していることを示している．

1.2.3 スカラー積の性質

ここでスカラー積の性質をまとめておこう．2 つのベクトル $\boldsymbol{a}, \boldsymbol{b}$，実数 p に対し次の性質が成り立つ．

(i)　交換則：$\boldsymbol{a} \cdot \boldsymbol{b} = \boldsymbol{b} \cdot \boldsymbol{a}$

(ii)　分配則：$\boldsymbol{a}\cdot(\boldsymbol{b}+\boldsymbol{c})=\boldsymbol{a}\cdot\boldsymbol{b}+\boldsymbol{a}\cdot\boldsymbol{c}$,　$(\boldsymbol{a}+\boldsymbol{b})\cdot\boldsymbol{c}=\boldsymbol{a}\cdot\boldsymbol{c}+\boldsymbol{b}\cdot\boldsymbol{c}$

(iii)　正値性：$\boldsymbol{a}\cdot\boldsymbol{a}=\|\boldsymbol{a}\|^2$,　$\boldsymbol{a}\neq\boldsymbol{0}$ ならば $\boldsymbol{a}\cdot\boldsymbol{a}>0$

(iv)　スカラー倍：$(p\boldsymbol{a})\cdot\boldsymbol{b}=\boldsymbol{a}\cdot(p\boldsymbol{b})=p(\boldsymbol{a}\cdot\boldsymbol{b})$，$p$ は実数

(例 1.12)　分配則と交換則により

$$\begin{aligned}\|\boldsymbol{a}+\boldsymbol{b}\|^2&=(\boldsymbol{a}+\boldsymbol{b})\cdot(\boldsymbol{a}+\boldsymbol{b})=\boldsymbol{a}\cdot(\boldsymbol{a}+\boldsymbol{b})+\boldsymbol{b}\cdot(\boldsymbol{a}+\boldsymbol{b})\\&=\boldsymbol{a}\cdot\boldsymbol{a}+\boldsymbol{a}\cdot\boldsymbol{b}+\boldsymbol{b}\cdot\boldsymbol{a}+\boldsymbol{b}\cdot\boldsymbol{b}=\|\boldsymbol{a}\|^2+2\boldsymbol{a}\cdot\boldsymbol{b}+\|\boldsymbol{b}\|^2\end{aligned}$$

(例 1.13)　2 つのベクトル $\boldsymbol{a}=[0\ \ -2\ \ 2]^{\mathrm{T}}$, $\boldsymbol{b}=[2\ \ -2\ \ 1]^{\mathrm{T}}$ に垂直な単位ベクトル $\boldsymbol{c}$ を求めよ.

〈解と説明〉　$\boldsymbol{c}=[c_x\ c_y\ c_z]^{\mathrm{T}}$ とすると

$$\boldsymbol{a}\cdot\boldsymbol{c}=-2c_y+2c_z=0$$

$$\boldsymbol{a}\cdot\boldsymbol{c}=2c_x-2c_y+c_z=0$$

これを解いて，$c_x=c$, $c_y=2c$, $c_z=2c$. ベクトル $\boldsymbol{c}$ は単位ベクトルだから $\|\boldsymbol{c}\|=c^2+(2c)^2+(2c)^2=9c^2=1$，よって $c=\pm1/3$. $\boldsymbol{c}=[\pm1/3\ \ \pm2/3\ \ \pm2/3]^{\mathrm{T}}$　(複合同順) である.

1.3　ベ ク ト ル 積

ベクトル積 (vector product) は外積 (outer product) ともよばれ，次のように定義されるベクトルである.

すなわち，図 1.13 のように 2 つのベクトルを $\boldsymbol{a}$, $\boldsymbol{b}$ とし，そのなす角を θ と

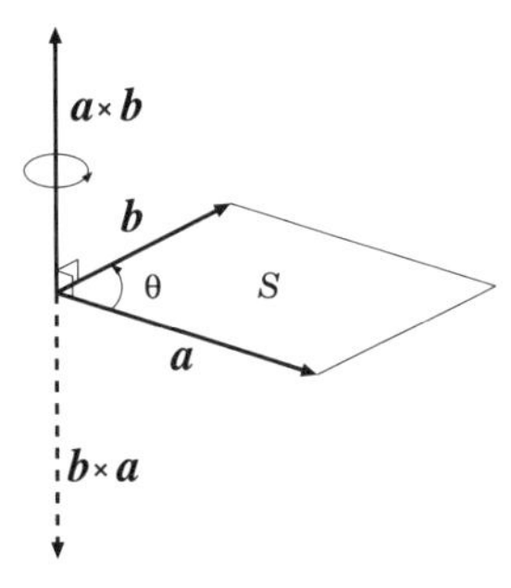

図 1.13　ベクトル積

する．ベクトル積 $\boldsymbol{a}\times\boldsymbol{b}$ は次の2つの性質をもつベクトル $\boldsymbol{c}$ として定義される．

① 大きさ (長さ) は $\boldsymbol{a}$ と $\boldsymbol{b}$ のつくる平行四辺形の面積 $S=\|\boldsymbol{a}\|\,\|\boldsymbol{b}\|\sin\theta$,

② 向きは平行四辺形に垂直．すなわち，$\boldsymbol{c}\perp\boldsymbol{a}$, $\boldsymbol{c}\perp\boldsymbol{b}$. ただし，$\boldsymbol{a}$ を $\boldsymbol{b}$ まで回転させたとき，右ねじの進む方向を正とする．

したがって，$\boldsymbol{a}\times\boldsymbol{b}$ で定義されるベクトルと $\boldsymbol{b}\times\boldsymbol{a}$ で定義されるベクトルとは大きさは等しく向きは反対になるから，

$$\boldsymbol{a}\times\boldsymbol{b}=-\boldsymbol{b}\times\boldsymbol{a}$$

である．明らかにベクトル積では交換則が成り立たない，すなわち

$$\boldsymbol{a}\times\boldsymbol{b}\neq\boldsymbol{b}\times\boldsymbol{a}$$

である．ベクトル積では常に積の順序に注意しなければならない．

$\boldsymbol{a}$ と $\boldsymbol{b}$ とが平行ならば $\theta=0$ または π であるから，$\boldsymbol{a}\times\boldsymbol{b}=\boldsymbol{0}$ である．これから

$$\boldsymbol{a}\times\boldsymbol{a}=\boldsymbol{0}$$

であることは容易にわかる．

1.3.1 モーメントの表示

力学や電磁気学で学ぶモーメント (moment) はベクトル積で表示できる．点Oから点Pへ向かう位置ベクトル $\boldsymbol{r}$ と，点Pにおけるベクトル $\boldsymbol{A}$ とのベクトル積 $\boldsymbol{r}\times\boldsymbol{A}$ を点Oの回りのモーメントという．

a. 力のモーメント

図1.14(a) のように，位置ベクトル $\boldsymbol{r}$，力 $\boldsymbol{F}$ による点Oの回りのモーメント $\boldsymbol{M}$ はベクトル積

$$\boldsymbol{M}=\boldsymbol{r}\times\boldsymbol{F}$$

によって与えられる．よって，同図 (b) のように，力のモーメントの大きさ $\|\boldsymbol{M}\|$ は力の大きさ $F=\|\boldsymbol{F}\|$ [N] と力の作用点Pと点Oとの距離 $r=\|\boldsymbol{r}\|$ [m] により $rF\sin\theta$ [N·m] と表される．

力のモーメントの単位はエネルギーの単位ジュール J = N·m と一致するが，力のモーメントはエネルギーではなく，単位もニュートンメートルと読むことに注意しよう．

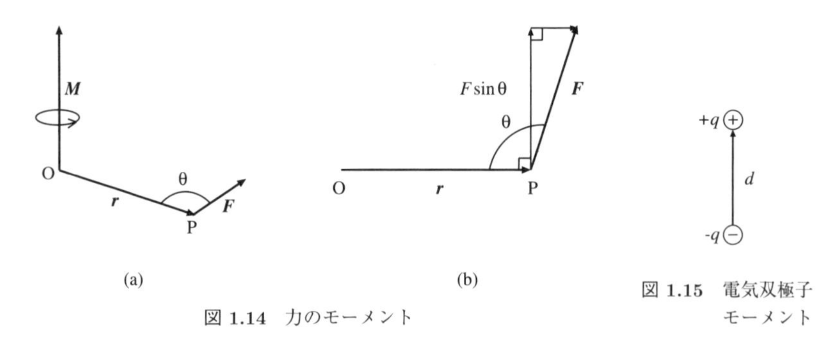

(a) (b)

図 1.14 力のモーメント

図 1.15 電気双極子モーメント

b. 電気双極子モーメント

図 1.15 のように，異符号の電荷 $\pm q$ が微小距離 d だけ離れて存在するとき，これら電荷の対を**電気双極子** (electric dipole) という．

電気双極子は

(i) 大きさが qd [C · m]

(ii) 向きが負電荷 $(-q)$ から正電荷 $(+q)$

で定義される電気双極子モーメント $\boldsymbol{p}$ をもつ．明らかに，これはベクトル量であり，電荷が z 軸上にあるとすれば，$\boldsymbol{p} = qd\boldsymbol{k}$ と表される．電気双極子自体も電界をつくるが，その影響のない空間の外部電界 $\boldsymbol{E}$ の中に置かれた電気双極子は

$$\boldsymbol{M}_e = \boldsymbol{p} \times \boldsymbol{E}$$

の回転モーメントを受ける．

1.3.2 ベクトル積の性質と成分表示

ベクトル積には次の性質がある．

a. ベクトル積の性質

(i) $\boldsymbol{a} \times \boldsymbol{b} = -\boldsymbol{b} \times \boldsymbol{a}$

(ii) $\boldsymbol{a} \times \boldsymbol{a} = \boldsymbol{0}$

(iii) 分配則が成り立つ．

$$\boldsymbol{a} \times (\boldsymbol{b} + \boldsymbol{c}) = \boldsymbol{a} \times \boldsymbol{b} + \boldsymbol{a} \times \boldsymbol{c}, \quad (\boldsymbol{b} + \boldsymbol{c}) \times \boldsymbol{a} = \boldsymbol{b} \times \boldsymbol{a} + \boldsymbol{c} \times \boldsymbol{a}$$

(iv) $(\boldsymbol{a} + \boldsymbol{b}) \times (\boldsymbol{c} + \boldsymbol{d}) = \boldsymbol{a} \times \boldsymbol{c} + \boldsymbol{a} \times \boldsymbol{d} + \boldsymbol{b} \times \boldsymbol{c} + \boldsymbol{b} \times \boldsymbol{d}$

(v) $(p\boldsymbol{a}) \times \boldsymbol{b} = \boldsymbol{a} \times (p\boldsymbol{b}) = p(\boldsymbol{a} \times \boldsymbol{b})$． p は実数である．

(例 1.14) 実数 p に対し，$\boldsymbol{b} = p\boldsymbol{a} + \boldsymbol{c}$ ならば $\boldsymbol{a} \times \boldsymbol{b} = \boldsymbol{a} \times \boldsymbol{c}$ である．なぜなら，$\boldsymbol{a} \times \boldsymbol{b} = \boldsymbol{a} \times (p\boldsymbol{a} + \boldsymbol{c}) = p\boldsymbol{a} \times \boldsymbol{a} + \boldsymbol{a} \times \boldsymbol{c} = \boldsymbol{a} \times \boldsymbol{c}$.

b. 基本ベクトルのベクトル積

基本ベクトル $\boldsymbol{i}$, $\boldsymbol{j}$, $\boldsymbol{k}$ のベクトル積は次のようになる．

$$\begin{aligned} &\boldsymbol{i} \times \boldsymbol{i} = \boldsymbol{j} \times \boldsymbol{j} = \boldsymbol{k} \times \boldsymbol{k} = \boldsymbol{0} \\ &\boldsymbol{i} \times \boldsymbol{j} = \boldsymbol{k}, \quad \boldsymbol{j} \times \boldsymbol{k} = \boldsymbol{i}, \quad \boldsymbol{k} \times \boldsymbol{i} = \boldsymbol{j} \end{aligned} \tag{1.18}$$

これを用いて，ベクトル $\boldsymbol{a}$ と $\boldsymbol{b}$ とのベクトル積は分配則により

$$\begin{aligned} \boldsymbol{a} \times \boldsymbol{b} &= (a_x\boldsymbol{i} + a_y\boldsymbol{j} + a_z\boldsymbol{k}) \times (b_x\boldsymbol{i} + b_y\boldsymbol{j} + b_z\boldsymbol{k}) \\ &= a_xb_x\boldsymbol{i} \times \boldsymbol{i} + a_xb_y\boldsymbol{i} \times \boldsymbol{j} + a_xb_z\boldsymbol{i} \times \boldsymbol{k} \\ &\quad + a_yb_x\boldsymbol{j} \times \boldsymbol{i} + a_yb_y\boldsymbol{j} \times \boldsymbol{j} + a_yb_z\boldsymbol{j} \times \boldsymbol{k} \\ &\quad + a_zb_x\boldsymbol{k} \times \boldsymbol{i} + a_zb_y\boldsymbol{k} \times \boldsymbol{j} + a_zb_z\boldsymbol{k} \times \boldsymbol{k} \end{aligned}$$

となるから，式 (1.18) を用いて整理すると，ベクトル積 $\boldsymbol{c} = \boldsymbol{a} \times \boldsymbol{b}$ は

$$\begin{aligned} \boldsymbol{c} &= c_x\boldsymbol{i} + c_y\boldsymbol{j} + c_z\boldsymbol{k} \\ &= (a_yb_z - b_ya_z)\boldsymbol{i} + (a_zb_x - b_za_x)\boldsymbol{j} + (a_xb_y - b_xa_y)\boldsymbol{k} \end{aligned} \tag{1.19}$$

となる．このようにベクトル積の成分表示は一見複雑で覚えにくいが，次のようにすれば，覚えやすく速算ができる．

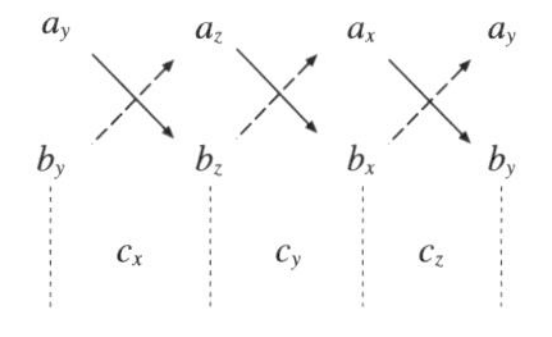

図 1.16 ベクトル積の速算法

図 1.16 のように，ベクトル $\boldsymbol{a}$, $\boldsymbol{b}$ のそれぞれの成分を，y 成分から始めて，横に $y \ \rightarrow \ z \ \rightarrow \ x \rightarrow \ y$ 成分の順に書き，y 成分で終わる．そして，はじめから縦に 2 つずつ仕切り，(右下がりの矢印 (実線) の成分の積) − (右上がりの矢印 (破線) の成分の積)，つまり「タスキ掛け計算」を 3 つの仕切りについて行えば，その結果が式 (1.19) に示すベクトル積 $\boldsymbol{a} \times \boldsymbol{b}$ の c_x, c_y, c_z 成分である．

(例 1.15) $\boldsymbol{a} = \boldsymbol{i} + 2\boldsymbol{j} + 3\boldsymbol{k}$, $\boldsymbol{b} = 3\boldsymbol{i} - 2\boldsymbol{j} + \boldsymbol{k}$, $\boldsymbol{a}$ と $\boldsymbol{b}$ のなす角を θ とする．ベクトル積 $\boldsymbol{a} \times \boldsymbol{b}$, $\|\boldsymbol{a} \times \boldsymbol{b}\|$, $\sin\theta$ を求めよ．

〈解と説明〉 $\boldsymbol{c} = \boldsymbol{a} \times \boldsymbol{b}$ とすると，$\boldsymbol{c} = 8\boldsymbol{i} + 8\boldsymbol{j} - 8\boldsymbol{k}$, $\|\boldsymbol{c}\| = 8\sqrt{3}$, $\|\boldsymbol{a}\| = \sqrt{14}$, $\|\boldsymbol{b}\| = \sqrt{14}$. よって，$\sin\theta = \|\boldsymbol{c}\|/\|\boldsymbol{a}\|\|\boldsymbol{b}\| = 8\sqrt{3}/14 = 4\sqrt{3}/7$ となる．

1.3.3 電磁気学に現れるベクトル積

a. ローレンツ力の表現

運動する電荷が力を受ける空間を**磁界** (magnetic field) といい，この空間を表す物理量として磁束密度 $\boldsymbol{B}$ [Wb/m^2] をとる*3)．速度 $\boldsymbol{v}$ [m] で運動する電荷は磁界から $\boldsymbol{F} = q\boldsymbol{v} \times \boldsymbol{B}$ [N] の力を受ける．電界 $\boldsymbol{E}$ と磁界が存在する空間では速度 $\boldsymbol{v}$ [m] で運動する電荷 q [C] は

$$\boldsymbol{F} = q(\boldsymbol{E} + \boldsymbol{v} \times \boldsymbol{B}) \tag{1.20}$$

を受ける．力 $q\boldsymbol{v} \times \boldsymbol{B}$ をローレンツ力 (Lorentz force) という．ローレンツ力は速度に垂直であることがわかる．ローレンツ力が微小距離 $\Delta\boldsymbol{r}$ にする仕事は

$$\Delta W = q(\boldsymbol{v} \times \boldsymbol{B}) \cdot \Delta\boldsymbol{r} = q(\boldsymbol{v} \times \boldsymbol{B}) \cdot \boldsymbol{v}\Delta t = 0$$

であるから，磁界は仕事をしないといえる*4)．

b. ビオ・サバールの法則の表現

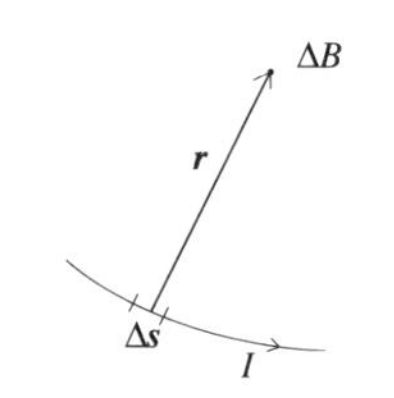

図 1.17 ビオ・サバールの法則

図 1.17 のように，導線に I [A] の定常電流が流れているとき，微小変位 $\Delta\boldsymbol{s}$ を流れる電流 $I\Delta\boldsymbol{s}$ から $\boldsymbol{r}$ [m] 離れた位置における微小磁束密度 $\Delta\boldsymbol{B}$ [Wb/m^2] は

---

*3) ♠ ひと言コーナー ♠ 磁界 (の物理的性質) を表す物理量は磁束密度 $\boldsymbol{B}$ と磁界 $\boldsymbol{H}$ がある．ここでは電界 $\boldsymbol{E}$ に対応する磁束密度 $\boldsymbol{B}$ をとっている．

*4) ♠ ひと言コーナー ♠ $\boldsymbol{c} = \boldsymbol{v} \times \boldsymbol{B}$ と置く．定義により $\boldsymbol{c} \perp \boldsymbol{v}$. よって，$\boldsymbol{c} \cdot \boldsymbol{v} = 0$.

$$\Delta \boldsymbol{B} = \frac{\mu_0}{4\pi} \frac{I \Delta \boldsymbol{s} \times \hat{\boldsymbol{r}}}{r^2}$$

で与えられる．ただし，μ_0 は真空の透磁率，$\hat{\boldsymbol{r}}$ は $\boldsymbol{r}$ の単位ベクトルであり，$\hat{\boldsymbol{r}} = \boldsymbol{r}/r$, $\|\boldsymbol{r}\| = r$ である．これを**ビオ・サバールの法則** (Biot-Savart's law) といい，静電界におけるクーロンの法則に対応する法則である．この式のままでビオ・サバールの法則を使うことは稀で，何らかの積分を実行して有効な磁束密度を計算する．

演　習　問　題

1.1　図の直方体で $\overrightarrow{\mathrm{AB}} = \boldsymbol{a}$, $\overrightarrow{\mathrm{AD}} = \boldsymbol{b}$, $\overrightarrow{\mathrm{AE}} = \boldsymbol{c}$ とし，線分 HF の中点を M，線分 DB の中点を N とする．次のベクトルを $\boldsymbol{a}, \boldsymbol{b}, \boldsymbol{c}$ で表せ．

(1) $\overrightarrow{\mathrm{AG}}$,　(2) $\overrightarrow{\mathrm{BH}}$,　(3) $\overrightarrow{\mathrm{HM}}$,　(4) $\overrightarrow{\mathrm{AM}}$,　(5) $\overrightarrow{\mathrm{MN}}$

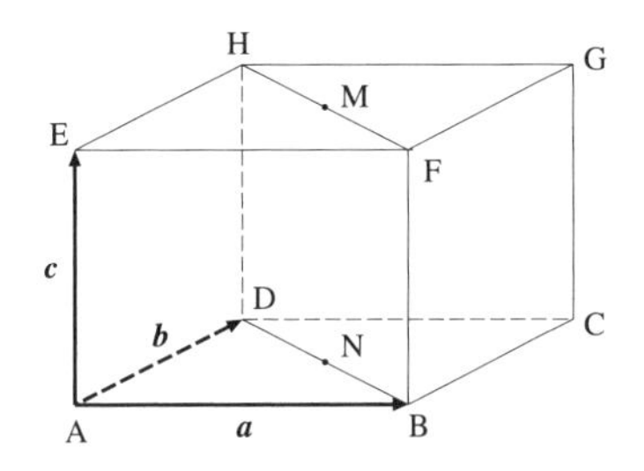

1.2　ベクトル $\boldsymbol{a} = \begin{bmatrix} 1 \\ 2 \end{bmatrix}$, $\boldsymbol{b} = \begin{bmatrix} 4 \\ 8 \end{bmatrix}$, $\boldsymbol{c} = \begin{bmatrix} 2 \\ 3 \end{bmatrix}$ を直交座標の上に描いて，一次従属か否かを判定せよ．

1.3　ベクトル $\boldsymbol{a} = \begin{bmatrix} 2 \\ 3 \end{bmatrix}$, $\boldsymbol{b} = \begin{bmatrix} 4 \\ 1 \end{bmatrix}$, $\boldsymbol{c} = \begin{bmatrix} -2 \\ 7 \end{bmatrix}$ とするとき，$\boldsymbol{c}$ を $\boldsymbol{a}$，$\boldsymbol{b}$ のスカラー倍の和で表せ．

1.4　ベクトル $\boldsymbol{a} = \begin{bmatrix} 1 \\ 1 \\ -4 \end{bmatrix}$, $\boldsymbol{b} = \begin{bmatrix} 1 \\ -2 \\ 2 \end{bmatrix}$ について，$\|\boldsymbol{a}\|$, $\|\boldsymbol{b}\|$ および $\boldsymbol{a}$ と $\boldsymbol{b}$ のなす角 θ を求めよ．さらに，ベクトル積 $\boldsymbol{a} \times \boldsymbol{b}$ を計算せよ．

1.5　$\|\boldsymbol{a}\| = 3$, $\|\boldsymbol{b}\| = 5$, $\|\boldsymbol{a} - \boldsymbol{b}\| = 7$ のとき，$\boldsymbol{a}$ と $\boldsymbol{b}$ のなす角と $2\boldsymbol{a} - 3\boldsymbol{b}$ の長さを求めよ．

1.6 ベクトル $\boldsymbol{a} = 2\boldsymbol{i} + 3\boldsymbol{j} + 5\boldsymbol{k}$, $\boldsymbol{b} = 4\boldsymbol{i} + \boldsymbol{j} + 3\boldsymbol{k}$ の両方に垂直なベクトルを求めよ.

1.7 ベクトル $\boldsymbol{a} = [4\ 5\ 1]^{\mathrm{T}}$, $\boldsymbol{b} = [0\ \ -1\ \ -1]^{\mathrm{T}}$, $\boldsymbol{c} = [3\ 9\ 4]^{\mathrm{T}}$, $\boldsymbol{d} = [a\ 4\ 4]^{\mathrm{T}}$ とする. ベクトル $\boldsymbol{a}$, $\boldsymbol{b}$, $\boldsymbol{c}$, $\boldsymbol{d}$ が同一平面上にあるように a を定めよ.

1.8 力 $\boldsymbol{F}_1 = 5\boldsymbol{i} - \boldsymbol{j} + 2\boldsymbol{k}\,[\mathrm{N}]$ と力 $\boldsymbol{F}_2 = 2\boldsymbol{i} - \boldsymbol{j} + \boldsymbol{k}\,[\mathrm{N}]$ の作用により, 質点が $\boldsymbol{r}_1 = \boldsymbol{i} + 2\boldsymbol{j} + \boldsymbol{k}\,[\mathrm{m}]$ から $\boldsymbol{r}_2 = 3\boldsymbol{i} + 4\boldsymbol{j} + \boldsymbol{k}\,[\mathrm{m}]$ に移動した. この力によってなされる仕事はいくらか.

1.9 磁束密度 $\boldsymbol{B}$ の磁界中の導線の中を速度 $\boldsymbol{v}$ で動く電子 (電荷 $-e$, e は正) がある. 導線に単位長当り n 個の電子があるとき, 長さ l の導線に働くローレンツ力を求めよ. また, それを電流ベクトルで表せ.

2

行　　列

はじめに行列とはどのようなものか，それは何を表すのかを簡単な電気回路の連立一次方程式を用いて説明し，行列を定義する．そして，行列の加法と乗法を説明し，逆行列を定義する．とくに，2 行 2 列の行列による二端子対回路の表示法を説明し，応用例とともに詳しく説明する．行列では成分の添字を意識することが大切であり，とくにその順序には注意しよう．

2.1　数の配列表

図 2.1 の電気回路において，電源の電圧 E_1, E_2 は既知量であり，電流 I_1, I_2 は未知量である．電圧源 E_1 と E_2 から流れ出る電流 I_1 と I_2 を計算してみよう．

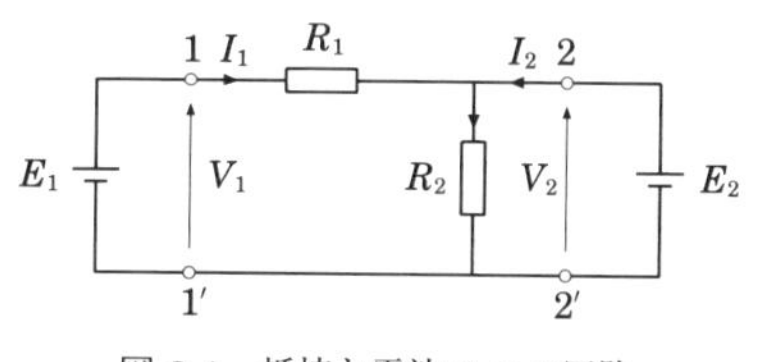

図 2.1　抵抗と電池 2 つの回路

キルヒホフの電圧則とオームの法則により連立一次方程式

$$
\begin{aligned}
E_1 &= (R_1 + R_2)I_1 + R_2 I_2 \\
E_2 &= R_2 I_1 + R_2 I_2
\end{aligned}
\tag{2.1}
$$

が得られる．これを解くと

$$I_1 = \frac{1}{R_1}E_1 - \frac{1}{R_1}E_2$$
$$I_2 = -\frac{1}{R_1}E_1 + \left(\frac{1}{R_1} + \frac{1}{R_2}\right)E_2 \tag{2.2}$$

となる．この2つの式の右辺の係数を表にまとめると

$$\begin{bmatrix} R_1 + R_2 & R_2 \\ R_2 & R_2 \end{bmatrix}, \quad \begin{bmatrix} \dfrac{1}{R_1} & -\dfrac{1}{R_1} \\ -\dfrac{1}{R_1} & \dfrac{1}{R_1} + \dfrac{1}{R_2} \end{bmatrix} \tag{2.3}$$

となる．左の表は連立一次方程式 (2.1) の本質である．左の表から，何らかの工夫をして，右の表を得ることが連立一次方程式を解くことの意味と解釈できる．

2.2 行列の定義

実数，複素数などの数や数式を長方形に配列した表を**行列** (matrix) という．行列において横の並びを**行** (row)，縦の並びを**列** (column) という．行は上から順に番号を付けて，第1行，第2行，…とよび，列は左から順に番号を付けて，第1列，第2列，…とよぶ．それぞれの数や数式を行列の**成分** (component)，あるいは**要素** (element) という．第 i 行と第 j 列が交差する位置にある成分を i 行 j 列成分，あるいは $(i,\ j)$ 成分という．

たとえば，

$$\begin{bmatrix} 1 & -2 & 0 \\ 3 & -4.2 + \mathrm{j}3 & -2.5 \end{bmatrix}$$

は行の個数2，列の個数3の行列であり，(1, 3) 成分は0，(2, 2) 成分は $-4.2+\mathrm{j}3$ である．

一般に，成分 $a_{ij}(i = 1, 2, \cdots, m, j = 1, 2, \cdots, n)$ を縦に m 個，横に n 個並べた行列を

$$\begin{bmatrix} a_{11} & a_{12} & \cdots & a_{1n} \\ a_{21} & a_{22} & \cdots & a_{2n} \\ \vdots & \vdots & \ddots & \vdots \\ a_{m1} & a_{m2} & \cdots & a_{mn} \end{bmatrix} \tag{2.4}$$

のように書き，m 行 n 列の行列といい，$(m,\ n)$ 行列，$m \times n$ 行列などと記す．本書では，行列を大文字の太字で $\boldsymbol{A}$ などと表す．その場合，$\boldsymbol{A} = [a_{ij}]$ と簡単に書く．成分 a_{ij} の 1 番目の添え字 i は行番号を，2 番目の添え字 j は列番号を示し，a_{ij} は i 行 j 列の成分を表す．

なお，すべての成分が実数である行列を**実行列** (real matrix)，成分が複素数である行列を**複素行列** (complex matrix) という．

2.2.1 行列の型

行列では行の個数 m と列の個数 n によって形が決まる．この形を行列の型とよび，型によって行列は区別される．

矩形行列 (rectangular matrix)：行と列の個数が違う (m, n) 行列をいう．たとえば

$$\begin{bmatrix} 1 & -2 & 3 & 4 \\ 2 & 0 & 5 & -7 \end{bmatrix}$$

は (2, 4) 行列である．

正方行列 (square matrix)：行と列の個数が等しい (n, n) 行列をいう．n 次の正方行列ともいう．たとえば，

$$\begin{bmatrix} 4+\mathrm{j}2 & -6 \\ -\mathrm{j} & 3 \end{bmatrix}$$

は $(2, 2)$ 行列あるいは 2 次の正方行列である．

行ベクトル (row vector)：$(1, n)$ 行列を n 次の行ベクトルという．行ベクトルを横ベクトルともいう．たとえば，$(1, 3)$ 行列

$$\begin{bmatrix} 4.1 & -6.32 & 0 \end{bmatrix}$$

は 3 次の行ベクトルである．

列ベクトル (column vector)：$(n, 1)$ 行列を n 次の列ベクトルという．列ベクトルを縦ベクトルともいう．たとえば，$(3, 1)$ 行列

$$\begin{bmatrix} -1 \\ 3 \\ 2 \end{bmatrix}$$

は3次の列ベクトルである.

スカラー (scaler)：成分 a_{11} のみの1行1列の行列, $(1,1)$ 行列である. たとえば, $\boldsymbol{A}=[2.03]$ は $(1,1)$ 行列であり, ただ1つの成分 $a_{11}=2.03$ を意味する.

なお, 今後用いるベクトルは列ベクトルであり, 小文字の太字で $\boldsymbol{a}$ などと表す.

a.　行列の相等

2つの行列 $\boldsymbol{A}$ と $\boldsymbol{B}$ が

(i)　同じ型であって, かつ

(ii)　その対応する成分がそれぞれ等しい

とき, $\boldsymbol{A}$ と $\boldsymbol{B}$ は等しいといい, $\boldsymbol{A}=\boldsymbol{B}$ と記す. たとえば, $\begin{bmatrix} a & b \\ c & d \end{bmatrix}=\begin{bmatrix} 1 & 2 \\ 3 & 4 \end{bmatrix}$ は $a=1,\ b=2,\ c=3,\ d=4$ を意味する.

b.　行列の加法

行列 $\boldsymbol{A}$ と $\boldsymbol{B}$ の加法を

(i)　$\boldsymbol{A}$ と $\boldsymbol{B}$ が同じ型であって, かつ

(ii)　すべての対応する成分の和をとること

と定義し, $\boldsymbol{A}+\boldsymbol{B}$ と書く. $\boldsymbol{A}=[a_{ij}],\ \boldsymbol{B}=[b_{ij}],\ \boldsymbol{C}=[c_{ij}]$ とすれば, $\boldsymbol{C}=\boldsymbol{A}+\boldsymbol{B}$ は $[c_{ij}]=[a_{ij}+b_{ij}]$ によって与えられる.

(例 2.1)　$\boldsymbol{A}=\begin{bmatrix} 1 & -2 \\ 3 & 4 \end{bmatrix}$,　$\boldsymbol{B}=\begin{bmatrix} 1 & 2 \\ -3 & 4 \end{bmatrix}$ とすると

$$\begin{aligned}\boldsymbol{C}&=\boldsymbol{A}+\boldsymbol{B}\\ &=\begin{bmatrix} 1 & -2 \\ 3 & 4 \end{bmatrix}+\begin{bmatrix} 1 & 2 \\ -3 & 4 \end{bmatrix}=\begin{bmatrix} 1+1 & -2+2 \\ 3+(-3) & 4+4 \end{bmatrix}=\begin{bmatrix} 2 & 0 \\ 0 & 8 \end{bmatrix}.\end{aligned}$$

また, 逆に $\boldsymbol{C}=\boldsymbol{A}+\boldsymbol{B}$ は $\boldsymbol{C}$ を $\boldsymbol{A}$ と $\boldsymbol{B}$ の和に分解するとの解釈もできる. たとえば

$$\boldsymbol{C}=\begin{bmatrix} 1 & 2 \\ 3 & 4 \end{bmatrix}=\begin{bmatrix} 1 & 0 \\ 3 & 0 \end{bmatrix}+\begin{bmatrix} 0 & 2 \\ 0 & 4 \end{bmatrix}$$

のように成分がすべて0の列ベクトルをもつ行列に分解して行列を表現できる. この分解によって後述の電気回路の重ね合わせの原理が説明される.

同じ型の行列の和に関して, 次の法則が成り立つ.

(i)　交換則　$\boldsymbol{A}+\boldsymbol{B}=\boldsymbol{B}+\boldsymbol{A}$

(ii)　結合則　$(\boldsymbol{A}+\boldsymbol{B})+\boldsymbol{C}=\boldsymbol{A}+(\boldsymbol{B}+\boldsymbol{C})$

c. 零　行　列

すべての成分が 0 である行列を零行列 (null matrix) といい，太文字の $\mathbf{0}$ で表す．たとえば，行列 $\begin{bmatrix} 0 & 0 \\ 0 & 0 \end{bmatrix}$，列ベクトル $\begin{bmatrix} 0 \\ 0 \end{bmatrix}$ などは $\mathbf{0}$ で表す．$\boldsymbol{A}$ と $\boldsymbol{B}$ との差を対応する成分の差と定義し，$\boldsymbol{A}-\boldsymbol{B}$ と書く．したがって，同じ行列の差 $\boldsymbol{A}-\boldsymbol{A}$ はすべての成分が 0 の行列となる．行列 $\boldsymbol{A}$ と零行列 $\mathbf{0}$ が同じ型のとき，$\boldsymbol{A}+\mathbf{0}=\mathbf{0}+\boldsymbol{A}=\boldsymbol{A}$ である．

2.3 乗　　　法

2.3.1 スカラーと行列の乗法

行列を $\boldsymbol{A}$，p をスカラー（実数，複素数などの数）とする．このとき，$p\boldsymbol{A}$ または $\boldsymbol{A}p$ は $\boldsymbol{A}$ の各成分の p 倍を成分とする行列と定義する．この定義により，

$$(-1)\boldsymbol{A}=-\boldsymbol{A},\quad 0\boldsymbol{A}=\mathbf{0},\quad p\mathbf{0}=\mathbf{0}$$

が成り立つ．たとえば，

$$p\begin{bmatrix} a & b \\ c & d \end{bmatrix}=\begin{bmatrix} pa & pb \\ pc & pd \end{bmatrix},\quad (-1)\begin{bmatrix} a & b \\ c & d \end{bmatrix}=\begin{bmatrix} -a & -b \\ -c & -d \end{bmatrix}=-\begin{bmatrix} a & b \\ c & d \end{bmatrix}$$

2.3.2 行列と行列の乗法

行列 $\boldsymbol{A}$ を (m,n) 行列，$\boldsymbol{B}$ を (n,l) 行列とするとき，積 $\boldsymbol{AB}$ を $\boldsymbol{C}$ と置けば，$\boldsymbol{C}$ は (m,l) 行列であり

$$\boldsymbol{C}=[c_{ij}]=\sum_{k=1}^{n} a_{ik}b_{kj},\quad i=1,2,\cdots,m,\quad j=1,2,\cdots,l \qquad (2.5)$$

によって定義される．この式は一見複雑に見えるが，行列 $\boldsymbol{C}$ の (i,j) 成分 c_{ij} は $\boldsymbol{A}$ の第 i 行ベクトルと $\boldsymbol{B}$ の第 j 列ベクトルの対応する成分ごとの積の和をとったものに過ぎない．たとえば，以下の式のように，(3, 2) 行列と (2, 3) 行列の積をとれば (3, 3) 行列となる．矢印の付いた行と列の対応する数の積の和

が，(3, 3) 行列の 2 行 3 列目の成分 $c_{23} = a_{21}b_{13} + a_{22}b_{23}$ となる．

$$\begin{bmatrix} a_{11} & a_{12} \\ \underrightarrow{a_{21}} & \underrightarrow{a_{22}} \\ a_{31} & a_{32} \end{bmatrix} \begin{bmatrix} b_{11} & b_{12} & b_{13}\downarrow \\ b_{21} & b_{22} & b_{23}\downarrow \end{bmatrix} = \begin{bmatrix} * & * & * \\ * & * & a_{21}b_{13}+a_{22}b_{23} \\ * & * & * \end{bmatrix}$$

ここに $*$ は各成分の数を意味する．行列 $\boldsymbol{A}$ の列の個数と $\boldsymbol{B}$ の行の個数が等しいとき，行列の積 $\boldsymbol{AB}$ が定義できる．このことに留意して，記号で (m,n) 行列と (n,l) 行列の積が (m,l) 型になることを便宜的に

$$(m,n)(n,l) = (m,l)$$

と書く．これは便利な記法で，型の異なる多数の行列の積をとるとき，掛け算ができるかどうかのチェックに使うとよい．

乗法の定義から，次のことが成り立つ．

結合則　$\boldsymbol{A}(\boldsymbol{BC}) = (\boldsymbol{AB})\boldsymbol{C}$

分配則　$\boldsymbol{A}(\boldsymbol{B}+\boldsymbol{C}) = \boldsymbol{AB}+\boldsymbol{AC}, \quad (\boldsymbol{A}+\boldsymbol{B})\boldsymbol{C} = \boldsymbol{AC}+\boldsymbol{BC}$

(例 2.2)　行列の積の定義に従って，次の計算をしてみよう．

(1)　$\begin{bmatrix} 2 & 3 \end{bmatrix} \begin{bmatrix} -4 \\ 3 \end{bmatrix} = \begin{bmatrix} 2\cdot(-4)+3\cdot 3 \end{bmatrix} = \begin{bmatrix} 1 \end{bmatrix} = 1$

(2)　$\begin{bmatrix} 2 & 4 \\ 1 & 3 \end{bmatrix} \begin{bmatrix} 2 \\ 3 \end{bmatrix} = \begin{bmatrix} 2\cdot 2+4\cdot 3 \\ 1\cdot 2+3\cdot 3 \end{bmatrix} = \begin{bmatrix} 16 \\ 11 \end{bmatrix}$

(3)　$\begin{bmatrix} 2 & 1 \\ 1 & -1 \\ -3 & 2 \end{bmatrix} \begin{bmatrix} 7 & -3 \\ -5 & 0 \end{bmatrix} = \begin{bmatrix} 9 & -6 \\ 12 & -3 \\ -31 & 9 \end{bmatrix}$

(4)　$\begin{bmatrix} -1 & 2 & 3 \end{bmatrix} \begin{bmatrix} 4 & -5 \\ -1 & 1 \\ 3 & -2 \end{bmatrix} = \begin{bmatrix} 3 & 1 \end{bmatrix}$

2.3.3　行列とベクトルの積

行列 $\boldsymbol{A}$ を (m,n) 行列，$\boldsymbol{x}$ を n 次の列ベクトル（$(n,1)$ 行列）とする．行列 $\boldsymbol{A}$ を列ベクトルで $[\boldsymbol{a}_1 \ \ \boldsymbol{a}_2 \ \ \cdots \ \ \boldsymbol{a}_n]$ と表すとき

$$\boldsymbol{A}\boldsymbol{x} = [\boldsymbol{a}_1 \ \ \boldsymbol{a}_2 \ \ \cdots \ \ \boldsymbol{a}_n] \begin{bmatrix} x_1 \\ x_2 \\ \vdots \\ x_n \end{bmatrix} = x_1\boldsymbol{a}_1 + x_2\boldsymbol{a}_2 + \cdots + x_n\boldsymbol{a}_n \quad (2.6)$$

と表すことができる．これは今後いろいろな場面で出合う有用な書き換え表現である．最右辺を $\boldsymbol{a}_1, \boldsymbol{a}_2, \cdots, \boldsymbol{a}_n$ の**一次結合** (linear combination) という．

(例 2.3)

$$(1) \begin{bmatrix} 2 & 4 & 1 \\ 3 & 2 & 0 \end{bmatrix} \begin{bmatrix} 2 \\ 3 \\ 4 \end{bmatrix} = 2\begin{bmatrix} 2 \\ 3 \end{bmatrix} + 3\begin{bmatrix} 4 \\ 2 \end{bmatrix} + 4\begin{bmatrix} 1 \\ 0 \end{bmatrix}$$

$$= \begin{bmatrix} 4 \\ 6 \end{bmatrix} + \begin{bmatrix} 12 \\ 6 \end{bmatrix} + \begin{bmatrix} 4 \\ 0 \end{bmatrix} = \begin{bmatrix} 20 \\ 12 \end{bmatrix}$$

$$(2) \begin{bmatrix} 2 & 1 \\ 1 & -1 \\ -3 & 2 \end{bmatrix} \begin{bmatrix} 3 \\ 5 \end{bmatrix} = 3\begin{bmatrix} 2 \\ 1 \\ -3 \end{bmatrix} + 5\begin{bmatrix} 1 \\ -1 \\ 2 \end{bmatrix} = \begin{bmatrix} 6 \\ 3 \\ -9 \end{bmatrix} + \begin{bmatrix} 5 \\ -5 \\ 10 \end{bmatrix} = \begin{bmatrix} 11 \\ -2 \\ 1 \end{bmatrix}$$

(例 2.4)　連立一次方程式

$$4x_1 + x_2 + 3x_3 = 3$$
$$2x_1 - 3x_2 + 4x_3 = -2$$

は等価な行列表現

$$\begin{bmatrix} 4 & 1 & 3 \\ 2 & -3 & 4 \end{bmatrix} \begin{bmatrix} x_1 \\ x_2 \\ x_3 \end{bmatrix} = \begin{bmatrix} 3 \\ -2 \end{bmatrix}$$

さらに，一次結合による等価な表現

$$x_1\begin{bmatrix} 4 \\ 2 \end{bmatrix} + x_2\begin{bmatrix} 1 \\ -3 \end{bmatrix} + x_3\begin{bmatrix} 3 \\ 4 \end{bmatrix} = \begin{bmatrix} 3 \\ -2 \end{bmatrix}$$

に書き換えることができる．とくに，行列表現から一次結合による表現に，逆に一次結合による表現から行列表現に容易に書き下せるようになろう．これにより連立一次方程式の視点を自由に変えることができるからである．

2.4　電気回路方程式の行列表示と加法

行列の加法は単に行列の成分の和をとるという意味だけでなく，電気回路の理論ではもっと深い意味をもっている．図 2.1 に示した直流回路によって，加法の意味を説明しよう．

2.4.1　行列表示

方程式 (2.1)

$$
\begin{aligned}
E_1 &= (R_1 + R_2)I_1 + R_2 I_2 \\
E_2 &= R_2 I_1 + R_2 I_2
\end{aligned}
$$

は行列の乗法により簡明に書くことができる．すなわち，$\boldsymbol{R} = \begin{bmatrix} R_1 + R_2 & R_2 \\ R_2 & R_2 \end{bmatrix}$，$\boldsymbol{I} = \begin{bmatrix} I_1 \\ I_2 \end{bmatrix}$ とおけば，式 (2.1) の右辺は積 $\boldsymbol{RI}$ と書ける．ここで $\boldsymbol{IR}$ は掛け算ができないから，この表示は無意味であることに注意しよう．さらに，$\boldsymbol{E} = \begin{bmatrix} E_1 \\ E_2 \end{bmatrix}$ と置くと，相等の定義により，式 (2.1) は

$$
\boldsymbol{E} = \boldsymbol{RI} \tag{2.7}
$$

と書くことができる．$\boldsymbol{R}$ を抵抗行列 (resistance matrix)，$\boldsymbol{I}$ を電流ベクトル (current vector)，$\boldsymbol{E}$ を電圧ベクトル (voltage vector) という．この行列による表示法はスカラーのオームの法則 $e = Ri$ と同じ形をしているから，物理的な意味を理解しやすい．

2.4.2　加法と重ね合わせの原理

式 (2.1) で電源の電圧 E_1 と E_2 を既知量，電流 I_1，I_2 を未知量とすると式 (2.1) は連立一次方程式であり，その解が式 (2.2)

$$
\begin{aligned}
I_1 &= \frac{1}{R_1}E_1 - \frac{1}{R_1}E_2 \\
I_2 &= -\frac{1}{R_1}E_1 + \left(\frac{1}{R_1} + \frac{1}{R_2}\right)E_2
\end{aligned}
$$

で与えられた．この式を行列で書くと

$$\begin{bmatrix} I_1 \\ I_2 \end{bmatrix} = \begin{bmatrix} 1/R_1 & -1/R_1 \\ -1/R_1 & 1/R_1 + 1/R_2 \end{bmatrix} \begin{bmatrix} E_1 \\ E_2 \end{bmatrix} \tag{2.8}$$

となる．ここで，加法の定義に従って

$$\begin{bmatrix} E_1 \\ E_2 \end{bmatrix} = \begin{bmatrix} E_1 \\ 0 \end{bmatrix} + \begin{bmatrix} 0 \\ E_2 \end{bmatrix} \tag{2.9}$$

であるから，上の式は

$$\begin{aligned} \begin{bmatrix} I_1 \\ I_2 \end{bmatrix} &= \begin{bmatrix} 1/R_1 & -1/R_1 \\ -1/R_1 & 1/R_1 + 1/R_2 \end{bmatrix} \begin{bmatrix} E_1 \\ 0 \end{bmatrix} \\ &\quad + \begin{bmatrix} 1/R_1 & -1/R_1 \\ -1/R_1 & 1/R_1 + 1/R_2 \end{bmatrix} \begin{bmatrix} 0 \\ E_2 \end{bmatrix} \end{aligned} \tag{2.10}$$

と表すことができる．この式の右辺第 1 項を

$$\begin{bmatrix} I_1' \\ I_2' \end{bmatrix} = \begin{bmatrix} 1/R_1 & -1/R_1 \\ -1/R_1 & 1/R_1 + 1/R_2 \end{bmatrix} \begin{bmatrix} E_1 \\ 0 \end{bmatrix} \tag{2.11}$$

と置き，第 2 項を

$$\begin{bmatrix} I_1'' \\ I_2'' \end{bmatrix} = \begin{bmatrix} 1/R_1 & -1/R_1 \\ -1/R_1 & 1/R_1 + 1/R_2 \end{bmatrix} \begin{bmatrix} 0 \\ E_2 \end{bmatrix} \tag{2.12}$$

と置く．上の式 (2.11) は電圧源 E_2 を短絡 (端子を抵抗のない導線で直接つなぐことで数式では $E_2 = 0$ と置くこと) し，電源を E_1 のみにしたときの電流 I_1', I_2' を表す．また，式 (2.12) は電圧源 E_1 を短絡し電源を E_2 のみにしたときの電流 I_1'', I_2'' を表す．したがって，2 つの電源 E_1, E_2 の両方が働いているときの電流は

$$\begin{bmatrix} I_1' \\ I_2' \end{bmatrix} + \begin{bmatrix} I_1'' \\ I_2'' \end{bmatrix} = \begin{bmatrix} I_1 \\ I_2 \end{bmatrix} \tag{2.13}$$

によって与えられる．このように，電源が複数個存在する回路では電源が 1 個の回路を電源の個数だけつくり，それぞれの電流や電圧を計算し，最後にそれ

らの和をとることによって，電源全体が動作しているときの電流や電圧を求める方法を**重ね合わせの原理** (principle of superposition) という．

次に，式 (2.11) は

$$\begin{bmatrix} I'_1 \\ I'_2 \end{bmatrix} = \begin{bmatrix} 1/R_1 & -1/R_1 \\ -1/R_1 & 1/R_1 + 1/R_2 \end{bmatrix} \begin{bmatrix} E_1 \\ 0 \end{bmatrix}$$
$$= \begin{bmatrix} 1/R_1 & 0 \\ -1/R_1 & 0 \end{bmatrix} \begin{bmatrix} E_1 \\ 0 \end{bmatrix} = \begin{bmatrix} 1/R_1 & 0 \\ -1/R_1 & 0 \end{bmatrix} \begin{bmatrix} E_1 \\ E_2 \end{bmatrix}$$

と書けることに注意しよう．式 (2.12) も同様に

$$\begin{bmatrix} I''_1 \\ I''_2 \end{bmatrix} = \begin{bmatrix} 1/R_1 & -1/R_1 \\ -1/R_1 & 1/R_1 + 1/R_2 \end{bmatrix} \begin{bmatrix} 0 \\ E_2 \end{bmatrix}$$
$$= \begin{bmatrix} 0 & -1/R_1 \\ 0 & 1/R_1 + 1/R_2 \end{bmatrix} \begin{bmatrix} 0 \\ E_2 \end{bmatrix} = \begin{bmatrix} 0 & -1/R_1 \\ 0 & 1/R_1 + 1/R_2 \end{bmatrix} \begin{bmatrix} E_1 \\ E_2 \end{bmatrix}$$

と表すことができる．よって，重ね合わせの式 (2.13) は式 (2.8) を参照して

$$\left(\begin{bmatrix} 1/R_1 & 0 \\ -1/R_1 & 0 \end{bmatrix} + \begin{bmatrix} 0 & -1/R_1 \\ 0 & 1/R_1 + 1/R_2 \end{bmatrix} \right) \begin{bmatrix} E_1 \\ E_2 \end{bmatrix}$$
$$= \begin{bmatrix} 1/R_1 & -1/R_1 \\ -1/R_1 & 1/R_1 + 1/R_2 \end{bmatrix} \begin{bmatrix} E_1 \\ E_2 \end{bmatrix}$$

となる．この式から行列の和

$$\begin{bmatrix} 1/R_1 & 0 \\ -1/R_1 & 0 \end{bmatrix} + \begin{bmatrix} 0 & -1/R_1 \\ 0 & 1/R_1 + 1/R_2 \end{bmatrix} = \begin{bmatrix} 1/R_1 & -1/R_1 \\ -1/R_1 & 1/R_1 + 1/R_2 \end{bmatrix} \quad (2.14)$$

が得られる．この式の左辺の行列 $\begin{bmatrix} 1/R_1 & 0 \\ -1/R_1 & 0 \end{bmatrix}$ は E_2 を短絡し電源を E_1 のみにしたときの式 (2.8) の係数行列であり，$\begin{bmatrix} 0 & -1/R_1 \\ 0 & 1/R_1 + 1/R_2 \end{bmatrix}$ は E_1 を短絡し E_2 のみにしたときの式 (2.8) の係数行列である．この行列の和が 2 つの電源が働いているときの式 (2.8) の係数行列 $\begin{bmatrix} 1/R_1 & -1/R_1 \\ -1/R_1 & 1/R_1 + 1/R_2 \end{bmatrix}$ となっている．

このように行列の和の定義は電気回路においては重ね合わせの原理と深く関連していることがわかる．このような重ね合わせの原理が成り立つのは素子の電圧と電流に線形 (比例) 関係，つまりオームの法則が成り立つからである．

2.5　行列の乗法に関する留意事項

2.5.1　交換可能でないこと

行列 $\boldsymbol{A}$, $\boldsymbol{B}$ に対して，積 $\boldsymbol{AB}$ と $\boldsymbol{BA}$ とは異なり，

$$\boldsymbol{AB} \neq \boldsymbol{BA}$$

である．つまり，行列の乗法では必ずしも交換則 (commutativity) が成り立たない．たとえば，$\boldsymbol{A}$ が $(3,2)$ 行列，$\boldsymbol{B}$ が $(2,3)$ 行列のとき，積 $\boldsymbol{AB}$ は $(3,3)$ 行列であるが，積 $\boldsymbol{BA}$ は $(2,2)$ 行列である．また，型が同じであっても，たとえば

$$\begin{bmatrix} 1 & 1 \\ 0 & 1 \end{bmatrix}\begin{bmatrix} 1 & 0 \\ 0 & 3 \end{bmatrix} = \begin{bmatrix} 1 & 3 \\ 0 & 3 \end{bmatrix}$$

$$\begin{bmatrix} 1 & 0 \\ 0 & 3 \end{bmatrix}\begin{bmatrix} 1 & 1 \\ 0 & 1 \end{bmatrix} = \begin{bmatrix} 1 & 1 \\ 0 & 3 \end{bmatrix}$$

となって積の結果が異なるから，この 2 つの行列は交換可能でない．

このように，乗法では積の順序に注意しなければならない．そこで，積 $\boldsymbol{AB}$ をつくることを $\boldsymbol{A}$ に右から $\boldsymbol{B}$ を掛ける，または $\boldsymbol{B}$ に左から $\boldsymbol{A}$ を掛けるといって，積の順序を明確にする．

なお，

$$\boldsymbol{AB} = \boldsymbol{BA}$$

が成り立つ場合には $\boldsymbol{A}$, $\boldsymbol{B}$ は交換可能 (commutable) であるという．

2.5.2　零　因　子

2 つの行列 $\boldsymbol{A} \neq \boldsymbol{0}$，$\boldsymbol{B} \neq \boldsymbol{0}$ であっても，積 $\boldsymbol{AB} = \boldsymbol{0}$ になるとき $\boldsymbol{A}$, $\boldsymbol{B}$ を零因子 (zero divisor) という．たとえば

$$\begin{bmatrix} 1 & 2 \\ 3 & 6 \end{bmatrix}\begin{bmatrix} -4 & 2 \\ 2 & -1 \end{bmatrix} = \begin{bmatrix} 0 & 0 \\ 0 & 0 \end{bmatrix}$$

となり，左辺の 2 つの行列は零因子である．掛け算の順序に注意しよう．

2.6 いろいろな行列

2.6.1 対角行列と単位行列

n 次の正方行列の成分 a_{kk} を**対角成分** (diagonal component) という．対角成分以外の成分がすべて 0 である行列を**対角行列** (diagonal matrix) という．対角成分だけを取り出し，対角行列を

$$\mathrm{diag}\,[a_{11},\ a_{22},\ \cdots,\ a_{nn}]$$

と表すこともある．n 次の正方行列 $\boldsymbol{A}$, $\boldsymbol{B}$ が対角行列ならば交換可能 $\boldsymbol{AB} = \boldsymbol{BA}$ である．

(例 2.5)　$\boldsymbol{A} = \begin{bmatrix} 2 & 0 & 0 \\ 0 & 3 & 0 \\ 0 & 0 & 4 \end{bmatrix}$, $\boldsymbol{B} = \begin{bmatrix} 4 & 0 & 0 \\ 0 & 2 & 0 \\ 0 & 0 & 1 \end{bmatrix}$ のとき，$\boldsymbol{AB} = \begin{bmatrix} 8 & 0 & 0 \\ 0 & 6 & 0 \\ 0 & 0 & 4 \end{bmatrix}$, $\boldsymbol{BA} = \begin{bmatrix} 8 & 0 & 0 \\ 0 & 6 & 0 \\ 0 & 0 & 4 \end{bmatrix}$ となり，$\boldsymbol{A}$ と $\boldsymbol{B}$ とは交換可能である．

n 次の対角行列 $\boldsymbol{A}$ において，対角成分がすべて 1 のとき $\boldsymbol{A}$ を n 次の**単位行列** (unit matrix, identity matrix) とよび，$\mathbf{1}$ あるいは $\boldsymbol{I}$ で表す．たとえば，3 次の単位行列 $\begin{bmatrix} 1 & 0 & 0 \\ 0 & 1 & 0 \\ 0 & 0 & 1 \end{bmatrix}$ は $\mathbf{1}$ あるいは $\mathrm{diag}\,[1,\ 1,\ 1]$ と表される．

2.6.2 逆　行　列

n 次の正方行列 $\boldsymbol{A}$ に対し，n 次の正方行列 $\boldsymbol{X}$ が存在して

$$\boldsymbol{AX} = \boldsymbol{XA} = \mathbf{1}$$

が成り立つとき，$\boldsymbol{X}$ を $\boldsymbol{A}$ の**逆行列** (inverse matrix) とよび，$\boldsymbol{A}^{-1}$ で表す．

いま，2 次の正方行列 $\boldsymbol{A} = \begin{bmatrix} a & b \\ c & d \end{bmatrix}$ の逆行列 $\boldsymbol{X} = \begin{bmatrix} p & q \\ r & s \end{bmatrix}$ を求めてみよ

う．逆行列の定義により

$$\begin{bmatrix} a & b \\ c & d \end{bmatrix}\begin{bmatrix} p & q \\ r & s \end{bmatrix} = \begin{bmatrix} 1 & 0 \\ 0 & 1 \end{bmatrix} \tag{2.15}$$

であるから，次の等式が成り立つ．

$$\begin{aligned} ap + br = 1, &\quad aq + bs = 0 \\ cp + dr = 0, &\quad cq + ds = 1 \end{aligned} \tag{2.16}$$

この関係式から

$$\begin{aligned} p(ad - bc) = d, &\quad q(ad - bc) = -b \\ r(ad - bc) = -c, &\quad s(ad - bc) = a \end{aligned} \tag{2.17}$$

が得られる．ゆえに，$\Delta = ad - bc \neq 0$ のとき

$$\begin{aligned} p = \frac{1}{\Delta}d, &\quad q = \frac{1}{\Delta}(-b) \\ r = \frac{1}{\Delta}(-c), &\quad s = \frac{1}{\Delta}a \end{aligned} \tag{2.18}$$

となる．よって，$\boldsymbol{A}$ の逆行列は，$\Delta \neq 0$ のとき

$$\boldsymbol{X} = \boldsymbol{A}^{-1} = \frac{1}{\Delta}\begin{bmatrix} d & -b \\ -c & a \end{bmatrix} \tag{2.19}$$

と定められる．逆に，このように $\boldsymbol{X}$ を定めると $\boldsymbol{AX} = \boldsymbol{XA} = \boldsymbol{1}$ を確かめることができる．明らかに，$\boldsymbol{A}$ と $\boldsymbol{A}^{-1}$ は交換可能であり

$$\boldsymbol{AA}^{-1} = \boldsymbol{A}^{-1}\boldsymbol{A} = \boldsymbol{1} \tag{2.20}$$

と書くことができる．一般に行列 $\boldsymbol{A}$ の逆行列が存在するとき，行列 $\boldsymbol{A}$ は正則 (regular) あるいは**非特異** (nonsingular) であるといい，行列 $\boldsymbol{A}$ を**正則行列** (regular matrix) あるいは**非特異行列** (nonsingular matrix) という．

n 次の正方行列 $\boldsymbol{A}, \boldsymbol{B}, \boldsymbol{C}$ が正則であるとき，次の式が成り立つ．

(i)　$(\boldsymbol{A}^{-1})^{-1} = \boldsymbol{A}$

(ii)　$(\boldsymbol{AB})^{-1} = \boldsymbol{B}^{-1}\boldsymbol{A}^{-1}$ (逆行列の積の順序に注意しよう)

(iii)　$(\boldsymbol{ABC})^{-1} = \boldsymbol{C}^{-1}\boldsymbol{B}^{-1}\boldsymbol{A}^{-1}$

(例 2.6)　$\boldsymbol{A} = \begin{bmatrix} 2 & 1 \\ 7 & 3 \end{bmatrix}$ とすると，$\Delta = -1 \neq 0$，よって $\boldsymbol{A}$ は正則であるから逆行列が存在し，$\boldsymbol{A}^{-1} = \dfrac{1}{-1}\begin{bmatrix} 3 & -1 \\ -7 & 2 \end{bmatrix} = \begin{bmatrix} -3 & 1 \\ 7 & -2 \end{bmatrix}$ となる．

電気電子回路の解析では 2 次の正方行列の逆行列を求めることが多いので，逆行列の式 (2.19) を暗記しておこう．

(例 2.7)　便宜のため図 2.1 に端子間の電圧 V_1 と V_2 を記入して再び用いる．

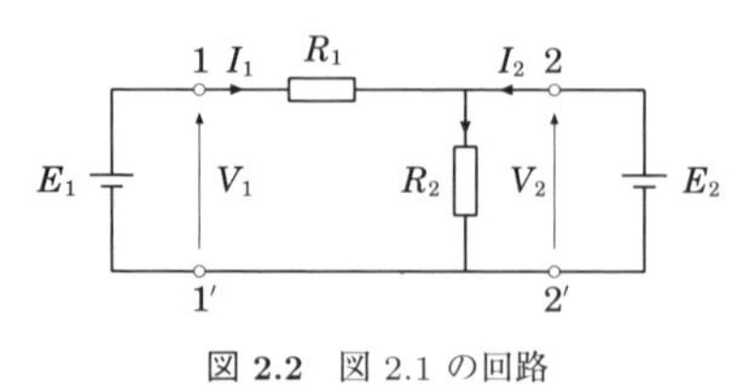

図 **2.2**　図 2.1 の回路

図 2.2 の回路において，電圧源 E_1 と E_2 から流れ出る電流 I_1 と I_2 を逆行列を用いて計算してみよう．端子 1, 1′ から右側，端子 2, 2′ から左側をみて，キルヒホフの電圧則により

$$
\begin{aligned}
V_1 &= R_1 I_1 + R_2(I_1 + I_2) = (R_1 + R_2)I_1 + R_2 I_2 \\
V_2 &= R_2(I_1 + I_2) = R_2 I_1 + R_2 I_2
\end{aligned}
$$

となる．端子 1, 1′ から左側では $V_1 = E_1$，端子 2, 2′ から右側では $V_2 = E_2$ が成り立つから，この条件を上の式に代入して，行列表示

$$
\begin{bmatrix} E_1 \\ E_2 \end{bmatrix} = \begin{bmatrix} R_1 + R_2 & R_2 \\ R_2 & R_2 \end{bmatrix} \begin{bmatrix} I_1 \\ I_2 \end{bmatrix}
$$

を得る．これより電流 I_1, I_2 は

$$
\begin{aligned}
\begin{bmatrix} I_1 \\ I_2 \end{bmatrix} &= \begin{bmatrix} R_1 + R_2 & R_2 \\ R_2 & R_2 \end{bmatrix}^{-1} \begin{bmatrix} E_1 \\ E_2 \end{bmatrix} \\
&= \frac{1}{R_1 R_2} \begin{bmatrix} R_2 & -R_2 \\ -R_2 & R_1 + R_2 \end{bmatrix} \begin{bmatrix} E_1 \\ E_2 \end{bmatrix}
\end{aligned}
$$

として求めることができる．この式から

$$I_1 = \frac{1}{R_1}(E_1 - E_2), \quad I_2 = \frac{1}{R_1}(E_2 - E_1) + \frac{1}{R_2}E_2$$

が得られる．電圧源の電圧に差がなく $E_1 = E_2$ のとき，$I_1 = 0$, $I_2 = E_2/R_2$ となる．これは抵抗 R_1 の両端の電圧が等しく，R_1 に電流が流れず，R_2 にのみ電圧源 E_2 から流れることを示している．

2.6.3 転置行列

$(m,\ n)$ 行列 $\boldsymbol{A} = (a_{ij})$ の行と列を入れ換えた $(n,\ m)$ 行列を $\boldsymbol{A}$ の転置行列 (transposed matrix) とよび，$\boldsymbol{A}^{\mathrm{T}}$ で表す．たとえば

$$\begin{bmatrix} a & b & c \end{bmatrix}^{\mathrm{T}} = \begin{bmatrix} a \\ b \\ c \end{bmatrix}, \quad \begin{bmatrix} 1 & 2 & 3 \\ 4 & 5 & 6 \end{bmatrix}^{\mathrm{T}} = \begin{bmatrix} 1 & 4 \\ 2 & 5 \\ 3 & 6 \end{bmatrix}, \quad \begin{bmatrix} 2 & 3 \\ -3 & 1 \end{bmatrix}^{\mathrm{T}} = \begin{bmatrix} 2 & -3 \\ 3 & 1 \end{bmatrix}$$

行列の転置について以下の事項が成り立つ．

(i)　$\left(\boldsymbol{A}^{\mathrm{T}}\right)^{\mathrm{T}} = \boldsymbol{A}$

(ii)　(m, n) 行列 $\boldsymbol{A}$ と (n, l) 行列 $\boldsymbol{B}$ に対して

$$(\boldsymbol{AB})^{\mathrm{T}} = \boldsymbol{B}^{\mathrm{T}}\boldsymbol{A}^{\mathrm{T}}$$

(iii)　行列の積をとることができる行列 $\boldsymbol{A}$，$\boldsymbol{B}$，$\boldsymbol{C}$ に対して

$$(\boldsymbol{ABC})^{\mathrm{T}} = \boldsymbol{C}^{\mathrm{T}}\boldsymbol{B}^{\mathrm{T}}\boldsymbol{A}^{\mathrm{T}}$$

(iv)　正則な n 次の正方行列 $\boldsymbol{A}$ に対して

$$(\boldsymbol{A}^{\mathrm{T}})^{-1} = (\boldsymbol{A}^{-1})^{\mathrm{T}}$$

2.6.4 対称行列と交代行列

正方行列 $\boldsymbol{A}$ に対して

$$\boldsymbol{A} = \boldsymbol{A}^{\mathrm{T}} \tag{2.21}$$

が成り立つとき, $\boldsymbol{A}$ を対称行列 (symmetric matrix) という．たとえば, $\begin{bmatrix} 1 & 3 \\ 3 & 2 \end{bmatrix}$ は対称行列である．対角行列は対称行列である．

(例 2.8) 理想変成器の表示を考える.

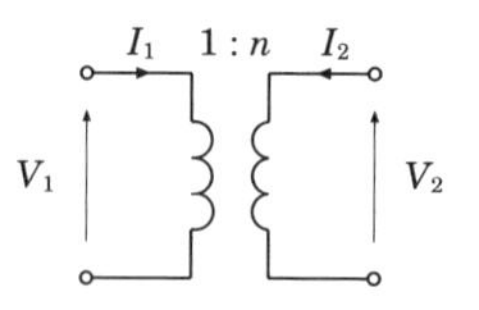

図 **2.3** 理想変成器 (変成比 1 : n)

図 2.3 は変成比 $1:n$ の理想変成器を示し，電圧を n 倍，電流を $1/n$ 倍する．1 次側，2 次側の電圧と電流をそれぞれ V_1，I_1，V_2，I_2 とすれば，$V_2 = nV_1, I_2 = -I_1/n$ が成り立つ．この関係は対称行列を用いて

$$\begin{bmatrix} V_2 \\ I_2 \end{bmatrix} = \begin{bmatrix} n & 0 \\ 0 & -\frac{1}{n} \end{bmatrix} \begin{bmatrix} V_1 \\ I_1 \end{bmatrix} \tag{2.22}$$

と表示される.

また，正方行列 $\boldsymbol{A}$ に対して

$$\boldsymbol{A} = -\boldsymbol{A}^{\mathrm{T}} \tag{2.23}$$

が成り立つとき，$\boldsymbol{A}$ を交代行列 (alternative matrix) あるいはねじれ対称行列 (skew-symmetric matrix) ともいう．交代行列の対角成分はすべて零である．たとえば，$\begin{bmatrix} 0 & 2 \\ -2 & 0 \end{bmatrix}$ は交代行列である.

(例 2.9) ジャイレータという素子は図 2.4(a) のように図示される.

入力側と出力側の電圧と電流の関係は R を実数として

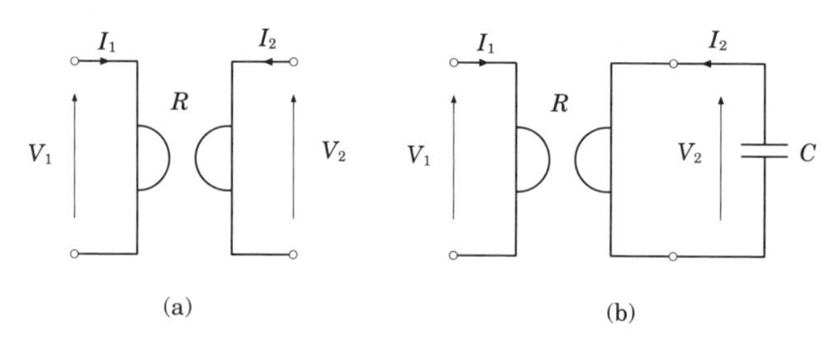

図 **2.4** ジャイレータ

$$\begin{bmatrix} V_1 \\ V_2 \end{bmatrix} = \begin{bmatrix} 0 & R \\ -R & 0 \end{bmatrix} \begin{bmatrix} I_1 \\ I_2 \end{bmatrix} \tag{2.24}$$

と定義される．この式の行列は対称行列でないから，ジャイレータは**相反性** (reciprocity) の成り立たない回路素子でエネルギーを消費せず貯えもしない受動素子である[*1)]．図 2.4(b) のように二次側にキャパシタを接続して一次側から見ると，インダクタの特性になる．つまり，ジャイレータを用いれば，キャパシタからインダクタを実現できること示している．

対称行列と交代行列について知っておくべき定理がある．

(定理 2.1)　任意の実行列は対称行列と交代行列の和として表現できる．

$\boldsymbol{A}$ を任意の実行列とするとき

$$\boldsymbol{A} = \left(\frac{\boldsymbol{A} + \boldsymbol{A}^{\mathrm{T}}}{2}\right) + \left(\frac{\boldsymbol{A} - \boldsymbol{A}^{\mathrm{T}}}{2}\right) \tag{2.25}$$

と書けば，第 1 項は対称行列，第 2 項は交代行列である．

(例 2.10)　行列 $\boldsymbol{A} = \begin{bmatrix} 2 & 8 \\ 6 & 4 \end{bmatrix}$ を対称行列と交代行列で表そう．転置行列は $\boldsymbol{A}^{\mathrm{T}} = \begin{bmatrix} 2 & 6 \\ 8 & 4 \end{bmatrix}$ であるから，対称行列は $\dfrac{\boldsymbol{A} + \boldsymbol{A}^{\mathrm{T}}}{2} = \begin{bmatrix} 2 & 7 \\ 7 & 4 \end{bmatrix}$，交代行列は $\dfrac{\boldsymbol{A} - \boldsymbol{A}^{\mathrm{T}}}{2} = \begin{bmatrix} 0 & 1 \\ -1 & 0 \end{bmatrix}$ である．よって，

$$\boldsymbol{A} = \begin{bmatrix} 2 & 8 \\ 6 & 4 \end{bmatrix} = \begin{bmatrix} 2 & 7 \\ 7 & 4 \end{bmatrix} + \begin{bmatrix} 0 & 1 \\ -1 & 0 \end{bmatrix}$$

と表すことができる．

---

*1) ♠ ひと言コーナー ♠　相反性は可逆性ともいわれる．たとえば，電源を含まず，抵抗，インダクタ，キャパシタからなる線形回路の入力側に理想電圧源を接続したときの出力側の短絡電流と，逆に同じ理想電圧源を出力側に接続したときの入力側の短絡電流が相等しいとき，その回路は相反性をもつという．相反性をもつ回路を表現するインピーダンス行列やアドミタンス行列は対称行列になる．

2.7 二端子対回路の行列表示

これまでの節で説明に用いた回路は**二端子対回路** (two-port network) とよばれる回路である．ここでは二端子対回路を定義し，その行列による表示法を示す．これにより行列の性質を利用して二端子対回路の解析が容易になる．はじめに，今後ともよく用いる交流の電圧や電流などの複素数による表示を復習しておこう．

a. 複素数による交流の表示

交流の電圧や電流の瞬時値 $a(t) = A_m \cos(\omega t + \theta)$ はオイラーの公式[*2)]により複素数を使って $a(t) = \mathrm{Re}\,[Ae^{\mathrm{j}\omega t}]$ と書ける．ただし，Re は実数部を表す記号，j は虚数単位，$A = A_m e^{\mathrm{j}\theta}$ を絶対値 A_m，偏角 θ の複素数でフェーザ (phasor) という．交流理論では A_m をフェーザの大きさあるいは長さ，θ を位相角という．このようにして交流電圧は電圧フェーザ V，交流電流は電流フェーザ I で表される．

b. 複素数によるインピーダンス，アドミタンスの表示

電圧フェーザ V と電流フェーザ I の比 V/I をインピーダンスとよび，Z で表す．インピーダンス Z は複素数で直流回路の抵抗に対応し，電圧と電流の関係は $V = ZI$ で与えられる．アドミタンス Y はインピーダンス Z の逆数 $1/Z$ の複素数であり，$I = YV$ の関係が成り立つ．

この章以後，フェーザは主として大文字で表す．直流は実数で表されるが，複素数と同じ大文字の記号を主に使う．直流と交流は電源の記号で区別できる．

2.7.1 二端子対回路の約束事

端子は電流の入口あるいは出口のことである．入口と出口を一組とした 2 つの端子を**端子対** (port) とよび，端子対を 2 つもつ回路を二端子対回路という．図 2.5 は端子対 1–1′ と 2–2′ をもちインピーダンス Z_1，Z_2，Z_3 からなる二端子対回路で **T 型回路** (T-type circuit) とよばれる．端子対 1–1′ を一次端子対あるいは入力端子対，端子対 2–2′ を二次端子対あるいは出力端子対という．

---

*2) ♠ 一言コーナー ♠　オイラーの公式 $e^{\mathrm{j}\theta} = \cos\theta + \mathrm{j}\sin\theta$

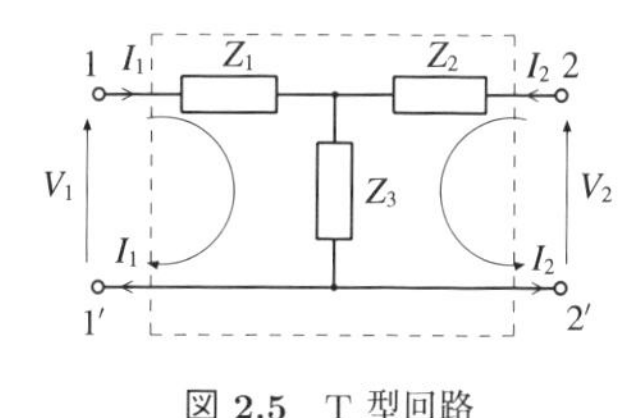

図 **2.5** T 型回路

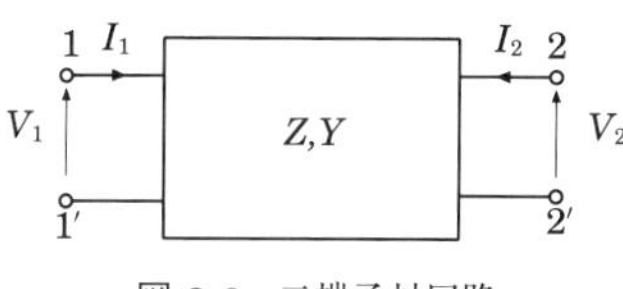

図 **2.6** 二端子対回路

二端子対回路は図 2.6 のように表され，次の約束事がある．

1) 端子に入る電流と端子から出る電流は同じ電流である．つまり，端子 1 から電流 I_1 が入り，端子 $1'$ から I_1 が出る．これは端子 2 についても同様である．

2) 破線の長方形の中には電源 (電圧源と電流源) は含まれない．

長方形はブラックボックス (black box) とよばれ，入力側と出力側を結ぶインターフェイスの回路である．同図において端子 $1'$ と端子 $2'$ に向かう電流は I_1，I_2 であるが，習慣的にこれは図には記載されないし，電流の向きを示す矢印も描かれない．

2.7.2 インピーダンス行列とアドミタンス行列による表示

図 2.5 の回路ではキルヒホフの電圧則とオームの法則により

$$\begin{aligned} V_1 &= (Z_1 + Z_3)I_1 + Z_3 I_2 \\ V_2 &= Z_3 I_1 + (Z_2 + Z_3)I_2 \end{aligned} \tag{2.26}$$

が成り立つ．このように，図 2.6 の二端子対回路の電圧と電流の関係は

$$\begin{aligned} V_1 &= z_{11} I_1 + z_{12} I_2 \\ V_2 &= z_{21} I_1 + z_{22} I_2 \end{aligned} \tag{2.27}$$

と書くことができる．いま，

$$\boldsymbol{Z} = \begin{bmatrix} z_{11} & z_{12} \\ z_{21} & z_{22} \end{bmatrix}, \quad z_{12} = z_{21} \tag{2.28}$$

と置き，これをインピーダンス行列 (impedance matrix) とよぶ．インピーダンス行列は対称行列である[*3)]．図 2.5 の回路では式 (2.26) からわかるように

[*3)] ♠ ひと言コーナー ♠ 条件 $z_{12} = z_{21}$ は二端子対回路が相反性をもつ回路であることを示す．

$$z_{11} = Z_1 + Z_3, \quad z_{12} = Z_3$$
$$z_{21} = Z_3, \qquad z_{22} = Z_2 + Z_3$$

である．よって，インピーダンス行列は

$$\boldsymbol{Z} = \begin{bmatrix} Z_1 + Z_3 & Z_3 \\ Z_3 & Z_2 + Z_3 \end{bmatrix} \tag{2.29}$$

となる．すべての素子が抵抗素子であるときは，インピーダンス行列は実数値をとり抵抗行列である．端子対の電圧と電流をベクトル $\boldsymbol{V} = \begin{bmatrix} V_1 \\ V_2 \end{bmatrix}$, $\boldsymbol{I} = \begin{bmatrix} I_1 \\ I_2 \end{bmatrix}$ で表すと，式 (2.27) は

$$\boldsymbol{V} = \boldsymbol{ZI}, \quad \boldsymbol{Z} = \boldsymbol{Z}^{\mathrm{T}} \tag{2.30}$$

と簡潔に表すことができる．記号 T は転置を意味する．

式 (2.27) を，電圧 V_1, V_2 を既知，I_1, I_2 を未知数として解くと，解は

$$\begin{aligned} I_1 &= y_{11}V_1 + y_{12}V_2 \\ I_2 &= y_{21}V_1 + y_{22}V_2 \end{aligned} \tag{2.31}$$

と表すことができる．ここで

$$\boldsymbol{Y} = \begin{bmatrix} y_{11} & y_{12} \\ y_{21} & y_{22} \end{bmatrix}, \quad y_{12} = y_{21} \tag{2.32}$$

と置いて，$\boldsymbol{Y}$ をアドミタンス行列 (admittance matrix) という．アドミタンスはインピーダンスの逆数である．アドミタンス行列は対称行列である．これにより二端子対回路は

$$\boldsymbol{I} = \boldsymbol{YV}, \quad \boldsymbol{Y} = \boldsymbol{Y}^{\mathrm{T}} \tag{2.33}$$

と表すことができる．これを二端子対回路のアドミタンス表示という．式 (2.30) に式 (2.33) を代入すると $\boldsymbol{ZY} = \boldsymbol{1}$ が得られ，逆に式 (2.33) に式 (2.30) を代入すると $\boldsymbol{YZ} = \boldsymbol{1}$ が得られる．この 2 つの式から $\boldsymbol{Z}$ と $\boldsymbol{Y}$ は互いに逆行列の関係

$$\boldsymbol{Z} = \boldsymbol{Y}^{-1}, \quad \boldsymbol{Y} = \boldsymbol{Z}^{-1} \tag{2.34}$$

にあることがわかる．

(例 2.11)　図 2.5 のインピーダンス行列に対するアドミタンス行列を求めよ．
〈解と説明〉

$$\boldsymbol{Y} = \boldsymbol{Z}^{-1} = \begin{bmatrix} Z_1 + Z_3 & Z_3 \\ Z_3 & Z_2 + Z_3 \end{bmatrix}^{-1} = \frac{1}{\varDelta}\begin{bmatrix} Z_2 + Z_3 & -Z_3 \\ -Z_3 & Z_2 + Z_3 \end{bmatrix}$$

$$\varDelta = Z_1 Z_2 + Z_2 Z_3 + Z_3 Z_1$$

となる．成分は

$$y_{11} = (Z_2 + Z_3)/\varDelta, \quad y_{12} = -Z_3/\varDelta$$
$$y_{21} = -Z_3/\varDelta, \quad y_{22} = (Z_1 + Z_3)/\varDelta$$

であり，明らかに $\boldsymbol{Y}$ は対称行列であることが確かめられる．

2.7.3　典型的な二端子回路の接続—縦続接続—

a.　縦続行列の定義

図 2.7 に示す二端子対回路の入力側 (1 次側) の電圧 V_1 と電流 I_1 と，出力側 (2 次側) の電圧 V_2 と電流 I_2 (大きな矢印の向きに注意) の関係を行列により

$$\begin{bmatrix} V_1 \\ I_1 \end{bmatrix} = \boldsymbol{T}\begin{bmatrix} V_2 \\ I_2 \end{bmatrix} \tag{2.35}$$

と表したとき，行列 $\boldsymbol{T}$ を縦続行列 (cascade matrix) あるいは四端子行列とよび，

$$\boldsymbol{T} = \begin{bmatrix} A & B \\ C & D \end{bmatrix}$$

で表される．成分 A, B, C, D は四端子パラメータ（四端子定数）とよばれ

$$AD - BC = 1 \tag{2.36}$$

の関係がある．四端子パラメータは出力側端子を開放（何もつながないこと）と短絡（ショートすること）によって，次のように求めることができる．添え字 $I_2 = 0$ は出力側を開放すること，$V_2 = 0$ は出力側を短絡することを意味する．

$$A = \left.\frac{V_1}{V_2}\right|_{I_2=0}, \quad B = \left.\frac{V_1}{I_2}\right|_{V_2=0},$$
$$C = \left.\frac{I_1}{V_2}\right|_{I_2=0}, \quad D = \left.\frac{I_1}{I_2}\right|_{V_2=0} \tag{2.37}$$

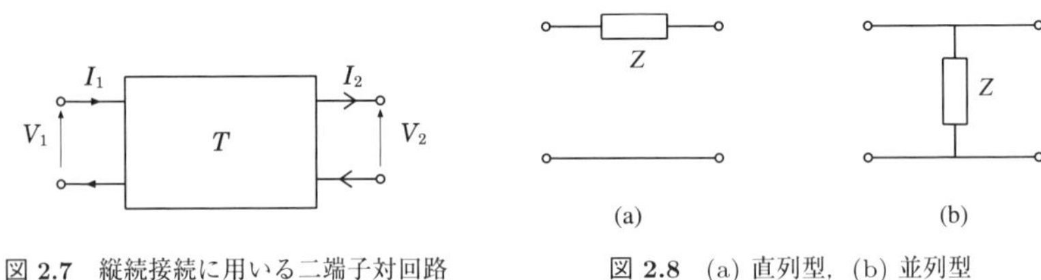

図 2.7 縦続接続に用いる二端子対回路 (I_2 の向きに注意)

図 2.8 (a) 直列型, (b) 並列型

図 2.8 のような基本的な二端子対回路の縦続行列を求めよう．同図 (a) を直列型, (b) を並列型という．

同図 (a) の直列型の縦続行列 $\boldsymbol{T}_1$ を求めてみよう．出力側開放 $I_2 = 0$ により，電圧の条件は $V_1 = V_2$ であるから, $A = 1$. また，電流の条件は $I_1 = I_2 = 0$ であるから $C = 0$ となる．

出力側短絡 $V_2 = 0$ により, $V_1 = ZI_1 = ZI_2$ であるから $B = Z$, $D = 1$ となる．よって，縦続行列は

$$\boldsymbol{T}_1 = \begin{bmatrix} 1 & Z \\ 0 & 1 \end{bmatrix}$$

となる．

続いて，同図 (b) の並列型の縦続行列 $\boldsymbol{T}_2$ を求めてみよう．出力側開放 $I_2 = 0$ により, $V_1 = V_2$ であるから $A = 1$, また, $I_2 = 0$ より $V_1 = ZI_1$ となるから $C = 1/Z$ となる．

出力側短絡 $V_2 = 0$ により $V_1 = 0$ であるから, $B = 0$, また, $I_1 = I_2$ より $D = 1$ となる．よって，縦続行列は

$$\boldsymbol{T}_2 = \begin{bmatrix} 1 & 0 \\ 1/Z & 1 \end{bmatrix}$$

となる．

b. 縦 続 接 続

二端子対回路を図 2.9 のように接続するとき，この接続を縦続接続 (cascade connection) という．直列接続とはいわないから注意しよう．

このように二端子対回路を 2 段縦続接続したときは，第 1 段目，第 2 段目では

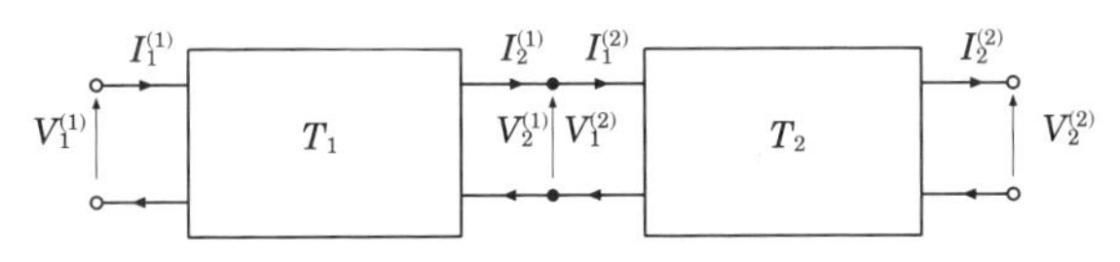

図 **2.9**　縦続接続

$$\begin{bmatrix} V_1^{(1)} \\ I_1^{(1)} \end{bmatrix} = \boldsymbol{T_1} \begin{bmatrix} V_2^{(1)} \\ I_2^{(1)} \end{bmatrix}, \quad \begin{bmatrix} V_1^{(2)} \\ I_1^{(2)} \end{bmatrix} = \boldsymbol{T_2} \begin{bmatrix} V_2^{(2)} \\ I_2^{(2)} \end{bmatrix} \tag{2.38}$$

が成り立ち，接続点において $V_2^{(1)} = V_1^{(2)}$, $I_2^{(1)} = I_1^{(2)}$ が成り立つ．よって

$$\begin{bmatrix} V_1^{(1)} \\ I_1^{(1)} \end{bmatrix} = \boldsymbol{T_1 T_2} \begin{bmatrix} V_2^{(2)} \\ I_2^{(2)} \end{bmatrix} \tag{2.39}$$

となり，全体の入力側と出力側の関係を表す縦続行列は個々の縦続行列の積 $\boldsymbol{T_1 T_2}$ によって与えられる．したがって，縦続行列 $\boldsymbol{T}$ の二端子対回路を n 個縦続接続したときの入出力関係は $\boldsymbol{T}$ の n 個の積 $\boldsymbol{T}^n$ によって定められる．行列 $\boldsymbol{T}^n$ は第 6 章の行列の対角化によって容易に計算できる．

(例 2.12)　梯子型回路の入出力関係

図 2.10(a) のような回路は **L 型回路** (L-type circuit) という．この L 型回路は同図 (b) の回路のように R_1 を含む第 1 段目の直列型回路と，R_2 を含む第 2 段目の並列型回路の縦続接続であると考える．直列型回路の入出力関係は図

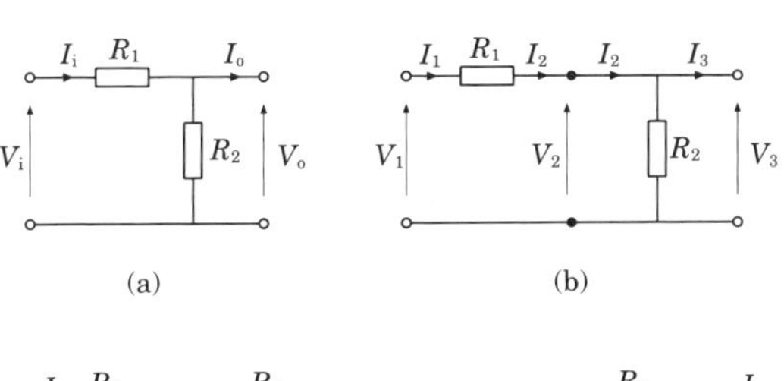

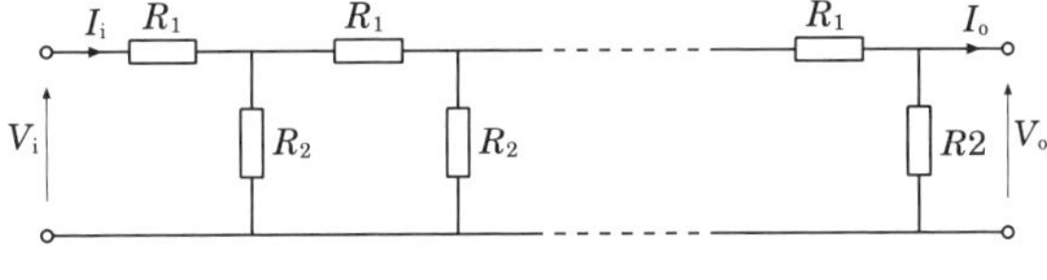

(c)

図 **2.10**　L 型回路と梯子型回路

2.8(a) を見て

$$\begin{bmatrix} V_1 \\ I_1 \end{bmatrix} = \begin{bmatrix} 1 & R_1 \\ 0 & 1 \end{bmatrix} \begin{bmatrix} V_2 \\ I_2 \end{bmatrix}$$

また，並列型回路の入出力関係は同 2.8(b) を見て

$$\begin{bmatrix} V_2 \\ I_2 \end{bmatrix} = \begin{bmatrix} 1 & 0 \\ 1/R_2 & 1 \end{bmatrix} \begin{bmatrix} V_3 \\ I_3 \end{bmatrix}$$

である．これらの式から，図 2.10(a) の入出力関係は

$$\begin{aligned} \begin{bmatrix} V_1 \\ I_1 \end{bmatrix} &= \begin{bmatrix} 1 & R_1 \\ 0 & 1 \end{bmatrix} \begin{bmatrix} 1 & 0 \\ 1/R_2 & 1 \end{bmatrix} \begin{bmatrix} V_3 \\ I_3 \end{bmatrix} \\ &= \begin{bmatrix} 1 + R_1/R_2 & R_1 \\ 1/R_2 & 1 \end{bmatrix} \begin{bmatrix} V_3 \\ I_3 \end{bmatrix} \end{aligned}$$

となる．同図 (c) の回路は同図 (a) の L 型回路を n 個縦続接続した回路であって，**梯子型回路** (ladder circuit) とよばれる．この回路の入出力関係は

$$\begin{bmatrix} V_i \\ I_i \end{bmatrix} = \begin{bmatrix} 1 + R_1/R_2 & R_1 \\ 1/R_2 & 1 \end{bmatrix}^n \begin{bmatrix} V_o \\ I_o \end{bmatrix} \tag{2.40}$$

となることは容易にわかる．ここに V_i，I_i は入力電圧と電流，V_o，I_o は出力電圧と電流である．

演 習 問 題

2.1 次の行列を 1 つの行列で表せ．

(a) $\begin{bmatrix} 1 & 2 \\ 4 & 3 \end{bmatrix} + \begin{bmatrix} 1 & -3 \\ -2 & 2 \end{bmatrix}$　(b) $\begin{bmatrix} 2 & 4 \\ 1 & 3 \end{bmatrix} - \begin{bmatrix} 1 & -2 \\ 5 & -2 \end{bmatrix}$

(c) $3\begin{bmatrix} 1 & 0 & 2 \\ 3 & -4 & 2 \end{bmatrix}$　(d) $3\begin{bmatrix} 1 & 0 & 3 \\ 5 & -1 & 2 \end{bmatrix} - \begin{bmatrix} 2 & -1 & 6 \\ 7 & -4 & 2 \end{bmatrix}$

2.2 次の行列の積を計算せよ．

(a) $\begin{bmatrix} 2 & 2 & -1 \\ 0 & -4 & 1 \end{bmatrix} \begin{bmatrix} 2 \\ 3 \\ 5 \end{bmatrix}$　(b) $\begin{bmatrix} 2 & -3 \\ 6 & 0 \\ -4 & 1 \end{bmatrix} \begin{bmatrix} 4 \\ 7 \end{bmatrix}$

(c) $\begin{bmatrix} 1 & 0 & 0 \\ 0 & 1 & 0 \\ 0 & 0 & 1 \end{bmatrix}\begin{bmatrix} p \\ q \\ r \end{bmatrix}$　(d) $\begin{bmatrix} 2 & 1 \\ -3 & 2 \end{bmatrix}\begin{bmatrix} 3 & 2 & -2 \\ -1 & 7 & 5 \end{bmatrix}$

(e) $\begin{bmatrix} 3 & 2 & -2 \\ -1 & 7 & 5 \end{bmatrix}\begin{bmatrix} 2 & 1 \\ -3 & 2 \\ 1 & -1 \end{bmatrix}$　(f) $\begin{bmatrix} 2 & 1 \\ -3 & 2 \\ 1 & -1 \end{bmatrix}\begin{bmatrix} 3 & 2 & -2 \\ -1 & 7 & 5 \end{bmatrix}$

(g) $\begin{bmatrix} 1 & 2 & 3 \\ 0 & 4 & 5 \\ 0 & 0 & 6 \end{bmatrix}\begin{bmatrix} 1 & 4 & 5 \\ 6 & 2 & -1 \\ 1 & -3 & 5 \end{bmatrix}$

2.3 $\boldsymbol{A} = \begin{bmatrix} 2 & 3 \\ -3 & 1 \end{bmatrix}$, $\boldsymbol{B} = \begin{bmatrix} 3 & 6 \\ p & 1 \end{bmatrix}$ が交換可能であるように，p を定めよ．

2.4 $\boldsymbol{A} = \begin{bmatrix} -1 & 2 \\ 2 & 4 \end{bmatrix}$, $\boldsymbol{AB} = \begin{bmatrix} 5 & -3 & 1 \\ 14 & -2 & 6 \end{bmatrix}$ である．行列 $\boldsymbol{B}$ を求めよ．

2.5 $\boldsymbol{A} = \begin{bmatrix} 4 & -8 \\ -1 & 2 \end{bmatrix}$ とする．2 次の正方行列 $\boldsymbol{B}$ を $\boldsymbol{AB}$ が零行列になるように定めよ．

2.6 次の行列のうち逆行列が求められないものはどれか．

(a) $\begin{bmatrix} 4 & -6 \\ 0 & 5 \end{bmatrix}$　(b) $\begin{bmatrix} 6 & -9 \\ -4 & 6 \end{bmatrix}$　(c) $\begin{bmatrix} 3 & 9 \\ 2 & 6 \end{bmatrix}$

2.7 次の行列の逆行列を求めよ．

(a) $\begin{bmatrix} 3 & 2 \\ 5 & 4 \end{bmatrix}$　(b) $\begin{bmatrix} -1 & 5 \\ -2 & 12 \end{bmatrix}$　(c) $\begin{bmatrix} 3 & -8 \\ -4 & 10 \end{bmatrix}$

2.8 $\boldsymbol{x} = \begin{bmatrix} 2 \\ -3 \\ 4 \end{bmatrix}$, $\boldsymbol{y} = \begin{bmatrix} a \\ b \\ c \end{bmatrix}$ とするとき，$\boldsymbol{x}^{\mathrm{T}}\boldsymbol{y}$, $\boldsymbol{y}^{\mathrm{T}}\boldsymbol{x}$, $\boldsymbol{x}\boldsymbol{y}^{\mathrm{T}}$, $\boldsymbol{y}\boldsymbol{x}^{\mathrm{T}}$ を計算せよ．

2.9 $\boldsymbol{A} = \begin{bmatrix} 1 & -2 \\ -3 & 4 \end{bmatrix}$,　$\boldsymbol{x} = \begin{bmatrix} 3 \\ 5 \end{bmatrix}$ とする．$(\boldsymbol{Ax})^{\mathrm{T}}$,　$\boldsymbol{x}^{\mathrm{T}}\boldsymbol{A}^{\mathrm{T}}$,　$\boldsymbol{x}\boldsymbol{x}^{\mathrm{T}}$,　$\boldsymbol{x}^{\mathrm{T}}\boldsymbol{x}$ を計算せよ．

2.10 行列 $\boldsymbol{A} = \begin{bmatrix} a & 1 & 0 \\ 0 & a & 1 \\ 0 & 0 & a \end{bmatrix}$ のとき，$\boldsymbol{A}^2$ と $\boldsymbol{A}^3$ を計算せよ．

2.11 行列 $\begin{bmatrix} 1 & 6 & 3 \\ 8 & -3 & 0 \\ 5 & 2 & 3 \end{bmatrix}$ を対称行列と交代行列との和で表せ.

2.12 行列 $\boldsymbol{A}$ が交代行列ならば，$\boldsymbol{A}^2$ は対称行列であることを示せ.

2.13 $\boldsymbol{A} = \begin{bmatrix} 1 & 0 \\ -1 & 0 \end{bmatrix}$ のとき，$\boldsymbol{AX} = \boldsymbol{XA}$ かつ $\boldsymbol{X}^2 = \boldsymbol{X}$ であるような正方行列 $\boldsymbol{X}$ をすべて求めよ.

2.14 下図 (a), (b) の回路の縦続行列をそれぞれ $\boldsymbol{T}_a$, $\boldsymbol{T}_b$ とする．$\boldsymbol{T}_a$, $\boldsymbol{T}_b$ を求めよ．図 (a) の出力端子を図 (b) の入力端子に縦続接続してできる回路の縦続行列を求めよ.

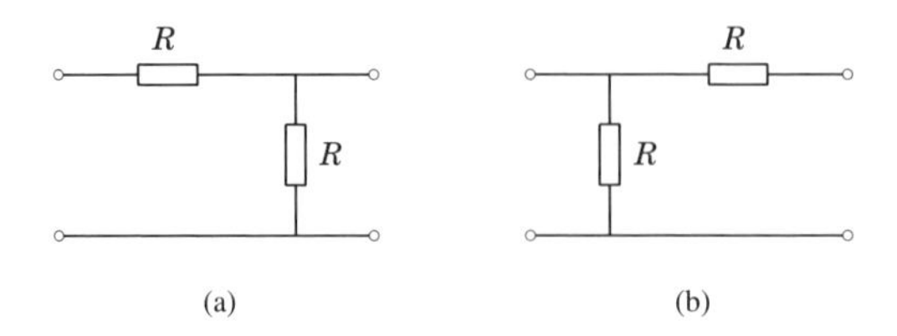

(a)　　　　(b)

2.15 下図の回路のインピーダンス行列を求めよ

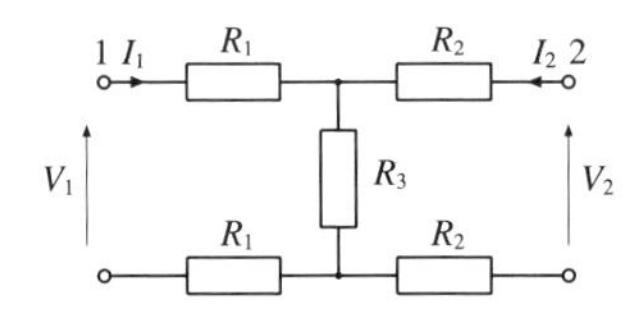

3

行　列　式

行列式は行列に付随する数あるいは数式である．はじめに，順列について簡単に説明し，順列を使って行列式を定義する[*1)]．とくに2次，3次の行列式の値を実際に求めるためのサラスの式を紹介する．続いて，行列式を計算するのに有効な行列式の性質を説明する．

行列式の次数が上がるとその計算は急激に難しくなる．このようなとき，行列式を余因子という次数の1つ低い行列式の和で表す．これを余因子展開といい，例によって説明する．さらに，余因子行列を定義しこれを利用して逆行列を求め，連立一次方程式の解を求めるクラーメルの公式を導き，応用例を示す．

3.1　定　義

3.1.1　偶順列と奇順列

行列の成分 a_{ij} は自然数の添え字 i, j を付けて表される．いま，n 個の自然数 $1, 2, \cdots, n$ を任意の順序で横一列に並べた配列を $(j_1\ j_2\ \cdots\ j_n)$ で表し，順列 (permutation) とよぶ．とくに，$(1\ 2\ 3\ \cdots\ n)$ を自然の順列という．異なる n 個の自然数をすべて並べる順列の総数は $n!$ である．

たとえば，$n=2$ のとき，順列の総数は $2!=2$ 個あり，$(1\ 2)$，$(2\ 1)$ である．$n=3$ のとき，順列の総数は $3!=6$ 個あり，

$$(1\ 2\ 3),\ (2\ 3\ 1),\ (3\ 1\ 2),\ (3\ 2\ 1),\ (1\ 3\ 2),\ (2\ 1\ 3)$$

である．

---

*1) ♠ ひと言コーナー ♠　行列式はわが国の数学者関孝和が世界に先駆けて見出していた (1683年)．その10年後ドイツのライプニッツ (Gottfried Wilhelm Leibniz, 1693年) が独立して発見した．行列の理論が生まれるのはこれより1世紀以上も後のことである．

順列のなかの 2 つの数を互いに入れ替えることを**互換** (transposition) といい，p と q の互換を (p, q) と書く．ある順列が互換を偶数回繰り返して自然の順列になるとき，その順列を**偶順列** (even permutation)，奇数回繰り返して自然の順列になるとき**奇順列** (odd permutation) という．偶順列と奇順列の個数は等しく，$n!/2$ である．

たとえば，順列 (3 1 2) の場合

$$(3\ 1\ 2) \xrightarrow{(3,1)} (1\ 3\ 2) \xrightarrow{(3,2)} (1\ 2\ 3)$$

のように自然の順列になるまで互換を 2 回しているから (3 1 2) は偶順列，順列 (3 2 1) の場合

$$(3\ 2\ 1) \xrightarrow{(3,1)} (1\ 2\ 3)$$

であるから，互換は 1 回で (3 2 1) は奇順列である．なお，自然の順列自体は 0 回の互換と考えて，偶順列である．このように順列は 2 種類に分けられる．

偶順列と奇順列を区別するために，記号 $\varepsilon(j_1\ j_2\ \cdots\ j_n)$ を用いて

$$\begin{aligned}&(j_1\ j_2\ \cdots\ j_n) \text{ が偶順列のとき，} \varepsilon(j_1\ j_2\ \cdots\ j_n) = +1\\ &(j_1\ j_2\ \cdots\ j_n) \text{ が奇順列のとき，} \varepsilon(j_1\ j_2\ \cdots\ j_n) = -1\end{aligned}$$

と決める．たとえば，偶順列 (1 2) では $\varepsilon(1\ 2) = +1$，奇順列 (2 1) では $\varepsilon(2\ 1) = -1$．また，偶順列 (3 1 2) では $\varepsilon(3\ 1\ 2) = +1$，奇順列 (3 2 1) では $\varepsilon(3\ 2\ 1) = -1$ となる．

3.1.2　2 次，3 次，n 次の行列式の定義

行列は数の単なる配列であるが，以下で示すように行列式は値をもつ．行列と行列式を間違えないようにしよう．

a.　2 次の行列式

2 次の正方行列 $\boldsymbol{A} = \begin{bmatrix} a_{11} & a_{12} \\ a_{21} & a_{22} \end{bmatrix}$ の行列式 (determinant) を $\begin{vmatrix} a_{11} & a_{12} \\ a_{21} & a_{22} \end{vmatrix}$ と書き，それは

$$\begin{vmatrix} a_{11} & a_{12} \\ a_{21} & a_{22} \end{vmatrix} = \sum_{(j_1\ j_2)} \varepsilon(j_1\ j_2) a_{1j_1} a_{2j_2} \tag{3.1}$$

という和によって定義される．左辺を2次の行列式，右辺をその展開式 (expansion) という．右辺の積 $a_{1j_1}a_{2j_2}$ は数字 1, 2 のすべての順列 $(j_1\ j_2)$ を列番号とする2成分の積を表す．すなわち，順列 (1 2) と (2 1) に対する2成分の積

$$a_{11}a_{22}, \quad a_{12}a_{21}$$

を表す．$\varepsilon(1\ 2) = +1$, $\varepsilon(2\ 1) = -1$ であるから，

$$\varepsilon(1\ 2)a_{11}a_{22} = a_{11}a_{22}, \quad \varepsilon(2\ 1)a_{12}a_{21} = -a_{12}a_{21}$$

となる．総和 $\displaystyle\sum_{(j_1\ j_2)}$ は数字 1, 2 のすべての順列 $(j_1\ j_2)$ の $2! = 2$ 個に対して和をとることを意味する．したがって，2次の行列式の展開は

$$\begin{aligned} \begin{vmatrix} a_{11} & a_{12} \\ a_{21} & a_{22} \end{vmatrix} &= \sum_{(j_1\ j_2)} \varepsilon(j_1\ j_2)a_{1j_1}a_{2j_2} \\ &= \varepsilon(1\ 2)a_{11}a_{22} + \varepsilon(2\ 1)a_{12}a_{21} = a_{11}a_{22} - a_{12}a_{21} \end{aligned}$$

となる．一般に正方行列 $\boldsymbol{A}$ の行列式を

$$|\boldsymbol{A}|, \quad \det \boldsymbol{A}, \quad \det\,[a_{ij}]$$

などと表す．

b. 3次の行列式

3次の正方行列 $\boldsymbol{A} = [a_{ij}]$ の行列式は

$$|\boldsymbol{A}| = \begin{vmatrix} a_{11} & a_{12} & a_{13} \\ a_{21} & a_{22} & a_{23} \\ a_{31} & a_{32} & a_{33} \end{vmatrix} = \sum_{(j_1\ j_2\ j_3)} \varepsilon(j_1,\ j_2,\ j_3)a_{1j_1}a_{2j_2}a_{3j_3} \tag{3.2}$$

という和で定義される．この式の右辺は $a_{1j_1}a_{2j_2}a_{3j_3}$ は数字 1, 2, 3 のすべての順列 $(j_1\ j_2\ j_3)$ を列番号とする3成分の積を意味し，全部で $3! = 6$ 個あり

$$a_{11}a_{22}a_{33}, \quad a_{12}a_{23}a_{31}, \quad a_{13}a_{21}a_{32}$$
$$a_{11}a_{23}a_{32}, \quad a_{12}a_{21}a_{33}, \quad a_{13}a_{22}a_{31}$$

である．6個の各順列に対し

$$\varepsilon(1\ 2\ 3) = \varepsilon(2\ 3\ 1) = \varepsilon(3\ 1\ 2) = 1,\quad \varepsilon(1\ 3\ 2) = \varepsilon(2\ 1\ 3) = \varepsilon(3\ 2\ 1) = -1$$

であるから

$$\begin{aligned}|\boldsymbol{A}| &= \sum_{(j_1\ j_2\ j_3)} \varepsilon(j_1\ j_2\ j_3) a_{1j_1}a_{2j_2}a_{3j_3} \\ &= \varepsilon(1\ 2\ 3)a_{11}a_{22}a_{33} + \varepsilon(2\ 3\ 1)a_{12}a_{23}a_{31} + \varepsilon(3\ 1\ 2)a_{13}a_{21}a_{32} \\ &\quad + \varepsilon(1\ 3\ 2)a_{11}a_{23}a_{32} + \varepsilon(2\ 1\ 3)a_{12}a_{21}a_{33} + \varepsilon(3\ 2\ 1)a_{13}a_{22}a_{31} \\ &= a_{11}a_{22}a_{33} + a_{12}a_{23}a_{31} + a_{13}a_{21}a_{32} \\ &\quad - a_{11}a_{23}a_{32} - a_{12}a_{21}a_{33} - a_{13}a_{22}a_{31}\end{aligned}$$

となる．記号 $\displaystyle\sum_{(j_1\ j_2\ j_3)}$ は 6 個の順列について和をとることを意味する．

以上のように，成分の位置を 2 つの添え字で表現すると慣れないうちは混乱するので，2 次の行列式を $\begin{vmatrix} a_1 & b_1 \\ a_2 & b_2 \end{vmatrix}$，3 次の行列式を $\begin{vmatrix} a_1 & b_1 & c_1 \\ a_2 & b_2 & c_2 \\ a_3 & b_3 & c_3 \end{vmatrix}$ と表して，展開式を図 3.1 で記憶しておくとよい．つまり，実線上の数字の積の和から破線上の数字の積の和を引けば，行列式の値が求められる．これを**サラスの方法** (Sarrus's method) という．4 次以上の行列式にはサラスの方法は使えないことに注意しよう．

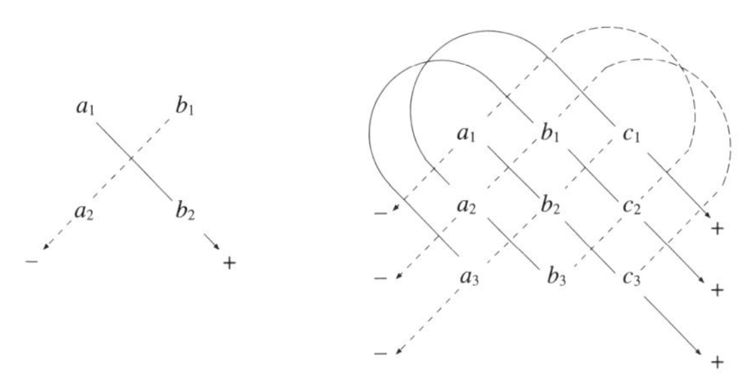

図 3.1　サラスの方法

(例 3.1)　サラスの方法を用いて行列式を計算してみよう．

(a) $\begin{vmatrix} 1 & 2 \\ 3 & 4 \end{vmatrix} = 1 \cdot 4 - 2 \cdot 3 = -2$

(b) $\begin{vmatrix} 1 & 2 & 3 \\ 4 & 5 & 6 \\ 7 & 8 & 9 \end{vmatrix} = 1\cdot5\cdot9+7\cdot2\cdot6+3\cdot4\cdot8-3\cdot5\cdot7-9\cdot2\cdot4-8\cdot6\cdot1 = 0$

c. $\boldsymbol{n}$ 次の行列式

n 次の正方行列 $\boldsymbol{A} = [a_{ij}]$ の行列式 (determinant) は

$$|\boldsymbol{A}| = \begin{vmatrix} a_{11} & a_{12} & \cdots & a_{1n} \\ a_{21} & a_{22} & \cdots & a_{2n} \\ \vdots & \vdots & \ddots & \vdots \\ a_{n1} & a_{n2} & \cdots & a_{nn} \end{vmatrix} = \sum_{(j)} \varepsilon(j_1\ j_2\ \cdots\ j_n) a_{1j_1} a_{2j_2} \cdots a_{nj_n} \qquad (3.3)$$

によって定義される．これまでと同様に，右辺の記号 (j) は数字 $1, 2, \cdots, n$ を並べ替えたすべての順列 $(j_1\ j_2\ \cdots\ j_n)$ を表し，$\sum_{(j)}$ はすべての順列 (j) に対して積

$$\varepsilon(j_1\ j_2\ \cdots\ j_n) a_{1j_1} a_{2j_2} \cdots a_{nj_n}$$

の和をとることを意味する．このような積は全部で順列の個数 $n!$ だけある．たとえば，4 次の行列式では展開式の項の総数は $4! = 24$ 個であるが，10 次の行列式では $10! = 3,628,800$ 個にもなる．このように，この定義に基づく次数の大きな行列式の計算には非常に手間がかかるので，いろいろな計算法が工夫されている．

3.2 行列式の性質

行列式の重要な性質を説明する．この性質は行列式を計算するときの有効な手段となる．

3.2.1 基本的性質

次の 3 つが行列式の基本的性質である．

(I) 単位行列の行列式は 1 である．

たとえば，$\begin{vmatrix} 1 & 0 & 0 \\ 0 & 1 & 0 \\ 0 & 0 & 1 \end{vmatrix} = 1$

(II) 行 (あるいは列) を交換すると行列式の値の符号が変わる.

たとえば, $\begin{vmatrix} a_1 & b_1 & c_1 \\ a_2 & b_2 & c_2 \\ a_3 & b_3 & c_3 \end{vmatrix} = p$ ならば, $\begin{vmatrix} a_2 & b_2 & c_2 \\ a_1 & b_1 & c_1 \\ a_3 & b_3 & c_3 \end{vmatrix} = -p$

(III)(a) 行 (あるいは列) を p 倍して得られる行列式の値はもとの行列式の値を p 倍した値に等しい.

たとえば, $\begin{vmatrix} a_1 & b_1 & c_1 \\ pa_2 & pb_2 & pc_2 \\ a_3 & b_3 & c_3 \end{vmatrix} = p\begin{vmatrix} a_1 & b_1 & c_1 \\ a_2 & b_2 & c_2 \\ a_3 & b_3 & c_3 \end{vmatrix}$

(b) 行 (あるいは列) の各成分が 2 つの数の和になっている行列式は, それぞれの数を列とする 2 つの行列式の和に等しい.

たとえば, $\begin{vmatrix} a_1 & b_1 & c_1 \\ a+a' & b+b' & c+c' \\ a_3 & b_3 & c_3 \end{vmatrix} = \begin{vmatrix} a_1 & b_1 & c_1 \\ a & b & c \\ a_3 & b_3 & c_3 \end{vmatrix} + \begin{vmatrix} a_1 & b_1 & c_1 \\ a' & b' & c' \\ a_3 & b_3 & c_3 \end{vmatrix}$

(例 3.2) (I) と (II) により $\begin{vmatrix} 0 & 1 & 0 \\ 1 & 0 & 0 \\ 0 & 0 & 1 \end{vmatrix} = -1$ である. なぜならこれは単位行列の第 1 行と第 2 行を交換した行列式であるから. このことと (III)(a) から

$$\begin{vmatrix} 0 & a & 0 \\ 1 & 0 & 0 \\ 0 & 0 & 1 \end{vmatrix} = a\begin{vmatrix} 0 & 1 & 0 \\ 1 & 0 & 0 \\ 0 & 0 & 1 \end{vmatrix} = -a, \quad \begin{vmatrix} 0 & a & 0 \\ b & 0 & 0 \\ 0 & 0 & c \end{vmatrix} = abc\begin{vmatrix} 0 & 1 & 0 \\ 1 & 0 & 0 \\ 0 & 0 & 1 \end{vmatrix} = -abc$$

であることがわかる.

この (I), (II), (III) の 3 つの基本的性質から以下の性質を導くことができる.

3.2.2 基本的性質から導かれる性質

性質 (1) ある行 (あるいは列) のすべての成分が零であれば, 行列式の値は零である.

これは (III)-(a) で $p = 0$ と置けば明らかである. $\begin{vmatrix} a_1 & b_1 & c_1 \\ 0 & 0 & 0 \\ a_3 & b_3 & c_3 \end{vmatrix} = 0$

性質 (2) 2 つの行 (あるいは列) の対応する成分がそれぞれ等しいとき, 行列式の値は零である.

(II) から $\begin{vmatrix} a_1 & b_1 & c_1 \\ a_1 & b_1 & c_1 \\ a_3 & b_3 & c_3 \end{vmatrix} = -\begin{vmatrix} a_1 & b_1 & c_1 \\ a_1 & b_1 & c_1 \\ a_3 & b_3 & c_3 \end{vmatrix}$, よって $\begin{vmatrix} a_1 & b_1 & c_1 \\ a_1 & b_1 & c_1 \\ a_3 & b_3 & c_3 \end{vmatrix} = 0$

性質 (3) 行 (あるいは列) の各成分を p 倍して他の行 (あるいは列) に加えても，行列式の値は変わらない．

$$\begin{vmatrix} a_1 & b_1 & c_1 \\ a_2+pa_1 & b_2+pb_1 & c_2+pc_1 \\ a_3 & b_3 & c_3 \end{vmatrix} = \begin{vmatrix} a_1 & b_1 & c_1 \\ a_2 & b_2 & c_2 \\ a_3 & b_3 & c_3 \end{vmatrix} + \begin{vmatrix} a_1 & b_1 & c_1 \\ pa_1 & pb_1 & pc_1 \\ a_3 & b_3 & c_3 \end{vmatrix}$$

$$= \begin{vmatrix} a_1 & b_1 & c_1 \\ a_2 & b_2 & c_2 \\ a_3 & b_3 & c_3 \end{vmatrix} + p\begin{vmatrix} a_1 & b_1 & c_1 \\ a_1 & b_1 & c_1 \\ a_3 & b_3 & c_3 \end{vmatrix} = \begin{vmatrix} a_1 & b_1 & c_1 \\ a_2 & b_2 & c_2 \\ a_3 & b_3 & c_3 \end{vmatrix}$$

この性質 (3) を利用すれば行列式の計算を簡単化できる．ここで等号の上の記号 $2r_1+r_3$ などは第 1 行 (r_1) を 2 倍して第 3 行 (r_3) に加えることを意味する．

$$\begin{vmatrix} 1 & 0 & 3 \\ 2 & 3 & 2 \\ -2 & 5 & 1 \end{vmatrix} \overset{2r_1+r_3}{=} \begin{vmatrix} 1 & 0 & 3 \\ 2 & 3 & 2 \\ 0 & 5 & 7 \end{vmatrix} \overset{-2r_1+r_2}{=} \begin{vmatrix} 1 & 0 & 3 \\ 0 & 3 & -4 \\ 0 & 5 & 7 \end{vmatrix}$$

$$\overset{\text{サラスの方法}}{=} 1\cdot 3\cdot 7 - 1\cdot(-4)\cdot 5 = 41$$

サラスの方法では成分に 0 が多い方が計算が容易になることは明らかであろう．行列式はできるだけ 0 の成分が多くなるように変形すればよい．

3.2.3 転置行列，行列の積の行列式

a. 転置行列の行列式

n 次の正方行列 $\boldsymbol{A}$ と転置行列 $\boldsymbol{A}^{\mathrm{T}}$ の行列式は等しい．すなわち

$$\left|\boldsymbol{A}^{\mathrm{T}}\right| = |\boldsymbol{A}| \tag{3.4}$$

が成り立つ．これは行と列を入れ換えても行列式の値は変わらないことを示している．たとえば，$\begin{vmatrix} a_1 & b_1 & c_1 \\ a_2 & b_2 & c_2 \\ a_3 & b_3 & c_3 \end{vmatrix} = \begin{vmatrix} a_1 & a_2 & a_3 \\ b_1 & b_2 & b_3 \\ c_1 & c_2 & c_3 \end{vmatrix}$.

b. 行列の積の行列式

n 次の正方行列を $\boldsymbol{A}, \boldsymbol{B}$ とすれば，次式が成り立つ．

$$|\boldsymbol{AB}| = |\boldsymbol{A}|\,|\boldsymbol{B}| = |\boldsymbol{B}|\,|\boldsymbol{A}| = |\boldsymbol{BA}| \tag{3.5}$$

(例 3.3) 式 (3.5) を確かめておこう．

$$\left|\begin{bmatrix} 1 & 2 \\ 3 & -1 \end{bmatrix}\begin{bmatrix} 3 & -1 \\ -2 & 1 \end{bmatrix}\right| = \begin{vmatrix} 1 & 2 \\ 3 & -1 \end{vmatrix}\begin{vmatrix} 3 & -1 \\ -2 & 1 \end{vmatrix} = \begin{vmatrix} -1 & 1 \\ 11 & -4 \end{vmatrix} = -7$$

$$\left|\begin{bmatrix} 3 & -1 \\ -2 & 1 \end{bmatrix}\begin{bmatrix} 1 & 2 \\ 3 & -1 \end{bmatrix}\right| = \begin{vmatrix} 3 & -1 \\ -2 & 1 \end{vmatrix}\begin{vmatrix} 1 & 2 \\ 3 & -1 \end{vmatrix} = \begin{vmatrix} 0 & 7 \\ 1 & -5 \end{vmatrix} = -7$$

よって，式 (3.5) が成り立つことがわかる．

3.3 余因子展開

3 次の行列式 $|\boldsymbol{A}|$ は 2 次の行列式を用いて，次のように表すことができる．

$$|\boldsymbol{A}| = \begin{vmatrix} a_{11} & a_{12} & a_{13} \\ a_{21} & a_{22} & a_{23} \\ a_{31} & a_{32} & a_{33} \end{vmatrix} = \begin{cases} a_{11}a_{22}a_{33} + a_{12}a_{23}a_{31} + a_{13}a_{21}a_{32} \\ -a_{11}a_{23}a_{32} - a_{12}a_{21}a_{33} - a_{13}a_{22}a_{31} \end{cases}$$

$$= a_{11}(a_{22}a_{33} - a_{23}a_{32}) - a_{12}(a_{21}a_{33} - a_{23}a_{31}) + a_{13}(a_{21}a_{32} - a_{22}a_{31})$$

$$= a_{11}\begin{vmatrix} a_{22} & a_{23} \\ a_{32} & a_{33} \end{vmatrix} - a_{12}\begin{vmatrix} a_{21} & a_{23} \\ a_{31} & a_{33} \end{vmatrix} + a_{13}\begin{vmatrix} a_{21} & a_{22} \\ a_{31} & a_{32} \end{vmatrix}$$

ここで

$$|M_{11}| = \begin{vmatrix} a_{22} & a_{23} \\ a_{32} & a_{33} \end{vmatrix}, \quad |M_{12}| = \begin{vmatrix} a_{21} & a_{23} \\ a_{31} & a_{33} \end{vmatrix}, \quad |M_{13}| = \begin{vmatrix} a_{21} & a_{22} \\ a_{31} & a_{32} \end{vmatrix}$$

と置けば

$$|\boldsymbol{A}| = a_{11}\,|M_{11}| - a_{12}\,|M_{12}| + a_{13}\,|M_{13}| \tag{3.6}$$

と書くことができる．ここに M_{11}, M_{12}, M_{13} はもとの行列 $\boldsymbol{A}$ から M の添え字の行と列を取り除いて得られる 2 次の正方行列である．一般に，行列 $\boldsymbol{A} = (a_{ij})$ の第 i 行と第 j 列を取り除いた残りの成分からなる $n-1$ 次の行列を成分 a_{ij} の小行列といい，M_{ij} で表す．この小行列の行列式 $|M_{ij}|$ を小行列式 (minor determinant) とよぶ．これに $(-1)^{i+j}$ を掛けた行列式 $(-1)^{i+j}\,|M_{ij}|$ を

$$C_{ij} = (-1)^{i+j}\,|M_{ij}| \tag{3.7}$$

と置き，成分 a_{ij} の余因子 (cofacter) という．たとえば

$$C_{11} = (-1)^{1+1}|M_{11}| = \begin{vmatrix} a_{22} & a_{23} \\ a_{32} & a_{33} \end{vmatrix}$$

$$C_{12} = (-1)^{1+2}|M_{12}| = -\begin{vmatrix} a_{21} & a_{23} \\ a_{31} & a_{33} \end{vmatrix} = \begin{vmatrix} a_{23} & a_{21} \\ a_{33} & a_{31} \end{vmatrix}$$

$$C_{13} = (-1)^{1+3}|M_{13}| = \begin{vmatrix} a_{21} & a_{22} \\ a_{31} & a_{32} \end{vmatrix}$$

であるから，式 (3.6) は

$$|\boldsymbol{A}| = a_{11}C_{11} + a_{12}C_{12} + a_{13}C_{13} \tag{3.8}$$

と表すことができる．これを行列式 $|\boldsymbol{A}|$ の第 1 行に関する**余因子展開** (cofactor expansion) という．ここで，成分 a の添え字と C の添え字が一致していることに注目しておこう．

一般に，n 次の行列式 $|\boldsymbol{A}|$ は i 行に関する余因子を用いて

$$|\boldsymbol{A}| = a_{i1}C_{i1} + a_{i2}C_{i2} + \cdots + a_{in}C_{in} \tag{3.9}$$

と書くことができる．これを行列式 $|\boldsymbol{A}|$ の i 行に関する余因子展開という．同様に，j 列に関する余因子を用いて

$$|\boldsymbol{A}| = a_{1j}C_{1j} + a_{2j}C_{2j} + \cdots + a_{nj}C_{nj} \tag{3.10}$$

と書くことができる．これを行列式 $|\boldsymbol{A}|$ の j 列に関する余因子展開という．余因子の符号は a_{ij} の位置に依存し，a_{ij} そのものの符号には依存しない．すなわち，$(-1)^{i+j}$ という係数が奇数行では $(+, -, +, -, \cdots)$, 偶数行では $(-, +, -, +, \cdots)$ のように $+$ と $-$ が交互に変化する．

一方，成分 a_{ij} の第 1 添え字と C_{ij} の第 1 添え字が一致していないとき，たとえば，$a_{21}C_{11}$, $a_{22}C_{12}$, $a_{23}C_{13}$ の和は

$$
\begin{aligned}
&a_{21}C_{11}+a_{22}C_{12}+a_{23}C_{13}\\
&=a_{21}\begin{vmatrix} a_{22} & a_{23}\\ a_{32} & a_{33}\end{vmatrix}-a_{22}\begin{vmatrix} a_{21} & a_{23}\\ a_{31} & a_{33}\end{vmatrix}+a_{23}\begin{vmatrix} a_{21} & a_{22}\\ a_{31} & a_{32}\end{vmatrix}\\
&=\begin{vmatrix} a_{21} & a_{22} & a_{23}\\ a_{21} & a_{22} & a_{23}\\ a_{31} & a_{32} & a_{33}\end{vmatrix}=0
\end{aligned}
\tag{3.11}
$$

となる．この式から明らかなように，第 1 式では行列式 $|\boldsymbol{A}|$ の第 1 行が a_{21}，a_{22}，a_{23} に置き換わっている．すなわち，第 1 行と第 2 行が同じ行列式の展開であるから，行列式の基本性質により，展開式の値は 0 になる．

一般に，積 $a_{ij}C_{kj}$ において $i\neq k$ ならば，

$$
a_{i1}C_{k1}+a_{i2}C_{k2}+\cdots+a_{in}C_{kn}=0\quad (i\neq k) \tag{3.12}
$$

となる．これは i 行と k 行が同じになるからである．同様にして

$$
a_{1j}C_{1k}+a_{2j}C_{2k}+\cdots+a_{nj}C_{nk}=0\quad (j\neq k) \tag{3.13}
$$

が成り立つ．これは行列式の第 j 列と第 k 列が同一になることを示している．

これまでの余因子と成分の積和は，たとえば，式 (3.8)，式 (3.11) などの積和は，3 次の行列を用いて次のように表すことができる．

$$
\begin{bmatrix} a_{11} & a_{12} & a_{13}\\ a_{21} & a_{22} & a_{23}\\ a_{31} & a_{32} & a_{33}\end{bmatrix}\begin{bmatrix} C_{11} & C_{21} & C_{31}\\ C_{12} & C_{22} & C_{32}\\ C_{13} & C_{23} & C_{33}\end{bmatrix}=\begin{bmatrix} |\boldsymbol{A}| & 0 & 0\\ 0 & |\boldsymbol{A}| & 0\\ 0 & 0 & |\boldsymbol{A}|\end{bmatrix}
$$

$$
\begin{bmatrix} C_{11} & C_{21} & C_{31}\\ C_{12} & C_{22} & C_{32}\\ C_{13} & C_{23} & C_{33}\end{bmatrix}\begin{bmatrix} a_{11} & a_{12} & a_{13}\\ a_{21} & a_{22} & a_{23}\\ a_{31} & a_{32} & a_{33}\end{bmatrix}=\begin{bmatrix} |\boldsymbol{A}| & 0 & 0\\ 0 & |\boldsymbol{A}| & 0\\ 0 & 0 & |\boldsymbol{A}|\end{bmatrix}
$$

ここで成分 C_{ij} が j 行 i 列 (i 行 j 列でない) に配置されていること注意しよう．

クロネッカのデルタ (Kronecker delta) 記号

$$
\delta_{ik}=\begin{cases} 1\,;i=k\\ 0\,;i\neq k\end{cases} \tag{3.14}
$$

を用いれば，式 (3.9), (3.10), (3.12), (3.13) をまとめて

$$|\boldsymbol{A}|\,\delta_{ik} = \sum_{j=1}^{n} a_{kj} C_{ij} \tag{3.15}$$

$$|\boldsymbol{A}|\,\delta_{ik} = \sum_{j=1}^{n} a_{jk} C_{ji} \tag{3.16}$$

と表すことができる.

(例 3.4) $\begin{vmatrix} a & b \\ c & d \end{vmatrix} = aC_{11} + bC_{12}$

$$= a(-1)^{1+1}|M_{11}| + b(-1)^{1+2}|M_{12}| = ad - bc$$

(例 3.5) 行列 $\boldsymbol{A} = \begin{bmatrix} 5 & 1 & 0 \\ 4 & 2 & -1 \\ -2 & 0 & 0 \end{bmatrix}$ に対し

$$\begin{aligned} |\boldsymbol{A}| &= a_{31}C_{31} + a_{32}C_{32} + a_{33}C_{33} \\ &= (-1)^{3+1}a_{31}|M_{31}| + (-1)^{3+2}a_{32}|M_{32}| + (-1)^{3+3}a_{33}|M_{33}| \\ &= -2\begin{vmatrix} 1 & 0 \\ 2 & -1 \end{vmatrix} + 0\begin{vmatrix} 5 & 0 \\ 4 & -1 \end{vmatrix} + 0\begin{vmatrix} 5 & 1 \\ 4 & 2 \end{vmatrix} \\ &= 2 + 0 + 0 = 2 \end{aligned}$$

3.3.1 余因子行列

正方行列 $\boldsymbol{A}$ が与えられたとき, 行列式 $|\boldsymbol{A}|$ における成分 a_{ij} の余因子 C_{ij} を成分とする $\boldsymbol{A}$ の余因子行列は

$$\operatorname{adj}\boldsymbol{A} = [C_{ji}] = \begin{bmatrix} C_{11} & C_{21} & \cdots & C_{n1} \\ C_{12} & C_{22} & \cdots & C_{n2} \\ \vdots & \vdots & \ddots & \vdots \\ C_{1n} & C_{2n} & \cdots & C_{nn} \end{bmatrix} \tag{3.17}$$

で定義される. ここで, 添字に注意しよう. 最右辺の行列は

$$\begin{bmatrix} C_{11} & C_{12} & \cdots & C_{1n} \\ C_{21} & C_{22} & \cdots & C_{2n} \\ \vdots & \vdots & \ddots & \vdots \\ C_{n1} & C_{n2} & \cdots & C_{nn} \end{bmatrix}$$

ではない．余因子行列 adj $\boldsymbol{A}$ は $\boldsymbol{A}$ の各成分 a_{ij} をその余因子で置き換え，さらに行と列を入れ換えた行列である．

(例 3.6)　行列 $\boldsymbol{A}=\begin{bmatrix} a & b \\ c & d \end{bmatrix}$ の余因子は

$$C_{11}=(-1)^{1+1}d=d,\quad C_{12}=(-1)^{1+2}c=-c,$$
$$C_{21}=(-1)^{2+1}b=-b,\quad C_{22}=(-1)^{2+2}a=a$$

であるから，余因子行列 adj $\boldsymbol{A}$ は余因子の配置に注意して

$$\operatorname{adj}\boldsymbol{A}=\begin{bmatrix} C_{11} & C_{21} \\ C_{12} & C_{22} \end{bmatrix}=\begin{bmatrix} d & -b \\ -c & a \end{bmatrix}$$

となる．

(例 3.7)　例 3.5 と同じ行列 $\boldsymbol{A}=\begin{bmatrix} 5 & 1 & 0 \\ 4 & 2 & -1 \\ -2 & 0 & 0 \end{bmatrix}$ の余因子は

$$C_{11}=(-1)^{1+1}\begin{vmatrix} 2 & -1 \\ 0 & 0 \end{vmatrix}=0,\quad C_{12}=(-1)^{1+2}\begin{vmatrix} 4 & -1 \\ 2 & 0 \end{vmatrix}=2,$$

$$C_{13}=(-1)^{1+3}\begin{vmatrix} 4 & 2 \\ -2 & 0 \end{vmatrix}=4,\quad C_{21}=(-1)^{2+1}\begin{vmatrix} 1 & 0 \\ 0 & 0 \end{vmatrix}=0,$$

$$C_{22}=(-1)^{2+2}\begin{vmatrix} 5 & 0 \\ -2 & 0 \end{vmatrix}=0,\quad C_{23}=(-1)^{2+3}\begin{vmatrix} 5 & 1 \\ -2 & 0 \end{vmatrix}=-2,$$

$$C_{31}=(-1)^{3+1}\begin{vmatrix} 1 & 0 \\ 2 & -1 \end{vmatrix}=-1,\quad C_{32}=(-1)^{3+2}\begin{vmatrix} 5 & 0 \\ 4 & -1 \end{vmatrix}=5,$$

$$C_{33}=(-1)^{3+3}\begin{vmatrix} 5 & 1 \\ 4 & 2 \end{vmatrix}=6$$

よって，余因子の配置に注意して

$$\operatorname{adj}\boldsymbol{A}=\begin{bmatrix} C_{11} & C_{21} & C_{31} \\ C_{12} & C_{22} & C_{32} \\ C_{13} & C_{23} & C_{33} \end{bmatrix}=\begin{bmatrix} 0 & 0 & -1 \\ 2 & 0 & 5 \\ 4 & -2 & 6 \end{bmatrix}$$

となる．

余因子展開の式 (3.15) と式 (3.16) を行列で表すと

$$\boldsymbol{A}\ (\mathrm{adj}\,\boldsymbol{A}) = (\mathrm{adj}\,\boldsymbol{A})\ \boldsymbol{A} = |\boldsymbol{A}|\,\mathbf{1} \tag{3.18}$$

となる．すなわち，$\boldsymbol{A}$ と $\mathrm{adj}\,\boldsymbol{A}$ とは交換可能である．また，$\boldsymbol{A}$ が正則，すなわち $|\boldsymbol{A}| \neq 0$ ならば，式 (3.18) は

$$\boldsymbol{A}\frac{\mathrm{adj}\,\boldsymbol{A}}{|\boldsymbol{A}|} = \mathbf{1} \tag{3.19}$$

と書くことができるから，$\boldsymbol{A}$ の逆行列が存在して

$$\boldsymbol{A}^{-1} = \frac{\mathrm{adj}\,\boldsymbol{A}}{|\boldsymbol{A}|} \tag{3.20}$$

となる．これから次の定理を得ることができる．

(定理 3.1) n 次の正方行列 $\boldsymbol{A}$ の逆行列が存在する条件は

$$|\boldsymbol{A}| \neq 0$$

である．

(例 3.8) 例 3.5 と同じ行列 $\boldsymbol{A} = \begin{bmatrix} 5 & 1 & 0 \\ 4 & 2 & -1 \\ -2 & 0 & 0 \end{bmatrix}$ の逆行列は $|\boldsymbol{A}| = 2 \neq 0$ であるから存在し，例 3.7 の結果をみて，

$$\boldsymbol{A}^{-1} = \frac{1}{|\boldsymbol{A}|}\,\mathrm{adj}\,\boldsymbol{A} = \frac{1}{2}\begin{bmatrix} 0 & 0 & -1 \\ 2 & 0 & 5 \\ 4 & -2 & 6 \end{bmatrix} = \begin{bmatrix} 0 & 0 & -1/2 \\ 1 & 0 & 5/2 \\ 2 & -1 & 3 \end{bmatrix}$$

となる．

3.3.2 クラーメルの公式

いま，未知数 x_1, x_2, x_3 の連立一次方程式を

$$\begin{aligned} a_{11}x_1 + a_{12}x_2 + a_{13}x_3 &= b_1 \\ a_{21}x_1 + a_{22}x_2 + a_{23}x_3 &= b_2 \\ a_{31}x_1 + a_{32}x_2 + a_{33}x_3 &= b_3 \end{aligned} \tag{3.21}$$

とする．この連立一次方程式は

$$\boldsymbol{A} = \begin{bmatrix} a_{11} & a_{12} & a_{13} \\ a_{21} & a_{22} & a_{23} \\ a_{31} & a_{32} & a_{33} \end{bmatrix}, \quad \boldsymbol{b} = \begin{bmatrix} b_1 \\ b_2 \\ b_3 \end{bmatrix}, \quad \boldsymbol{x} = \begin{bmatrix} x_1 \\ x_2 \\ x_3 \end{bmatrix}$$

とすれば,

$$\boldsymbol{A}\boldsymbol{x} = \boldsymbol{b} \tag{3.22}$$

と表すことができる．行列 $\boldsymbol{A}$ を係数行列 (coefficient matrix)，$\boldsymbol{b}$ を定数ベクトル (constant vector) という．行列 $\boldsymbol{A}$ は正則と仮定する．この連立一次方程式の解 $\boldsymbol{x}$ を求めよう．式 (3.22) の両辺に逆行列 $\boldsymbol{A}^{-1}$ を左から掛ければ $\boldsymbol{A}^{-1}\boldsymbol{A}\boldsymbol{x} = \boldsymbol{1}\boldsymbol{x} = \boldsymbol{x}$ に注意して

$$\boldsymbol{x} = \boldsymbol{A}^{-1}\boldsymbol{b} \tag{3.23}$$

となる．よって，仮定により $|\boldsymbol{A}| \neq 0$ であるから，式 (3.20) により

$$\boldsymbol{x} = \frac{(\mathrm{adj}\,\boldsymbol{A})\ \boldsymbol{b}}{|\boldsymbol{A}|} \tag{3.24}$$

となる．分子の $(\mathrm{adj}\,\boldsymbol{A})\ \boldsymbol{b}$ を成分で書けば

$$(\mathrm{adj}\,\boldsymbol{A})\ \boldsymbol{b} = \begin{bmatrix} C_{11} & C_{21} & C_{31} \\ C_{12} & C_{22} & C_{32} \\ C_{13} & C_{23} & C_{33} \end{bmatrix} \begin{bmatrix} b_1 \\ b_2 \\ b_3 \end{bmatrix} = \begin{bmatrix} C_{11}b_1 + C_{21}b_2 + C_{31}b_3 \\ C_{12}b_1 + C_{22}b_2 + C_{32}b_3 \\ C_{13}b_1 + C_{23}b_2 + C_{33}b_3 \end{bmatrix}$$

となる．最右辺の第 1 行は行列式 $|\boldsymbol{A}|$ の第 1 列をベクトル $\boldsymbol{b}$ で置き換えた行列式，同様に第 2 行は $|\boldsymbol{A}|$ の第 2 列を，第 3 行は $|\boldsymbol{A}|$ の第 3 列をそれぞれベクトル $\boldsymbol{b}$ で置き換えた行列式である．したがって，解は

$$x_1 = \frac{\begin{vmatrix} b_1 & a_{12} & a_{13} \\ b_2 & a_{22} & a_{23} \\ b_3 & a_{32} & a_{33} \end{vmatrix}}{|\boldsymbol{A}|}, x_2 = \frac{\begin{vmatrix} a_{11} & b_1 & a_{13} \\ a_{21} & b_2 & a_{23} \\ a_{31} & b_3 & a_{33} \end{vmatrix}}{|\boldsymbol{A}|}, x_3 = \frac{\begin{vmatrix} a_{11} & a_{12} & b_1 \\ a_{21} & a_{22} & b_2 \\ a_{31} & a_{32} & b_3 \end{vmatrix}}{|\boldsymbol{A}|}$$

によって与えられる．すなわち，解 x_k の分子は $|\boldsymbol{A}|$ の第 k 列を $\boldsymbol{b}$ で置き換えた行列式である．

(定理 3.2) n 変数の連立一次方程式 $\boldsymbol{Ax} = \boldsymbol{b}$ の行列式 $|\boldsymbol{A}|$ の第 k 列を $\boldsymbol{b}$ で置き換えた行列式を A_k で表すとき，$|\boldsymbol{A}| \neq 0$ ならば，解 x_k は

$$x_k = \frac{A_k}{|\boldsymbol{A}|}, \quad k = 1, 2, \cdots, n \tag{3.25}$$

で与えられる．

これをクラーメルの公式 (Cramer's rule) という．この公式は係数行列 $[a_{ik}]$ および定数ベクトル $[b_i]$ によって，解 x_k がどのような形に表現されるかを示す．n 個のすべての解を求めるには，行列式を $n+1$ 個計算しなければならないので手間がかかるが，ある特定の添字番号の解のみを求めたいときには有用である．

(例 3.9) 連立一次方程式

$$\begin{bmatrix} 3 & 4 \\ 5 & 6 \end{bmatrix} \begin{bmatrix} x_1 \\ x_2 \end{bmatrix} = \begin{bmatrix} 1 \\ 2 \end{bmatrix}$$

の解を求めよう．係数行列の行列式の値は $3 \cdot 6 - 4 \cdot 5 = -2 \neq 0$ であるから，係数行列は正則である．よって，解は

$$x_1 = \frac{\begin{vmatrix} 1 & 4 \\ 2 & 6 \end{vmatrix}}{-2} = 1, \quad x_2 = \frac{\begin{vmatrix} 3 & 1 \\ 5 & 2 \end{vmatrix}}{-2} = -\frac{1}{2}$$

となる．

(例 3.10) 電気回路の網目解法への応用

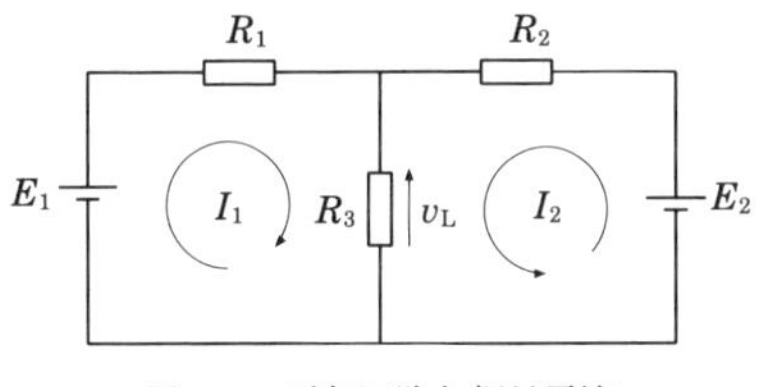

図 **3.2** 電気回路と網目電流

図 3.2 のような回路の未知量の網目電流 (メッシュ電流，マックスウェル電流ともいう) I_1 と I_2 および端子電圧 v_L を求めよう．キルヒホフの電圧則を 2

つの網目に適用すると

$$(R_1 + R_3)I_1 + R_3 I_2 = E_1$$
$$R_3 I_1 + (R_2 + R_3)I_2 = E_2$$

となる．この方程式の解はクラーメルの公式により

$$I_1 = \frac{\begin{vmatrix} E_1 & R_3 \\ E_2 & R_2 + R_3 \end{vmatrix}}{|\boldsymbol{R}|}, \quad I_2 = \frac{\begin{vmatrix} R_1 + R_3 & E_1 \\ R_3 & E_2 \end{vmatrix}}{|\boldsymbol{R}|}$$

となる．ただし，

$$|\boldsymbol{R}| = \begin{vmatrix} R_1 + R_3 & R_3 \\ R_3 & R_2 + R_3 \end{vmatrix} = R_1R_2 + R_2R_3 + R_3R_1 \neq 0$$

である．このようにして網目電流が求められると，R_3 を流れる電流 J_3 は $J_3 = I_1 + I_2 = \dfrac{R_2E_1 + R_1E_2}{R_1R_2 + R_2R_3 + R_3R_1}$，また端子電圧は $v_L = R_3J_3 = \dfrac{R_3(R_2E_1 + R_1E_2)}{R_1R_2 + R_2R_3 + R_3R_1}$ が求められる．

演 習 問 題

3.1 次の行列の行列式の値を求めよ．

(a) $\begin{bmatrix} 3 & 4 \\ 5 & 6 \end{bmatrix}$ (b) $\begin{bmatrix} 3 & 5 \\ 4 & 6 \end{bmatrix}$ (c) $\begin{bmatrix} 3 & 5 \\ 6 & 10 \end{bmatrix}$ (d) $\begin{bmatrix} -2 & -3 \\ -4 & -5 \end{bmatrix}$

(e) $\begin{bmatrix} 1 & -2 \\ 3 & 4 \end{bmatrix}$ と $\begin{bmatrix} 1 & -2 \\ 3a & 4a \end{bmatrix}$ (f) $\begin{bmatrix} 4 & 9 \\ 2 & 3 \end{bmatrix}$ と $\begin{bmatrix} 4 & 9 \\ 2+4a & 3+9a \end{bmatrix}$

3.2 サラスの公式により，次の行列式の値を計算せよ．

(a) $\begin{vmatrix} -2 & 1 & 4 \\ 2 & 5 & 0 \\ 3 & 6 & 7 \end{vmatrix}$ (b) $\begin{vmatrix} 1 & 1 & 2 \\ 2 & -2 & 1 \\ 3 & 1 & 5 \end{vmatrix}$

3.3 次の行列式の値を求めよ．

(a) $\begin{vmatrix} 1 & 2 & 3 \\ 4 & 5 & 6 \\ 7 & 8 & 9 \end{vmatrix}$ (b) $\begin{vmatrix} \cos\theta & -\sin\theta \\ \sin\theta & \cos\theta \end{vmatrix}$ (c) $\begin{vmatrix} 2 & 0 & 1 \\ 5 & 3 & 4 \\ 8 & 6 & 7 \end{vmatrix}$

(d) $\begin{vmatrix} a & b & c \\ c & a & b \\ b & c & a \end{vmatrix}$

3.4 行列 $\boldsymbol{A} = \begin{bmatrix} 6 & 4 & 5 \\ 3 & -5 & -7 \\ 8 & 5 & 1 \end{bmatrix}$ に対し，$\mathrm{adj}\,\boldsymbol{A}$ を求めよ．

3.5 行列 $\boldsymbol{A} = \begin{bmatrix} 5 & -4 & -1 \\ -4 & 5 & -1 \\ 4 & 4 & 1 \end{bmatrix}$ の $\mathrm{adj}\,\boldsymbol{A}$ と $\det\boldsymbol{A}$ を求め，逆行列 $\boldsymbol{A}^{-1}$ を計算せよ．

3.6 クラーメルの公式により，次の連立一次方程式を解け．

(a) $\begin{cases} x + 2y = 2 \\ 2x + 3y = 7 \end{cases}$ (b) $\begin{cases} x + y + z = 12 \\ 2x - y + z = 6 \\ 5x + 3y - 3z = 4 \end{cases}$

3.7 次の連立一次方程式の解を係数行列の逆行列を計算して求めよ．

$$\begin{bmatrix} 3 & 4 \\ 5 & 6 \end{bmatrix} \begin{bmatrix} x_1 \\ x_2 \end{bmatrix} = \begin{bmatrix} 1 \\ 2 \end{bmatrix}$$

3.8 次の連立一次方程式の解を係数行列 $\boldsymbol{A}$ の逆行列を計算して求めよ．

$$\begin{bmatrix} 1 & 2 & -2 \\ 4 & 3 & -2 \\ 2 & -4 & 3 \end{bmatrix} \begin{bmatrix} x \\ y \\ z \end{bmatrix} = \begin{bmatrix} 3 \\ 11 \\ 7 \end{bmatrix}$$

3.9 行列 $\boldsymbol{A} = \begin{bmatrix} 5 & 0 & 1 \\ 4 & -1 & 2 \\ -2 & 0 & 0 \end{bmatrix}$ に対し，$\det\boldsymbol{A}$ を第 1 行について余因子展開して求めよ．

3.10 次の行列の行列式を余因子展開によって計算せよ．

(a) $\begin{bmatrix} 1 & 0 & 0 \\ 0 & 1 & 0 \\ 0 & a & 1 \end{bmatrix}$ (b) $\begin{bmatrix} 1 & 0 & 0 \\ 0 & 1 & 0 \\ a & 0 & 1 \end{bmatrix}$ (c) $\begin{bmatrix} 0 & 1 & 0 \\ 1 & 0 & 0 \\ 0 & 0 & 1 \end{bmatrix}$

3.11 行列式 $\left| \begin{bmatrix} 2 & -4 & 3 \\ 3 & 1 & 2 \\ 1 & 4 & -1 \end{bmatrix} \begin{bmatrix} 1 & 3 & 5 \\ 2 & 1 & 1 \\ 3 & 4 & 2 \end{bmatrix} \right|$ を計算せよ．

3.12 図の回路の R_4 を流れる網目電流 I_3 を求めよ．ただし，抵抗を $R_1 = 1\,\Omega$, $R_2 = R_3 = 2\,\Omega$, $R_4 = 4\,\Omega$ とし，電圧源は $E_1 = 12\,\mathrm{V}$, $E_2 = 8\,\mathrm{V}$ とする．

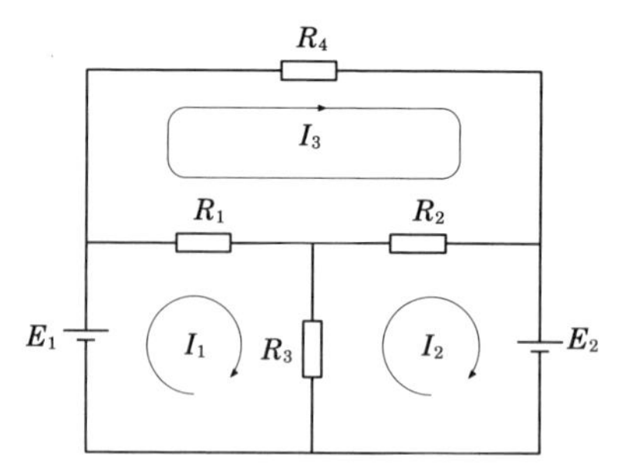
R_4
I_3
R_1
R_2
E_1
I_1
R_3
I_2
E_2

4
連立一次方程式と行列の階数

連立一次方程式は多くの分野で用いられ，現実の問題では未知数の個数がきわめて多い*1)．電気回路も連立一次方程式で表現され，多くの素子の電圧や電流が未知数になる．

はじめに，未知数が多いときでも対処できるガウスの消去法を説明する．すなわち，行列の基本変形によって解を系統的に求める手順を示し，行列の階数を使って解が存在する条件を示す．

さらに，ベクトルの一次従属性を同次連立一次方程式によって判定する方法を示し，それを利用して電気回路の共振周波数を求める．また，キルヒホフの電流則と電圧則から導かれる電流，電圧それぞれの関係式を同次連立一次方程式と見なし，その解の意味を説明する．

4.1　消去法による解法

未知数と方程式の個数が等しく，かつ係数行列が正則のときは，連立一次方程式はクラーメルの公式や逆行列を使って解くことができた．しかし，素子数の多い回路では連立一次方程式の未知数も多くなり，係数行列も大きくなるから行列式を計算する方法は有効な方法とはいえない．そこで，これに代わるガウスの消去法 (elimination method) あるいは掃き出し法 (sweeping-out method)

---

*1)　♠ ひと言コーナー ♠　日本のスーパーコンピュータ '京' (ケイと読む) の性能評価にも連立一次方程式が使われている．'京' が解いた方程式の未知変数の数は 11,870,208 個である．京は 1 兆の 1 万倍を表す単位であって，1 秒間に 1 京回 $= 10^{16}$回 $= 10$ ペタフロップス 以上の計算を行い 2011 年 6 月に世界一になった．ペタ $10^{15} = 1,000$ 兆，フロップス (FLOPS)=コンピュータの性能を表す単位で，1 ペタフロップスは 1 秒間に浮動小数点演算を 1,000 兆回行うこと．

とよばれる方法を説明する.

簡単な連立一次方程式

$$\begin{aligned} 2x + 5y &= 5 \quad \cdots\cdots \text{①} \\ x + 3y &= 1 \quad \cdots\cdots \text{②} \end{aligned} \tag{4.1}$$

を消去法で解くには次のようにすればよい. すなわち,

ステップ **1**：①と②を入れかえて, 第 1 行の最初の変数 x の係数を 1 にする.

$$\begin{aligned} x + 3y &= 1 \quad \cdots\cdots \text{③} \\ 2x + 5y &= 5 \quad \cdots\cdots \text{④} \end{aligned}$$

ステップ **2**：式 ④ の $2x$ を消去するため, ③ を -2 倍して ④ に加える.

$$\begin{aligned} x + 3y &= 1 \quad \cdots\cdots \text{③} \\ -y &= 3 \quad \cdots\cdots \text{⑤} \end{aligned}$$

ステップ **3**：式 ⑤ の両辺を -1 倍して y の係数を 1 にする.

$$\begin{aligned} x + 3y &= 1 \quad \cdots\cdots \text{③} \\ y &= -3 \cdots\cdots \text{⑥} \end{aligned}$$

ステップ **4**：式 ⑥ を -3 倍して ③ に加える.

$$\begin{aligned} x &= 10 \ \cdots\cdots \text{⑦} \\ y &= -3 \cdots\cdots \text{⑥} \end{aligned}$$

これによって, 連立一次方程式の解 $x = 10$, $y = 3$ が得られた. なお, ステップ 1 で ① の両辺に 1/2 を掛けて, 以下同様のステップで進んでもよい.

4.2 行列の基本変形

4.2.1 基本変形による解法

連立一次方程式 (4.1) は $\boldsymbol{A} = \begin{bmatrix} 2 & 5 \\ 1 & 3 \end{bmatrix}$, $\boldsymbol{x} = \begin{bmatrix} x \\ y \end{bmatrix}$, $\boldsymbol{b} = \begin{bmatrix} 5 \\ 1 \end{bmatrix}$ と置けば,

$$\boldsymbol{A}\boldsymbol{x} = \boldsymbol{b} \tag{4.2}$$

と表すことができる. ここで, 係数行列 $\boldsymbol{A}$ と定数ベクトル $\boldsymbol{b}$ を横に並べた (2, 3)

行列 $[\boldsymbol{A}\ \boldsymbol{b}]$ を定義し，これを**拡大係数行列** (augmented coefficient matrix) とよぶ．上に示した各ステップの操作を拡大係数行列 $[\boldsymbol{A}\ \boldsymbol{b}]$ の変化に対応させて調べてみよう．

ステップ **0**：拡大係数行列の表をつくる．

$$[\boldsymbol{A}\ \boldsymbol{b}] = \begin{bmatrix} 2 & 5 & 5 \\ 1 & 3 & 1 \end{bmatrix}$$

ステップ **1**：第 1 行と第 2 行を入れ換える．

$$\begin{bmatrix} 1 & 3 & 1 \\ 2 & 5 & 5 \end{bmatrix}$$

ステップ **2**：第 1 行を -2 倍して第 2 行に加える．

$$\begin{bmatrix} 1 & 3 & 1 \\ 0 & -1 & 3 \end{bmatrix}$$

ステップ **3**：第 2 行を -1 倍する．

$$\begin{bmatrix} 1 & 3 & 1 \\ 0 & 1 & -3 \end{bmatrix}$$

ステップ **4**：第 2 行を -3 倍して第 1 行に加える．

$$\begin{bmatrix} 1 & 0 & 10 \\ 0 & 1 & -3 \end{bmatrix} = [\mathbf{1}\ \boldsymbol{s}]$$

となる．このように，行列 $\boldsymbol{A}$ が単位行列 $\mathbf{1}$ になるように表を変形していけば解 $\boldsymbol{s} = \begin{bmatrix} 10 \\ -3 \end{bmatrix}$ に到達する．ステップ 1 からステップ 4 までは前節の消去法のステップ 1 からステップ 4 までに対応している．行の入れ換えは方程式の順序を入れ換えることを意味する．

このような行列の変形は次の操作から成り立っている．各操作を記号で示す．r_k は第 k 行（r は行 (row) のこと）を表す．

(i)　行（i 行と j 行）を入れ換える．$r_i \leftrightarrow r_j$

(ii)　1 つの行 (m 行) を α 倍する．αr_m

(iii)　1 つの行 (m 行) を α 倍して他の行 (k 行) に加える．$\alpha r_m + r_k$

この 3 つの操作を**行基本変形** (fundamental row operation) という．

拡大係数行列 $[\boldsymbol{A}\ \boldsymbol{b}]$ に行基本変形を繰り返し，係数行列 $\boldsymbol{A}$ を単位行列 $\mathbf{1}$ に変形して行列 $[\mathbf{1}\ \boldsymbol{s}]$ を得たとき，列ベクトル $\boldsymbol{s}$ の成分が連立一次方程式の解になる．同様に**列基本変形** (fundamental column operation) も可能で，行基本変形の操作の行を列に読み替えればよい．列の入れ換えは未知数の番号の付け替えに対応する．行基本変形と列基本変形を合わせて**基本変形** (fundamental operation) という．行および列基本変形を併用することもできる．

基本変形により $[\boldsymbol{A}\ \boldsymbol{b}] \to [\mathbf{1}\ \boldsymbol{s}]$ が導けないとき，すなわち，係数行列 $\boldsymbol{A}$ を単位行列 $\mathbf{1}$ に変形できないときは，連立一次方程式には

(a)　解が無数に存在する

(b)　解が存在しない

のいずれかである．このような場合，基本変形により拡大係数行列はどのように簡約化されるのか，簡単な例で調べてみよう．

a.　解が無数に存在する場合

たとえば，連立一次方程式

$$\begin{aligned} 2x - 6y &= 6 \\ -x + 3y &= -3 \end{aligned} \tag{4.3}$$

の拡大係数行列は

$$\begin{bmatrix} 2 & -6 & 6 \\ -1 & 3 & -3 \end{bmatrix} \xrightarrow{\frac{1}{2}r_1 + r_2} \begin{bmatrix} 1 & -3 & 3 \\ 0 & 0 & 0 \end{bmatrix}$$

と変形されて，係数行列は単位行列に変形できない．この結果は $x - 3y = 3$ という 1 つの式を意味し，y に任意の数 c を与えれば，$x = 3c + 3$ となる．よって，解は無数に存在することになる．幾何学的にいえば，直線 $x - 3y = 3$ 上の点が解であり，その個数は無数であることは明らかである．

b.　解が存在しない場合

次に，連立一次方程式

$$\begin{aligned} x + 3y &= 1 \\ 3x + 9y &= 2 \end{aligned} \tag{4.4}$$

の拡大係数行列は

$$\begin{bmatrix} 1 & 3 & 1 \\ 3 & 9 & 2 \end{bmatrix} \xrightarrow{-3r_1 + r_2} \begin{bmatrix} 1 & 3 & 1 \\ 0 & 0 & -1 \end{bmatrix}$$

と変形されて，拡大係数行列の 2 行目から $0x + 0y = -1$ が導かれる．このようなことはありえないから，この連立一次方程式の解は存在しないことがわかる．幾何学的には平行な 2 直線に交点は存在しないことを意味している．

(例 4.1)　網目電流の計算への応用

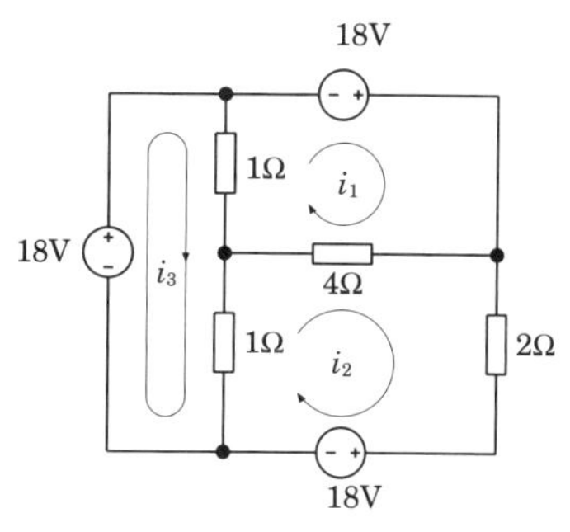

図 4.1　網目電流を計算

図 4.1 の**網目電流** (mesh current) i_1, i_2, i_3 を計算してみよう．電流の番号を**網目** (mesh) の番号とすれば，網目 1, 2, 3 について，電圧則により連立一次方程式

$$\begin{aligned} 5i_1 - 4i_2 - i_3 &= 18 \\ -4i_1 + 7i_2 - i_3 &= -18 \\ -i_1 - i_2 + 2i_3 &= 18 \end{aligned}$$

を得ることができる．この拡大係数行列は基本変形により，

$$\begin{bmatrix} 5 & -4 & -1 & 18 \\ -4 & 7 & -1 & -18 \\ -1 & -1 & 2 & 18 \end{bmatrix} \rightarrow \begin{bmatrix} 1 & 0 & 0 & 15 \\ 0 & 1 & 0 & 9 \\ 0 & 0 & 1 & 21 \end{bmatrix}$$

となり，解は $i_1 = 15\text{A}$, $i_2 = 9\text{A}$, $i_3 = 21\text{A}$ である．

4.3　ベクトルの一次従属と一次独立

はじめに，簡単な方程式を例にとり，次のことを復習しておこう．

(1)　方程式 $2x=0$ や $2x+3y=0$ では，前者の 1 変数の方程式の解は $x=0$，後者の 2 変数の方程式の解は c を任意の数として $x=3c/2$, $y=-c$ である．つまり，どちらもただ 1 つの解 (解の組) が存在する．この場合を正則 (regular) という．

(2)　方程式 $0x=0$ や $0x+0y=0$ では，x や y にどんな数を代入してもこの式は成立する．つまり x や y は独立した任意の数であり，解は無数にある．これらを定められないから，この場合を不定 (indefinite) という．

(3)　方程式 $0x=2$ や $0x+0y=3$ では，これを満たす解 x や y は存在しない．方程式は解をもつことができないから，この場合を不能 (impossible) という．

4.3.1　定　　義

第 1 章で幾何ベクトルの一次従属と一次独立を定義し，幾何学的意味を示した．この項では，同次連立一次方程式と関連させて (数) ベクトルの一次従属と一次独立を定義しよう．実数を x_1, $x_2, \cdots$, x_k として，列ベクトル $\boldsymbol{a}_1$, $\boldsymbol{a}_2$, $\cdots$, $\boldsymbol{a}_k$ の一次結合を零ベクトル $\mathbf{0}$ に置いた式

$$x_1\boldsymbol{a}_1 + x_2\boldsymbol{a}_2 + \cdots + x_k\boldsymbol{a}_k = \mathbf{0} \tag{4.5}$$

を一次関係 (linear relation) という．

いま，すべてが 0 でない x_1, $x_2, \cdots$, x_k があって，式 (4.5) が成り立つとき，ベクトル $\boldsymbol{a}_1$, $\boldsymbol{a}_2$, $\cdots$, $\boldsymbol{a}_k$ は一次従属であるという．一次従属でないとき，すなわち，式 (4.5) が成り立つのは

$$x_1 = x_2 = \cdots = x_k = 0 \tag{4.6}$$

に限るとき，ベクトル $\boldsymbol{a}_1$, $\boldsymbol{a}_2$, $\cdots$, $\boldsymbol{a}_k$ は一次独立であるという．

以上のことは行列の記法によって言い表すことができる．すなわち，行列 $\boldsymbol{A}$ とベクトル $\boldsymbol{x}$ を

$$\boldsymbol{A} = [\boldsymbol{a}_1\ \boldsymbol{a}_2\ \cdots\ \boldsymbol{a}_k], \quad \boldsymbol{x} = [x_i]$$

と表すとき，式 (4.5) の一次関係は同次連立一次方程式で

$$\boldsymbol{A}\boldsymbol{x} = \boldsymbol{0} \tag{4.7}$$

と書くことができる (2.3.3 項を参照)．この方程式では $\boldsymbol{x} = \boldsymbol{0}$ が常に解となることは明らかである．この解を**自明な解** (trivial solution) とよび，それ以外の解を**自明でない解** (nontrivial solution) という．したがって，一次従属はこの連立一次方程式の自明でない解 $\boldsymbol{x} \neq \boldsymbol{0}$ が存在すること，一次独立は自明な解 $\boldsymbol{x} = \boldsymbol{0}$ が存在することと言い換えることができる．

とくに，$x_1\boldsymbol{0} = \boldsymbol{0}$ が成り立つから，零ベクトル自体が一次従属である．また，零ベクトルでないベクトル $\boldsymbol{a} \neq \boldsymbol{0}$ については，$x_1\boldsymbol{a} = \boldsymbol{0}$ が成り立つのは $x_1 = 0$ のときに限るから，$\boldsymbol{a}$ それ自体が一次独立である．

行列 $\boldsymbol{A}$ の一次独立な列ベクトルの最大個数を行列 $\boldsymbol{A}$ の**階数** (rank) とよび，

$$\operatorname{rank} \boldsymbol{A}$$

と書く．

例として，行列 $\boldsymbol{A} = \begin{bmatrix} 1 & 4 & 0 \\ 2 & -1 & 1 \\ 4 & -2 & -1 \end{bmatrix}$ の 3 つの列ベクトル

$$\boldsymbol{a}_1 = \begin{bmatrix} 1 \\ 2 \\ 4 \end{bmatrix}, \quad \boldsymbol{a}_2 = \begin{bmatrix} 4 \\ -1 \\ -2 \end{bmatrix}, \quad \boldsymbol{a}_3 = \begin{bmatrix} 0 \\ 1 \\ -1 \end{bmatrix}$$

が一次従属か一次独立かを判定し，$\boldsymbol{A}$ の階数を求めてみよう．これらのベクトルの一次関係

$$x_1 \begin{bmatrix} 1 \\ 2 \\ 4 \end{bmatrix} + x_2 \begin{bmatrix} 4 \\ -1 \\ -2 \end{bmatrix} + x_3 \begin{bmatrix} 0 \\ 1 \\ -1 \end{bmatrix} = \begin{bmatrix} 0 \\ 0 \\ 0 \end{bmatrix}$$

を考える．この式は同次連立一次方程式

$$\begin{aligned} x_1 + 4x_2 &= 0 \\ 2x_1 - x_2 + x_3 &= 0 \\ 4x_1 - 2x_2 - x_3 &= 0 \end{aligned}$$

に書き直すことができる．このように各式の定数項がすべて0の連立一次方程式を**同次連立一次方程式** (homogeneous simultaneous linear equation) という．この連立一次方程式を解いてみよう．未知数 x_1 を消去すると

$$
\begin{aligned}
-9x_2 + x_3 &= 0 \\
-18x_2 - x_3 &= 0
\end{aligned}
$$

この式から x_2 を消去すると

$$3x_3 = 0$$

となるから，解は自明な解 $x_1 = x_2 = x_3 = 0$ となる．したがって，列ベクトル $\boldsymbol{a}_1, \boldsymbol{a}_2, \boldsymbol{a}_3$ は一次独立である．よって，$\mathrm{rank}\,\boldsymbol{A} = 3$ である．

(例 4.2)　2個のベクトル $\boldsymbol{a} = \begin{bmatrix} 1 \\ 3 \end{bmatrix}$, $\boldsymbol{b} = \begin{bmatrix} 2 \\ 4 \end{bmatrix}$ が一次従属か一次独立かを判定せよ．さらに，行列 $\boldsymbol{A} = \begin{bmatrix} 1 & 2 \\ 3 & 4 \end{bmatrix}$ の階数を求めよ．

〈解と説明〉　2個のベクトルに実数 m, n を掛けて連立一次方程式

$$
\begin{aligned}
m + 2n &= 0 \\
3m + 4n &= 0
\end{aligned}
$$

を得る．解は $m = n = 0$, よってベクトル $\boldsymbol{a}, \boldsymbol{b}$ は一次独立である．一次独立な列ベクトルの最大個数は2, よって $\mathrm{rank}\,\boldsymbol{A} = 2$ である．

(例 4.3)　行列 $\boldsymbol{A} = \begin{bmatrix} 1 & 4 & 0 \\ 2 & -1 & 1 \\ 4 & -2 & 2 \end{bmatrix}$ の階数を求めよ．

〈解と説明〉　行列 $\boldsymbol{A}$ の列ベクトルより作られる一次関係は連立一次方程式

$$
\begin{aligned}
x_1 + 4x_2 &= 0 \\
2x_1 - x_2 + x_3 &= 0 \\
4x_1 - 2x_2 + 2x_3 &= 0
\end{aligned}
$$

である．x_1, x_2 を消去して $0x_3 = 0$ が得られるから，$x_3 = \alpha(\neq 0$, 任意の数) と置いて，$x_1 = -4\alpha/9$, $x_2 = \alpha/9$ を得る．よって，$\boldsymbol{A}$ の3個の列ベクトルは一次従属．第1, 2列のベクトルは一次独立であるから，一次独立な列ベクトルの最大個数は2, つまり $\mathrm{rank}\,\boldsymbol{A} = 2$ である．

4.3.2　ベクトル空間の次元と基底

一次独立なベクトルの個数はベクトル空間の次元を決める．すなわち，ベクトル空間 V に n 個の一次独立なベクトル $\boldsymbol{a}_1, \boldsymbol{a}_2, \cdots, \boldsymbol{a}_n$ が存在し，どの $n+1$ 個のベクトルも一次従属になるとき，言い換えれば一次独立なベクトルの最大個数が n であるとき，ベクトル空間 V の次元は n という．そして

$$\dim V = n$$

と書く．また，ベクトル空間 V は n 次元ベクトル空間であるという．これが 1.5.1 項で述べた n 次元ベクトル空間のもう 1 つの定義である．さらに，この場合，n 個の一次独立なベクトル $\boldsymbol{a}_1, \boldsymbol{a}_2, \cdots, \boldsymbol{a}_n$ をこのベクトル空間 V の基底 (basis) という*2)．基底におけるベクトルの個数 n は変わらない．

(例 4.4)　2 個の 2 次のベクトル $\boldsymbol{a}_1 = \begin{bmatrix} 1 \\ 0 \end{bmatrix}, \boldsymbol{a}_2 = \begin{bmatrix} 0 \\ 1 \end{bmatrix}$ は一次独立で，かつ 2 次のベクトル $\boldsymbol{a}_3 \neq \boldsymbol{0}$ に対し 3 個のベクトル $\boldsymbol{a}_1$，$\boldsymbol{a}_2$，$\boldsymbol{a}_3$ は一次従属になる．よって，ベクトル $\boldsymbol{a}_1, \boldsymbol{a}_2$ は 2 次元ベクトル空間の基底である．

(例 4.5)　2 個の 2 次のベクトル $\boldsymbol{b}_1 = \begin{bmatrix} 1 \\ 1 \end{bmatrix}, \boldsymbol{b}_2 = \begin{bmatrix} 0 \\ 1 \end{bmatrix}$ も一次独立である．すべてのベクトルはこのベクトルの一次結合で表される．それは $\boldsymbol{x} = m\boldsymbol{b}_1 + n\boldsymbol{b}_2$ となる実数 m, n が存在するからである．つまり，$\boldsymbol{x} = [x_1 \ \ x_2]^{\mathrm{T}}$ とすれば，$m = x_1$，$n = x_2 - x_1$ となり，任意の x_1, x_2 に対して m，n を定めることができる．よって，$\{\boldsymbol{b}_1,\ \boldsymbol{b}_2\}$ は 2 次元ベクトル空間の基底である．

(例 4.6)　ベクトルの集合

$$W = \left\{ \boldsymbol{a}_1 = \begin{bmatrix} 1 \\ 1 \\ 1 \end{bmatrix},\ \boldsymbol{a}_2 = \begin{bmatrix} -1 \\ 0 \\ 1 \end{bmatrix},\ \boldsymbol{a}_3 = \begin{bmatrix} 1 \\ 1 \\ -1 \end{bmatrix},\ \boldsymbol{a}_4 = \begin{bmatrix} 1 \\ -1 \\ -1 \end{bmatrix} \right\}$$

がつくるベクトル空間 W の次元を求めよ．

〈解と説明〉　どの 2 個のベクトルも一次独立である．しかし，2 個の一次独立な

---

*2)　♠ ひと言コーナー ♠　ベクトルの組 $\{\boldsymbol{a}_1, \boldsymbol{a}_2, \cdots, \boldsymbol{a}_n\}$ がベクトル空間 V の基底であるための条件：(1) $\boldsymbol{a}_1, \boldsymbol{a}_2, \cdots, \boldsymbol{a}_n$ が一次独立である．(2) V のすべてのベクトルが $\boldsymbol{a}_1, \boldsymbol{a}_2, \cdots, \boldsymbol{a}_n$ の一次結合で表される．条件 (1) により (2) の表し方が一意的（ただ 1 つ）であることを示す．基底では順序も規定する．たとえば，$\{\boldsymbol{a}_1, \boldsymbol{a}_2\}$ と $\{\boldsymbol{a}_2, \boldsymbol{a}_1\}$ は異なる基底．

ベクトルだけでは基底になれない．たとえば，任意のベクトル $\boldsymbol{x} = [x_1\ x_2\ x_3]^{\mathrm{T}}$ を $\boldsymbol{a}_1$，$\boldsymbol{a}_2$ の一次結合 $\boldsymbol{x} = m\boldsymbol{a}_1 + n\boldsymbol{a}_2$ で表すと，$m = x_2, n = x_2 - x_1$，そして $2x_2 - x_1 = x_3$ となり，$\boldsymbol{x}$ の成分の間に制約が生じている．このため，たとえば $\boldsymbol{x} = [0\ 0\ 2]^{\mathrm{T}}$ とすれば $0 = 2$ という矛盾が起こる．したがって，2 個の一次独立なベクトルは基底ではない．はじめの 3 個のベクトル $\boldsymbol{a}_1, \boldsymbol{a}_2, \boldsymbol{a}_3$ が一次独立であるが，4 個のベクトル $\boldsymbol{a}_1, \boldsymbol{a}_2, \boldsymbol{a}_3, \boldsymbol{a}_4$ は一次従属であることがわかる．よって，このベクトル空間 W の次元は 3 である．

4.3.3　基本変形と行列の階数

基本変形の繰り返しによって，行列を

$$
\begin{bmatrix}
\underline{|1} & * & * & * & * & * \\
0 & \underline{|2} & \underline{4} & \underline{*} & * & * \\
0 & 0 & 0 & 0 & \underline{|3} & \underline{*} \\
0 & 0 & 0 & 0 & 0 & 0 \\
\cdot & \cdot & \cdot & \cdot & \cdot & \cdot \\
0 & 0 & 0 & 0 & 0 & 0
\end{bmatrix}
$$

の形に変形する．この行列を**階段行列** (echelon matrix) という．記号 $*$ は数値を意味する．階段行列には 3 つの性質がある．

(1)　0 でない成分を含む行は，すべての成分が 0 の行の上にある．

(2)　各行の先頭成分 (最も左側の 0 でない成分) はその真上の行の先頭成分より右の列にある．

(3)　先頭成分の真下はすべて 0 の列である．

各行の先頭成分を**ピボット**，あるいは**基軸成分** (pivot) とよぶ．いまの例ではピボットは 1, 2, 3 である．すべてのピボットが 1 の階段行列を**既約階段行列** (reduced echelon matrix) という．単位行列は既約階段行列である．基本変形を繰り返して任意の行列を階段行列あるいは既約階段行列に導くことを**簡約化** (reduction) という．次の定理は基本的である．

(定理 4.1)　任意の行列は，何回かの基本変形によって既約階段行列に簡約化することができる．

行列 $\boldsymbol{A}$ を簡約化して得られた階段行列の 0 でない成分のある行の個数が行列 $\boldsymbol{A}$ の階数（rank）である．簡約化と基本変形に関して次の定理は知っておくべきである．

(定理 4.2)　行列を基本変形しても，その行列の階数は変わらない．

また，n 次の正方行列 $\boldsymbol{A}$ において，$\operatorname{rank}\boldsymbol{A}=r$ のとき，

$$\mu(\boldsymbol{A})=n-r$$

を $\boldsymbol{A}$ の退化次数 (nullity) または縮退度 (degeneracy) という．退化次数は次元がどれだけ落ちるか (退化するか) を表した数値である．この定義により関係

$$\operatorname{rank}\boldsymbol{A}+\mu(\boldsymbol{A})=n$$

が成り立つ．

(例 4.7)　3 次の正方行列

$$\boldsymbol{A}=\begin{bmatrix}1&2&-1\\2&-1&3\\3&1&2\end{bmatrix}$$

の階数と退化次数を求めよう．行列 $\boldsymbol{A}$ の基本変形は

$$\begin{bmatrix}1&2&-1\\2&-1&3\\3&1&2\end{bmatrix}\xrightarrow[-3r_1+r_3]{-2r_1+r_2}\begin{bmatrix}1&2&-1\\0&-5&5\\0&-5&5\end{bmatrix}\xrightarrow{-1r_2+r_3}\begin{bmatrix}1&2&-1\\0&-5&5\\0&0&0\end{bmatrix}$$

となるから，$\operatorname{rank}\boldsymbol{A}=2$，$\mu(\boldsymbol{A})=1$ である．

4.3.4　行列の階数と連立一次方程式の解

これまで 3 つの連立一次方程式 (4.1), (4.3), (4.4) をとり上げ，拡大係数行列 $[\boldsymbol{A}\ \ \boldsymbol{b}]$ の基本変形により解が存在するか否かを見てきた．解の存在に関して，一般的には次のような定理にまとめられる．

(定理 4.3)　行列 $\boldsymbol{A}$ を n 次の正方行列，$\boldsymbol{b}$, $\boldsymbol{x}$ を n 次のベクトルとする．未知数 $\boldsymbol{x}$ の連立一次方程式 $\boldsymbol{A}\boldsymbol{x}=\boldsymbol{b}$ ついて，次のことがいえる．

(1)　$\operatorname{rank}[\boldsymbol{A}\ \ \boldsymbol{b}]=\operatorname{rank}\boldsymbol{A}=n$ ならば，正則で解がただ 1 つ存在する．

(2) $\mathrm{rank}\,[\boldsymbol{A}\ \ \boldsymbol{b}] = \mathrm{rank}\,\boldsymbol{A} = r < n$ ならば，不定で解は無数に存在する．解は退化次数 $\mu(\boldsymbol{A}) = n - r$ 個の任意の数を含む．

(3) $\mathrm{rank}\,[\boldsymbol{A}\ \ \boldsymbol{b}] \neq \mathrm{rank}\,\boldsymbol{A}$ ならば，不能で解は存在しない．

同次連立一次方程式 $\boldsymbol{Ax} = \boldsymbol{0}$ において，$\mathrm{rank}\,\boldsymbol{A}$ は独立な方程式の個数を与える．これはキルヒホフの電流則と電圧則を用いるとき，つねに意識する必要がある．

(例 4.8) $\boldsymbol{A} = \begin{bmatrix} 1 & -3 & -4 \\ -4 & 6 & -2 \\ -3 & 7 & 6 \end{bmatrix}, \boldsymbol{b} = \begin{bmatrix} 3 \\ 3 \\ 9 \end{bmatrix}$ とする連立一次方程式 $\boldsymbol{Ax} = \boldsymbol{b}$ は解をもたないことを示そう．基本変形により

$$[\boldsymbol{A}\ \ \boldsymbol{b}] = \begin{bmatrix} 1 & -3 & -4 & 3 \\ -4 & 6 & -2 & 3 \\ -3 & 7 & 6 & 9 \end{bmatrix} \to \begin{bmatrix} 1 & -3 & -4 & 3 \\ 0 & 2 & 6 & -5 \\ 0 & 0 & 0 & 13 \end{bmatrix}$$

となる．よって，$\mathrm{rank}\,\boldsymbol{A} = 2$, $\mathrm{rank}\,[\boldsymbol{A}\ \ \boldsymbol{b}] = 3$ であるから $\mathrm{rank}\,[\boldsymbol{A}\ \ \boldsymbol{b}] \neq \mathrm{rank}\,\boldsymbol{A}$．よって，解は存在しない．これは第 3 行が $0x_1 + 0x_2 + 0x_3 = 13$ と変形されることからも明らかである．

4.3.5 行列の階数のいろいろな定義と性質

行列の階数はいろいろな表現で定義される．それをまとめておこう．

$(m,\ n)$ 行列 $\boldsymbol{A}$ の階数は

(i) $\boldsymbol{A}$ を行 (列) 基本変形して得た階段行列の零ベクトルでない行 (列) ベクトルの個数

(ii) $\boldsymbol{A}$ の一次独立な列ベクトルの最大個数

(iii) $\boldsymbol{A}$ の一次独立な行ベクトルの最大個数

などと定義される．行列の階数の性質を次に示しておく．

(1) $\mathrm{rank}\,\boldsymbol{A} = \mathrm{rank}\,\boldsymbol{A}^{\mathrm{T}}$

(2) $\boldsymbol{A}$ が零行列であるときに限り，$\mathrm{rank}\,\boldsymbol{A} = 0$

(3) $\boldsymbol{A}$ が n 次の正方行列であり，$\mathrm{rank}\,\boldsymbol{A} = n$ のとき $\boldsymbol{A}$ は正則行列である．

4.3.6　基本変形と逆行列

行列の基本変形により，その逆行列を求めることができる．たとえば，正則な 2 次の正方行列 $\boldsymbol{A}$ の逆行列は $\boldsymbol{AX} = \boldsymbol{XA} = \boldsymbol{1}$ を満たす 2 次の正方行列 $\boldsymbol{X}$ である．行列 $\boldsymbol{X}$ は列ベクトル $\boldsymbol{x}_1, \boldsymbol{x}_2$ によって，$\boldsymbol{X} = [\boldsymbol{x}_1 \ \ \boldsymbol{x}_2]$，単位行列 $\boldsymbol{1}$ は列ベクトル $\boldsymbol{e}_1 = \begin{bmatrix} 1 \\ 0 \end{bmatrix}, \boldsymbol{e}_2 = \begin{bmatrix} 0 \\ 1 \end{bmatrix}$ によって $\boldsymbol{1} = [\boldsymbol{e}_1 \ \ \boldsymbol{e}_2]$ と表すことができる．よって，$\boldsymbol{AX} = \boldsymbol{1}$ は

$$\boldsymbol{AX} = \boldsymbol{A}[\boldsymbol{x}_1 \ \boldsymbol{x}_2] = [\boldsymbol{Ax}_1 \ \boldsymbol{Ax}_2] = [\boldsymbol{e}_1 \ \boldsymbol{e}_2] \tag{4.8}$$

のことであるから，$\boldsymbol{X}$ を求めることは，2 組の連立一次方程式

$$\boldsymbol{Ax}_1 = \boldsymbol{e}_1, \quad \boldsymbol{Ax}_2 = \boldsymbol{e}_2 \tag{4.9}$$

を解くことと同じことである．この解は

$$\boldsymbol{x}_1 = \boldsymbol{A}^{-1}\boldsymbol{e}_1, \quad \boldsymbol{x}_2 = \boldsymbol{A}^{-1}\boldsymbol{e}_2 \tag{4.10}$$

である．2 組の解を横に並べて

$$[\boldsymbol{x}_1 \ \boldsymbol{x}_2] = [\boldsymbol{A}^{-1}\boldsymbol{e}_1 \ \ \boldsymbol{A}^{-1}\boldsymbol{e}_2] = \boldsymbol{A}^{-1}[\boldsymbol{e}_1 \ \boldsymbol{e}_2] = \boldsymbol{A}^{-1}\boldsymbol{1} = \boldsymbol{A}^{-1}$$

となる．このことは，$\boldsymbol{A}, \boldsymbol{e}_1, \boldsymbol{e}_2$ を横に並べた行列 $[\boldsymbol{A} \ \ \boldsymbol{e}_1 \ \ \boldsymbol{e}_2]$，つまり $[\boldsymbol{A} \ \ \boldsymbol{1}]$ をつくり，これに左から $\boldsymbol{A}^{-1}$ を掛けて

$$\boldsymbol{A}^{-1}[\boldsymbol{A} \ \ \boldsymbol{1}] = \boldsymbol{A}^{-1}[\boldsymbol{A} \ \ \boldsymbol{e}_1 \ \ \boldsymbol{e}_2] = [\boldsymbol{1} \ \ \boldsymbol{A}^{-1}\boldsymbol{e}_1 \ \ \boldsymbol{A}^{-1}\boldsymbol{e}_2] = [\boldsymbol{1} \ \ \boldsymbol{A}^{-1}]$$

を導くことに対応する．すなわち，基本変形によって行列 $[\boldsymbol{A} \ \ \boldsymbol{1}]$ の係数行列 $\boldsymbol{A}$ を単位行列 $\boldsymbol{1}$ に変形すれば，第 3 列と第 4 列が逆行列 $\boldsymbol{A}$ を与えることがわかる．

(例 4.9)　行列 $\boldsymbol{A} = \begin{bmatrix} 4 & 7 \\ 1 & 2 \end{bmatrix}$ の逆行列を求めよ．

〈解と説明〉　行列 $[\boldsymbol{A} \ \boldsymbol{1}]$ をつくり行基本変形により

$$\begin{bmatrix} 4 & 7 & 1 & 0 \\ 1 & 2 & 0 & 1 \end{bmatrix} \xrightarrow{r_1 \leftrightarrow r_2} \begin{bmatrix} 1 & 2 & 0 & 1 \\ 4 & 7 & 1 & 0 \end{bmatrix} \xrightarrow{-4r_1 + r_2} \begin{bmatrix} 1 & 2 & 0 & 1 \\ 0 & -1 & 1 & -4 \end{bmatrix}$$

$$\xrightarrow{(-1)r_2} \begin{bmatrix} 1 & 2 & 0 & 1 \\ 0 & 1 & -1 & 4 \end{bmatrix} \xrightarrow{-2r_2 + r_1} \begin{bmatrix} 1 & 0 & 2 & -7 \\ 0 & 1 & -1 & 4 \end{bmatrix}$$

これより，$\boldsymbol{A}^{-1} = \begin{bmatrix} 2 & -7 \\ -1 & 4 \end{bmatrix}$ が得られる．

4.4 連立一次方程式とベクトルの一次従属性

4.4.1 同次連立一次方程式の解

同次連立一次方程式 $\boldsymbol{Ax} = \boldsymbol{0}$ の解について考えよう．たとえば，

$$\begin{aligned} x_1 - 3x_2 + 2x_3 &= 0 \\ -2x_1 + 6x_2 - 4x_3 &= 0 \\ 3x_1 - 9x_2 + 6x_3 &= 0 \end{aligned} \tag{4.11}$$

の解を求めよう．係数行列 $\boldsymbol{A}$ は行基本変形により

$$\begin{bmatrix} 1 & -3 & 2 \\ -2 & 6 & -4 \\ 3 & -9 & 6 \end{bmatrix} \to \cdots \to \begin{bmatrix} 1 & -3 & 2 \\ 0 & 0 & 0 \\ 0 & 0 & 0 \end{bmatrix}$$

と簡約化されるから，$\operatorname{rank} \boldsymbol{A} = 1$．したがって，退化次数は $\mu(\boldsymbol{A}) = 3 - 1 = 2$ である．係数行列 $\boldsymbol{A}$ の簡約された行列は方程式

$$x_1 - 3x_2 + 2x_3 = 0$$

を表している．退化次数が 2 であるということは解が 2 個の任意の定数 α，β を含む形で表現されることを意味する．いま，x_2 と x_3 を任意の数 $x_2 = \alpha$，$x_3 = \beta$ と置くと，$x_1 = 3\alpha - 2\beta$ となる．したがって，解は

$$\begin{bmatrix} x_1 \\ x_2 \\ x_3 \end{bmatrix} = \begin{bmatrix} 3\alpha - 2\beta \\ \alpha \\ \beta \end{bmatrix} = \alpha \begin{bmatrix} 3 \\ 1 \\ 0 \end{bmatrix} + \beta \begin{bmatrix} -2 \\ 0 \\ 1 \end{bmatrix} \tag{4.12}$$

と表すことができる．つまり，解ベクトル $\boldsymbol{x}$ は一次独立な 2 つのベクトル $\begin{bmatrix} 3 \\ 1 \\ 0 \end{bmatrix}, \begin{bmatrix} -2 \\ 0 \\ 1 \end{bmatrix}$ の一次結合で表されるベクトル空間をつくっている．このベクトル空間を $N(\boldsymbol{A})$ と書いて零空間 (null space) ということがある．したがって，この 2 つのベクトルは零空間の基底になる．この 2 つのベクトルを同次連立一次方程式 $\boldsymbol{Ax} = \boldsymbol{0}$ の基本解 (fundamental solution) という．

4.4.2　非同次連立一次方程式の解

ここでは，同次連立一次方程式 $\boldsymbol{Ax}=\boldsymbol{0}$ の解と非同次連立一次方程式 $\boldsymbol{Ax}=\boldsymbol{b}$ の解との関連を考えてみよう．

いま，非同次連立一次方程式の解を $\boldsymbol{p}$，同次連立一次方程式の解を $\boldsymbol{c}$ とすれば，$\boldsymbol{x}=\boldsymbol{p}+\boldsymbol{c}$ は非同次連立一次方程式の解である．なぜなら

$$\boldsymbol{A}(\boldsymbol{p}+\boldsymbol{c})=\boldsymbol{Ap}+\boldsymbol{Ac}=\boldsymbol{Ap}=\boldsymbol{b}$$

が成り立つからである．この解 $\boldsymbol{p}$ を非同次連立一次方程式の**特殊解** (special solution)，解 $\boldsymbol{c}$ を同次連立一次方程式の**一般解** (general solution) という．つまり，非同次連立一次方程式の解 (一般解) はそれ自体の特殊解と同次連立一次方程式の解の和である．

行列 $\boldsymbol{A}$ が正則な場合，すなわち，$\det \boldsymbol{A}\neq 0$ のときは，同次連立一次方程式の解は自明な解 $\boldsymbol{c}=\boldsymbol{0}$ であるから，非同次連立一次方程式の解はその特殊解 $\boldsymbol{p}$ のみで表される．

行列 $\boldsymbol{A}=\begin{bmatrix}1 & -3 & -4\\ -4 & 6 & -2\\ -3 & 7 & 6\end{bmatrix}$，$\boldsymbol{b}=\begin{bmatrix}3\\ 3\\ -4\end{bmatrix}$ の連立一次方程式 $\boldsymbol{Ax}=\boldsymbol{b}$ の解を求めよう．拡大係数行列を基本変形して

$$[\,\boldsymbol{A}\ \ \boldsymbol{b}\,]=\begin{bmatrix}1 & -3 & -4 & 3\\ -4 & 6 & -2 & 3\\ -3 & 7 & 6 & -4\end{bmatrix}\to\cdots\to\begin{bmatrix}1 & 0 & 5 & -9/2\\ 0 & 1 & 3 & -5/2\\ 0 & 0 & 0 & 0\end{bmatrix}$$

となる．よって，$\operatorname{rank}\boldsymbol{A}=\operatorname{rank}[\,\boldsymbol{A}\ \ \boldsymbol{b}\,]=2$ であるから解は存在する．上の基本変形した行列を連立一次方程式に書きなおすと

$$\begin{aligned}x_1+5x_3&=-9/2\\ x_2+3x_3&=-5/2\end{aligned}$$

となる．ここで，$\mu(\boldsymbol{A})=3-2=1$ であるから，1 個の任意の数を α として $x_3=-\alpha$ と置けば，解 (一般解) は，

$$\begin{bmatrix}x_1\\ x_2\\ x_3\end{bmatrix}=\begin{bmatrix}-9/2+5\alpha\\ -5/2+3\alpha\\ -\alpha\end{bmatrix}=\begin{bmatrix}-9/2\\ -5/2\\ 0\end{bmatrix}+\alpha\begin{bmatrix}5\\ 3\\ -1\end{bmatrix}$$

と表すことができる．ここで，右辺第1項のベクトルは $\alpha=0$ として得られ，特殊解 $x_1=-9/2$, $x_2=-5/2$, $x_3=0$ となる．第2項のベクトルは $\boldsymbol{Ax}=\boldsymbol{0}$ の解 $x_1=5\alpha$, $x_2=3\alpha$, $x_3=-\alpha$ (α : 任意の数) であって，これは同次連立一次方程式の一般解である*3)．

4.4.3 行列式による一次従属性の判定

3個のベクトル

$$\boldsymbol{a}_1=\begin{bmatrix}1\\2\\4\end{bmatrix},\quad \boldsymbol{a}_2=\begin{bmatrix}4\\-1\\-2\end{bmatrix},\quad \boldsymbol{a}_3=\begin{bmatrix}0\\1\\2\end{bmatrix}$$

が一次従属かどうかを判定しよう．一次関係

$$x_1\begin{bmatrix}1\\2\\4\end{bmatrix}+x_2\begin{bmatrix}4\\-1\\-2\end{bmatrix}+x_3\begin{bmatrix}0\\1\\2\end{bmatrix}=\boldsymbol{0} \tag{4.13}$$

は $\boldsymbol{A}=[\boldsymbol{a}_1\ \boldsymbol{a}_2\ \boldsymbol{a}_3]$ と置いて

$$\boldsymbol{Ax}=\boldsymbol{0},\quad \boldsymbol{A}=\begin{bmatrix}1&4&0\\2&-1&1\\4&-2&2\end{bmatrix},\quad \boldsymbol{x}=\begin{bmatrix}x_1\\x_2\\x_3\end{bmatrix},\quad \boldsymbol{0}=\begin{bmatrix}0\\0\\0\end{bmatrix} \tag{4.14}$$

と表すことができる*4)．係数行列 $\boldsymbol{A}$ の行列式の第2行を2倍すると第3行に等しくなるから

$$\det\boldsymbol{A}=\begin{vmatrix}1&4&0\\2&-1&1\\4&-2&2\end{vmatrix}=0 \tag{4.15}$$

---

*3) ♠ ひと言コーナー ♠ ($\boldsymbol{Ax}=\boldsymbol{b}$ の一般解) = ($\boldsymbol{Ax}=\boldsymbol{b}$ の特殊解) + ($\boldsymbol{Ax}=\boldsymbol{0}$ の一般解) である．基本変形によって求めた非同次連立一次方程式の解は特殊解である．

*4) ♠ ひと言コーナー ♠ 行列 $\boldsymbol{A}$ とベクトル $\boldsymbol{x}$ との積 $\boldsymbol{Ax}$ は行列 $\boldsymbol{A}$ の列ベクトル表示 $[\boldsymbol{a}_1\ \boldsymbol{a}_2\ \cdots\ \boldsymbol{a}_n]$ で $\boldsymbol{Ax}=x_1\boldsymbol{a}_1+x_2\boldsymbol{a}_2+\cdots+x_n\boldsymbol{a}_n$ と書けることは 2.3.3 項で述べた．この表現法によって，ベクトルの一次独立性と行列の関係が容易に考察できるようになる．式 (4.14) から式 (4.13) がすぐに導けるようになろう．

である．したがって，$\boldsymbol{A}$ と余因子行列 adj $\boldsymbol{A}$ の関係から

$$\boldsymbol{A}(\mathrm{adj}\,\boldsymbol{A}) = (\mathrm{adj}\,\boldsymbol{A})\boldsymbol{A} = (\det \boldsymbol{A})\boldsymbol{1} = \boldsymbol{0} \tag{4.16}$$

となる．同次連立一次方程式 $\boldsymbol{A}\boldsymbol{x} = \boldsymbol{0}$ の両辺に，左から adj $\boldsymbol{A}$ を掛けると

$$(\mathrm{adj}\,\boldsymbol{A})\boldsymbol{A}\boldsymbol{x} = \boldsymbol{0} \tag{4.17}$$

よって

$$\boldsymbol{0}\boldsymbol{x} = \boldsymbol{0} \tag{4.18}$$

となる．したがって，$\boldsymbol{x}$ は任意のベクトル ($\boldsymbol{x} \neq \boldsymbol{0}$) であるから，与えられた列ベクトルは一次従属である．言い換えれば，同次連立一次方程式 $\boldsymbol{A}\boldsymbol{x} = \boldsymbol{0}$ が自明 (零) でない解をもつ条件は $\det \boldsymbol{A} = 0$ である．

次の定理はベクトルの一次従属性，一次独立性を判定する定理である．

(定理 4.4)　n 次の列ベクトル $\boldsymbol{a}_1$, $\boldsymbol{a}_2$, $\cdots$, $\boldsymbol{a}_n$ を横に並べてつくられた正方行列 $\boldsymbol{A} = [\boldsymbol{a}_1\ \boldsymbol{a}_2\ \cdots\ \boldsymbol{a}_n]$ の行列式を $\det \boldsymbol{A}$ とする．列ベクトル $\boldsymbol{a}_1$, $\boldsymbol{a}_2$, $\cdots$, $\boldsymbol{a}_n$ は，$\det \boldsymbol{A} = 0$ のときは一次従属，$\det \boldsymbol{A} \neq 0$ のときは一次独立である．

この定理の後半部は次のように示すことができる．すなわち，$\det \boldsymbol{A} \neq 0$ のときは $\boldsymbol{A}^{-1}$ が存在するから，$\boldsymbol{A}\boldsymbol{x} = \boldsymbol{0}$ の両辺に左から $\boldsymbol{A}^{-1}$ を掛けて，$\boldsymbol{A}^{-1}\boldsymbol{A}\boldsymbol{x} = \boldsymbol{1}\boldsymbol{x} = \boldsymbol{x} = \boldsymbol{0}$ となる．よって，列ベクトル $\boldsymbol{a}_1$, $\boldsymbol{a}_2$, $\cdots$, $\boldsymbol{a}_n$ は一次独立である．

上の定理 4.4 を言い換えた次の定理は応用範囲が広い．

(定理 4.5)　n 次の正方行列 $\boldsymbol{A}$ を係数行列とする同次連立一次方程式 $\boldsymbol{A}\boldsymbol{x} = \boldsymbol{0}$ は (1) $\det \boldsymbol{A} = 0$ のとき，自明でない解 $\boldsymbol{x} \neq \boldsymbol{0}$ をもち，(2) $\det \boldsymbol{A} \neq 0$ のとき，自明な解 $\boldsymbol{x} = \boldsymbol{0}$ をもつ．

次に，この定理の応用例を示す．

a.　回路の固有周波数の計算 (1)

定理 4.5 は電気回路の固有周波数の計算に用いることができる．簡単な例で説明しよう．

図 4.2 のようなインダクタ L，キャパシタ C の並列回路がある．キャパシタを充電しておき，何らかのスイッチを閉じて時間が十分経過した後は，導線

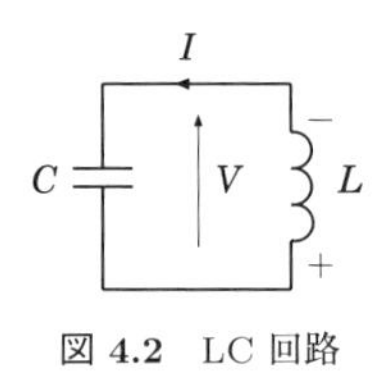

図 4.2　LC 回路

に抵抗など損失がないとき振動は持続する．これを回路の**固有振動** (natural oscillation) といい，この振動の周波数を**固有周波数** (natural frequency) という．はじめにこの回路の**固有角周波数** (natural angular frequency) ω を求め，$\omega = 2\pi f$ の関係を用いて固有周波数 f を求めよう．インダクタの電流を I，キャパシタの電圧を V とする．インダクタの複素インピーダンスを $Z = \mathrm{j}\omega L$，キャパシタの複素アドミタンスを $Y = \mathrm{j}\omega C$ とすれば，キルヒホフの電圧則と電流則により

$$V + ZI = 0, \quad I - YV = 0$$

が成り立つ．これを行列で表示すれば，同次連立一次方程式

$$\begin{bmatrix} 1 & Z \\ -Y & 1 \end{bmatrix} \begin{bmatrix} V \\ I \end{bmatrix} = \begin{bmatrix} 0 \\ 0 \end{bmatrix}$$

となる．振動が起こっているということは，V，I が零でない値をもっていることである．したがって，この同次連立一次方程式が零でない解をもつ条件は

$$\det \begin{bmatrix} 1 & Z \\ -Y & 1 \end{bmatrix} = 1 + ZY = 0$$

である．これより $1 - \omega^2 LC = 0$ となり，固有角周波数 ω，固有周波数 f は

$$\omega = \frac{1}{\sqrt{LC}}, \quad f = \frac{1}{2\pi\sqrt{LC}}$$

と計算できる．

b.　回路の固有周波数の計算 (2)

図 4.3 の回路の固有周波数を計算してみよう．同図のように，インダクタの電流を I，キャパシタの電圧を V_1，V_2 とする．インダクタの複素インピーダンスを $Z = \mathrm{j}\omega L$，キャパシタの複素アドミタンスを $Y_1 = \mathrm{j}\omega C_1$, $Y_2 = \mathrm{j}\omega C_2$ とする．キルヒホフの電流則と電圧則により

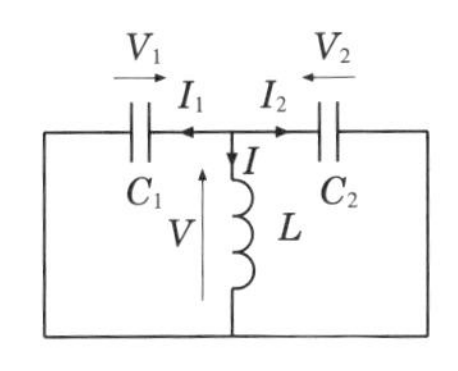

図 4.3 LC 共振回路

$$
\begin{aligned}
Y_1V_1 + Y_2V_2 + I &= 0 \\
V_1 - ZI &= 0 \\
V_2 - ZI &= 0
\end{aligned}
$$

が成り立つ．これを行列で書くと

$$
\begin{bmatrix} Y_1 & Y_2 & 1 \\ 1 & 0 & -Z \\ 0 & 1 & -Z \end{bmatrix} \begin{bmatrix} V_1 \\ V_2 \\ I \end{bmatrix} = \begin{bmatrix} 0 \\ 0 \\ 0 \end{bmatrix}
$$

となる．この同次連立一次方程式が零でない解をもつ条件は

$$
\det \begin{bmatrix} Y_1 & Y_2 & 1 \\ 1 & 0 & -Z \\ 0 & 1 & -Z \end{bmatrix} = 1 + Z(Y_1 + Y_2) = 0.
$$

これより $1 - \omega^2 L(C_1 + C_2) = 0$ となり，角周波数と固有周波数はそれぞれ

$$
\omega = \frac{1}{\sqrt{L(C_1 + C_2)}}, \quad f = \frac{1}{2\pi\sqrt{L(C_1 + C_2)}}
$$

となる．

4.5 キルヒホフの法則と同次連立一次方程式

回路素子を線分で表示したものを**枝** (branch) といい，素子と素子の接続点を点で表示したものを**節点** (node) という．節点間は 1 個の枝のみで結ばれているものとする．枝と節点で表示した図形を**グラフ** (graph) といい，電気回路はグラフで表すことができる．枝の電圧を**枝電圧** (branch voltage)，枝を流れる電流を**枝電流** (branch current) という．

この節では電気回路の解析に用いるキルヒホフの法則，すなわち，電流則と電圧則を同次連立一次方程式と見なして，その解を考えてみよう．

4.5.1　電流則と接続行列の階数

電流則は次のとおりである.

「節点から出る枝電流にプラス符号 + を付け, 入る枝電流にマイナス符号 − を付けるとき, 節点に出入りする枝電流の代数和は零である[*5)].」

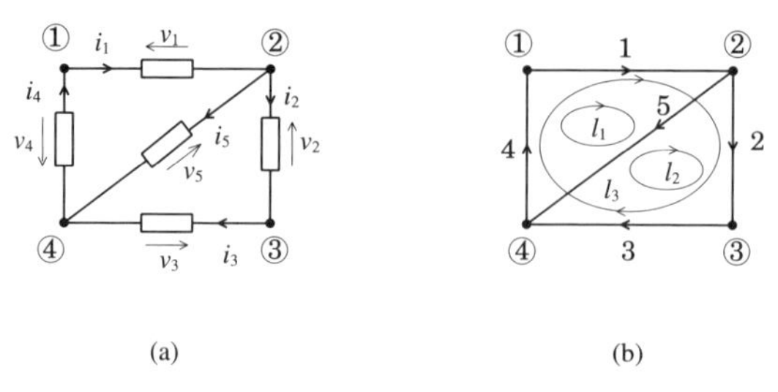

(a)　　(b)

図 4.4　(a) 電気回路 (矩形は素子を表す), (b) グラフ

図 4.4(a) は電気回路, 同図 (b) はそのグラフで枝の矢印は枝電流の向きを示す. グラフの節点と枝に番号を付け, 枝番号を枝電流の番号に対応させる.

電流則により節点 ① から ④ について,

$$\begin{aligned} ①&: \quad i_1 - i_4 = 0 \\ ②&: -i_1 + i_2 + i_5 = 0 \\ ③&: \quad -i_2 + i_3 = 0 \\ ④&: -i_3 + i_4 - i_5 = 0 \end{aligned} \tag{4.19}$$

が成り立つ. この式は $i_1, \cdots, i_5$ を未知数とする同次連立一次方程式である. 4 個の式のうち独立な式はいくつあるのかを考えてみよう. この式を行列で表すと

$$\boldsymbol{A}_a \boldsymbol{i} = \boldsymbol{0} \tag{4.20}$$

となる. ここに

*5)　♠ ひと言コーナー ♠　代数和とは $3-4$ を $3+(-4)$ のように, 減法を加法で表して和をとること. ここでは, 代数和の記法は用いないで, これと等価な括弧 ( ) を用いない前者の減法の記法を用いている.

$$\boldsymbol{A}_a = \begin{bmatrix} 1 & 0 & 0 & -1 & 0 \\ -1 & 1 & 0 & 0 & 1 \\ 0 & -1 & 1 & 0 & 0 \\ 0 & 0 & -1 & 1 & -1 \end{bmatrix}, \quad \boldsymbol{i} = \begin{bmatrix} i_1 \\ i_2 \\ i_3 \\ i_4 \\ i_5 \end{bmatrix} \tag{4.21}$$

である．係数行列 $\boldsymbol{A}_a$ をグラフの (節点・枝) **接続行列** (incidence matrix)，$\boldsymbol{i}$ を枝電流ベクトルという．基本変形により接続行列の階数は $\mathrm{rank}\,\boldsymbol{A}_a = 3$ であることがわかるから，式 (4.19) の 3 個の式が独立な式である．したがって，たとえば節点 ④ を基準にとり，節点 ①, ②, ③ に関する式 (4.19) の上 3 個の式を独立な方程式と考えればよい．この場合，基準節点 ④ に対応する第 3 行を取り除いた接続行列を**既約接続行列** (reduced incidence matrix) といい，$\boldsymbol{A}$ で表す．

$$\boldsymbol{A} = \begin{bmatrix} 1 & 0 & 0 & -1 & 0 \\ -1 & 1 & 0 & 0 & 1 \\ 0 & -1 & 1 & 0 & 0 \end{bmatrix} \tag{4.22}$$

となる．したがって，電流則は

$$\boldsymbol{A}\boldsymbol{i} = \boldsymbol{0} \tag{4.23}$$

と表すことができる．

4.5.2　電圧則とループ行列の階数

グラフにおいて，ある節点から出発し枝と節点を 1 回だけ通ってもとの節点に戻るとき，その通路を**ループ**あるいは**閉路** (loop) という．ループの向きが枝電圧の矢印の先 (+) から根 (−) にたどるとき，枝電圧に + 符号を付け，根 (−) から先 (+) にたどるとき枝電圧に − 符号を付ける．このとき電圧則は次のとおりである．

「どのループに対しても，ループに沿う枝電圧の代数和は零である．」

図 4.4(b) のグラフに示すループ l_1, l_2, l_3 をとると，電圧則は

$$
\begin{aligned}
l_1 &: v_1 + v_4 + v_5 = 0 \\
l_2 &: v_2 + v_3 - v_5 = 0 \\
l_3 &: v_1 + v_2 + v_3 + v_4 = 0
\end{aligned}
\tag{4.24}
$$

となる．この式は $v_1, \cdots, v_5$ を未知数とする同次連立一次方程式である．この式を行列で表すと

$$
\boldsymbol{L}_a \boldsymbol{v} = \boldsymbol{0} \tag{4.25}
$$

となる．ここに

$$
\boldsymbol{L}_a = \begin{bmatrix} 1 & 0 & 0 & 1 & 1 \\ 0 & 1 & 1 & 0 & -1 \\ 1 & 1 & 1 & 1 & 0 \end{bmatrix}, \quad \boldsymbol{v} = \begin{bmatrix} v_1 \\ v_2 \\ v_3 \\ v_4 \\ v_5 \end{bmatrix} \tag{4.26}
$$

となる．行列 $\boldsymbol{L}_a$ をループ行列 (loop matrix)，$\boldsymbol{v}$ を枝電圧ベクトルという．ここで，基本変形により $\mathrm{rank}\, \boldsymbol{L}_a = 2$ であることがわかるから，式 (4.24) において独立な式は 2 個である．つまり，2 個のループが独立である．この独立なループに対するループ行列を既約ループ行列 (reduced loop matrix) という．たとえば，ループ l_3 を取り除いたループ l_1, l_2 に対する既約ループ行列は

$$
\boldsymbol{L} = \begin{bmatrix} 1 & 0 & 0 & 1 & 1 \\ 0 & 1 & 1 & 0 & -1 \end{bmatrix} \tag{4.27}
$$

となる．したがって，電圧則は

$$
\boldsymbol{L}\boldsymbol{v} = \boldsymbol{0} \tag{4.28}
$$

と表すことができる．

4.5.3 ループ変換と節点変換

式 (4.22) の既約接続行列に対する電流則 $\boldsymbol{A}\boldsymbol{i} = \boldsymbol{0}$ は同次連立一次方程式

$$
\begin{aligned}
① &: \quad i_1 - i_4 = 0 \\
② &: -i_1 + i_2 + i_5 = 0 \\
③ &: \quad -i_2 + i_3 = 0
\end{aligned}
\tag{4.29}
$$

を表す．既約接続行列 $\boldsymbol{A}$ の階数 (rank) は $\mathrm{rank}\,\boldsymbol{A}=3$ であるから，**退化次数** (nullity) は $\mu(\boldsymbol{A})=5-\mathrm{rank}\,\boldsymbol{A}=5-3=2$ である[*6)]．これは 5 個の枝電流のうち 3 個の枝電流は 2 個の任意の枝電流の代数和で与られることを意味する．たとえば，図 4.4(b) のように，2 個の枝電流 i_1 と i_2 をループ l_1, l_2 に対するループ電流 $i_1=j_1, i_2=j_2$ にとれば，3 個の枝電流 i_3，i_4, i_5 は

$$
\begin{aligned}
i_3 &= i_2 = j_2\\
i_4 &= i_1 = j_1\\
i_5 &= i_1 - i_2 = j_1 - j_2
\end{aligned}
\tag{4.30}
$$

と表すことができる．この式はグラフでは枝とループの関係を与えるから，同次連立一次方程式 (4.29) の解はループ電流ベクトル $\boldsymbol{j}=[j_1\ j_2]^{\mathrm{T}}$ を用いて

$$
\boldsymbol{i}=\begin{bmatrix} i_1\\ i_2\\ i_3\\ i_4\\ i_5 \end{bmatrix}=\begin{bmatrix} 1 & 0\\ 0 & 1\\ 0 & 1\\ 1 & 0\\ 1 & -1 \end{bmatrix}\begin{bmatrix} j_1\\ j_2 \end{bmatrix}=\boldsymbol{L}^{\mathrm{T}}\boldsymbol{j}
\tag{4.31}
$$

と表すことができる．つまり，枝電流はループ電流ベクトル $\boldsymbol{j}$ と転置ループ行列 $\boldsymbol{L}^{\mathrm{T}}$ の積で与えられることがわかる．式 (4.31) は**ループ変換** (loop transformation) とよばれ，ループ電流という媒介変数による電流則の別表現である．式 (4.31) からループ電流 j_1, j_2 を消去すれば，電流則の式 (4.29) が得られることは明らかである．

電圧則 $\boldsymbol{Lv}=\boldsymbol{0}$ は同次連立一次方程式

$$
\begin{aligned}
l_1 &: v_1 + v_4 + v_5 = 0\\
l_2 &: v_2 + v_3 - v_5 = 0
\end{aligned}
\tag{4.32}
$$

である．この場合，$\mathrm{rank}\,\boldsymbol{L}=2$ であるから退化次数は $\mu(\boldsymbol{L})=5-2=3$ である．よって，独立な 2 個の枝電圧を残り 3 個の枝電圧の代数和によって表すことができる．たとえば，式 (4.32) の枝電圧 v_1，v_2 は，枝電圧 v_3，v_4，v_5 に

[*6)] ♠ ひと言コーナー ♠ 「階数・退化次数の定理」(m,n) 行列 $\boldsymbol{A}$ の rank と nullity の和は $\boldsymbol{A}$ の列の個数に等しい．つまり，$\mathrm{rank}\,\boldsymbol{A}+\mathrm{nullity}\,\boldsymbol{A}=n$ の関係が成り立つ．

よって，

$$\begin{aligned} v_1 &= -v_4 - v_5 \\ v_2 &= -v_3 + v_5 \end{aligned} \tag{4.33}$$

と表すことができる．この第 1 式は，ループ l_1 について v_4 と v_5 を与えれば，枝電圧 v_1 が決まることを示し，第 2 式はループ l_2 について v_3 と v_5 を与えれば v_1 が決まることを示している．すなわち，独立なループが 2 個あればすべての枝電圧が決められることがわかる．

いま，各節点の電位を u_1，u_2，u_3，u_4 とすれば

$$\begin{aligned} v_1 &= u_1 - u_2 \\ v_2 &= u_2 - u_3 \\ v_3 &= u_3 - u_4 \\ v_4 &= u_4 - u_1 \\ v_5 &= u_2 - u_4 \end{aligned} \tag{4.34}$$

となる．この式は枝電圧と節点電位の関係を示していて，グラフでは枝と節点の接続関係を与えている．節点 ④ の電位を基準にとり，$u_4 = 0$ とすると，上の式は

$$\begin{aligned} v_1 &= u_1 - u_2 \\ v_2 &= u_2 - u_3 \\ v_3 &= u_3 \\ v_4 &= -u_1 \\ v_5 &= u_2 \end{aligned} \tag{4.35}$$

となり，これを行列で表すと

$$\boldsymbol{v} = \begin{bmatrix} v_1 \\ v_2 \\ v_3 \\ v_4 \\ v_5 \end{bmatrix} = \begin{bmatrix} 1 & -1 & 0 \\ 0 & 1 & -1 \\ 0 & 0 & 1 \\ -1 & 0 & 0 \\ 0 & 1 & 0 \end{bmatrix} \begin{bmatrix} u_1 \\ u_2 \\ u_3 \end{bmatrix} = \boldsymbol{A}^{\mathrm{T}} \boldsymbol{u} \tag{4.36}$$

となる．ただし，$\boldsymbol{u} = [u_1\ u_2\ u_3]^{\mathrm{T}}$ である．式 (4.36) を**節点変換** (node transformation) とよび，節点電位を枝電圧に変換する式であるが，この変換は電圧則の別表現で，節点電位を媒介変数にした表現であるといえる．明らかに，式 (4.35) から u_1, u_2, u_3 を消去すると電圧則の式 (4.32) が導かれる．

以上のことを定理としてまとめておこう．

(定理 4.6)　グラフの枝の個数を b，節点の個数を n，$\boldsymbol{A}$ を既約接続行列，$\boldsymbol{L}$ を既約ループ行列とする．このとき，$\mathrm{rank}\,\boldsymbol{A} = n-1$, $\mathrm{rank}\,\boldsymbol{L} = b-(n-1)$ である．b 次の枝電流ベクトルと枝電圧ベクトルをそれぞれ $\boldsymbol{i}$，$\boldsymbol{v}$ とし，$(n-1)$ 次の節点電位ベクトルを $\boldsymbol{u}$，$b-(n-1)$ 次のループ電流ベクトルを $\boldsymbol{j}$ とする．このとき，次のことが成り立つ．

電流則の別表現：ループ変換　$\boldsymbol{i} = \boldsymbol{L}^{\mathrm{T}}\boldsymbol{j}$

電圧則の別表現：節点変換　$\boldsymbol{v} = \boldsymbol{A}^{\mathrm{T}}\boldsymbol{u}$

また，$\boldsymbol{L}$ と $\boldsymbol{A}^{\mathrm{T}}$，$\boldsymbol{A}$ と $\boldsymbol{L}^{\mathrm{T}}$ は零因子 ($\boldsymbol{L}\boldsymbol{A}^{\mathrm{T}} = \boldsymbol{0}$，$\boldsymbol{A}\boldsymbol{L}^{\mathrm{T}} = \boldsymbol{0}$) である．

演　習　問　題

4.1　ある行列 $\boldsymbol{A}$ を簡約化して

$$\begin{bmatrix} 1 & 2 & 0 & 0 & 3 \\ 0 & 0 & 3 & 4 & 5 \\ 0 & 0 & 0 & 0 & 0 \end{bmatrix}$$

が得られた．階数を求めよ．

4.2　連立一次方程式

$$x - 2y = -5$$
$$2x - 3y = -8$$

の拡大係数行列をつくり，ガウスの消去法で解を求めよ．また，係数行列，拡大係数行列の階数を求めよ．

4.3　連立一次方程式

$$4x + 2y + z = 2$$
$$2x - y + 4z = 1$$
$$x + y - z = 2$$

について，以下の問いに答えよ．

(i) 係数行列を記し，その階数を求めよ．

(ii) 拡大係数行列を記し，その階数を求めよ．

(iii) 解を掃き出し法によって求めよ．

(iv) 解をクラーメルの公式を用いて求めよ．

(v) 解を逆行列を用いて求めよ．

4.4 基本変形により連立一次方程式

$$\begin{aligned} 3x - 6y + 9z &= 6 \\ -2x + 4y - 6z &= -4 \\ 5x - 10y + 15z &= 10 \end{aligned}$$

を解け．

4.5 基本変形により行列

$$\begin{bmatrix} 1 & 1 & 1 \\ 1 & 2 & 2 \\ 1 & 2 & 3 \end{bmatrix}$$

の逆行列を求めよ．

4.6 行列式を使ってベクトル $\begin{bmatrix} 8 \\ 2 \\ 1 \end{bmatrix}$, $\begin{bmatrix} 4 \\ -1 \\ 0 \end{bmatrix}$, $\begin{bmatrix} 0 \\ -1 \\ 5 \end{bmatrix}$ が一次独立かどうか判定せよ．

4.7 図 4.5 の回路で振動が持続するような角周波数を求めよ．

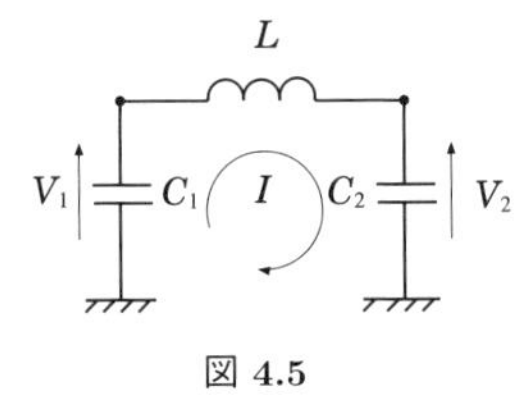

図 **4.5**

4.8 式 (4.22) の $\boldsymbol{A}$，式 (4.27) の $\boldsymbol{L}$ は零因子をなすことを確認せよ．

4.9 ベクトル空間 $W = \left\{ \begin{bmatrix} x_1 \\ x_2 \\ x_3 \end{bmatrix} \middle| \, 2x_1 + x_2 - x_3 = 0 \right\}$ の基底と次元を求めよ．

5

一　次　変　換

はじめに，一次変換の幾何学的意味を説明し，基底変換と座標変換を述べる．とくに，回転座標系への座標変換は電気工学では dq 変換とよばれ，発電機やモータなどの回転機理論の基礎である．この dq 変換を 3 次元に拡張した $0\alpha\beta$ 変換，0dq 変換は三相交流回路の解析，回転機のベクトル制御に登場する直交変換であり少し詳しく説明する．

5.1　一次変換とは

5.1.1　一次変換の定義

一次式 $y = ax$ の x を 2 次のベクトル $\boldsymbol{x}$ に，y を 2 次のベクトル $\boldsymbol{y}$ に拡張すると，2 次元平面上の点 $\mathrm{P}(x_1,\ x_2)$ に対して点 $\mathrm{Q}(y_1,\ y_2)$ を定める関係

$$\begin{aligned} y_1 &= ax_1 + bx_2 \\ y_2 &= cx_1 + dx_2 \end{aligned} \tag{5.1}$$

ができる．このように平面上の点を点に対応させる操作を**変換** (transformation) という．点 P, Q の位置ベクトルを

$$\boldsymbol{x} = \begin{bmatrix} x_1 \\ x_2 \end{bmatrix}, \quad \boldsymbol{y} = \begin{bmatrix} y_1 \\ y_2 \end{bmatrix}$$

と表し

$$\boldsymbol{A} = \begin{bmatrix} a & b \\ c & d \end{bmatrix}$$

とすると，式 (5.1) は行列により

$$\begin{bmatrix} y_1 \\ y_2 \end{bmatrix} = \begin{bmatrix} a & b \\ c & d \end{bmatrix} \begin{bmatrix} x_1 \\ x_2 \end{bmatrix} \tag{5.2}$$

すなわち，

$$\boldsymbol{y} = \boldsymbol{A}\boldsymbol{x} \tag{5.3}$$

と表すことができる．このとき，2 次元ベクトル $\boldsymbol{y}$ は $\boldsymbol{x}$ の**一次変換** (linear transformation) である，あるいは $\boldsymbol{x}$ が一次変換により $\boldsymbol{y}$ に移るという．行列 $\boldsymbol{A}$ がこの一次変換を決めてしまうから，$\boldsymbol{A}$ は一次変換の行列とよばれる．ベクトル $\boldsymbol{y}$ を一次変換によるベクトル $\boldsymbol{x}$ の**像** (image)，$\boldsymbol{x}$ を**原像** (preimage) という．とくに，$\boldsymbol{A} = \boldsymbol{1}$ のときは $\boldsymbol{y} = \boldsymbol{1x} = \boldsymbol{x}$ となる．これはすべてのベクトル $\boldsymbol{x}$ をそれ自体に変換すること，つまり，すべての点を動かさない一次変換であり，**恒等変換** (identity transformation) とよばれる．また，明らかに原点 O を変換しても原点 O になるから，一次変換は原点を動かさない変換である．

n 次元ベクトル空間のときも一次変換は式 (5.3) のように定義される．この場合，$\boldsymbol{A}$ は n 次の正方行列，$\boldsymbol{x}$, $\boldsymbol{y}$ は n 次の列ベクトルである．電気電子工学では，とくに 2 次元と 3 次元の一次変換がよく用いられる[*1)]．

(例 5.1) 一次変換 $\begin{bmatrix} y_1 \\ y_2 \end{bmatrix} = \begin{bmatrix} 2 & 1 \\ -2 & 3 \end{bmatrix} \begin{bmatrix} x_1 \\ x_2 \end{bmatrix}$ について，

原点 O，点 P(1, 0)，点 Q(0, 1)，点 R(1,1) の像を求めよ．

〈解と説明〉 それぞれの像は簡単な計算により，O(0, 0)，P′(2, −2)，Q′(1, 3)，R′(3, 1) となる．また，この一次変換の行列を $\boldsymbol{A}$ とすれば，像 R′ は

$$\boldsymbol{A}\begin{bmatrix} 1 \\ 1 \end{bmatrix} = \boldsymbol{A}\left\{\begin{bmatrix} 1 \\ 0 \end{bmatrix} + \begin{bmatrix} 0 \\ 1 \end{bmatrix}\right\} = \boldsymbol{A}\begin{bmatrix} 1 \\ 0 \end{bmatrix} + \boldsymbol{A}\begin{bmatrix} 0 \\ 1 \end{bmatrix}$$

となるから，像 P′ と像 Q′ の座標の値の和になることに注意しよう．

(例 5.2) O-X_1X_2 座標系において，一次変換 $\begin{bmatrix} y_1 \\ y_2 \end{bmatrix} = \begin{bmatrix} -1 & 0 \\ 0 & 1 \end{bmatrix} \begin{bmatrix} x_1 \\ x_2 \end{bmatrix}$ は

---

*1) ♠ ひと言コーナー ♠ 一次変換では，p を実数として関係式

$$\boldsymbol{A}(\boldsymbol{x}_1 + \boldsymbol{x}_2) = \boldsymbol{A}\boldsymbol{x}_1 + \boldsymbol{A}\boldsymbol{x}_2, \quad \boldsymbol{A}(p\boldsymbol{x}) = p\boldsymbol{A}\boldsymbol{x}$$

が成り立つ．この 2 つの性質を線形性とよぶ．線形性は広い概念であり，ふつう関数 f を使って定義されるが，電気電子ではより具体的な f の表現として一次変換の行列 $\boldsymbol{A}$ を採っている．

点 $P(x_1,\ x_2)$ を X_2 軸に関して対称な点 $Q(y_1,\ y_2)$ に移す変換である．また，$\begin{bmatrix} y'_1 \\ y'_2 \end{bmatrix} = \begin{bmatrix} 0 & 1 \\ 1 & 0 \end{bmatrix} \begin{bmatrix} x_1 \\ x_2 \end{bmatrix}$ は点 $P(x_1,\ x_2)$ を直線 $x_2 = x_1$ に関して対称な点 $P'(y'_1,\ y'_2)$ に移す変換である．

5.1.2 一次変換の幾何学的な意味

a. 点の移動

一次変換

$$\begin{bmatrix} y_1 \\ y_2 \end{bmatrix} = \begin{bmatrix} 3 & -1 \\ 1 & 1 \end{bmatrix} \begin{bmatrix} x_1 \\ x_2 \end{bmatrix} \tag{5.4}$$

により点 P(2, 3) の像 P′ を求め，この変換の幾何学的意味を考えよう．

図 5.1(a) のように，2 次元平面上で原点 O を定め，直線 X_1，X_2 を座標軸とする O-X_1X_2 直交座標系を考える．

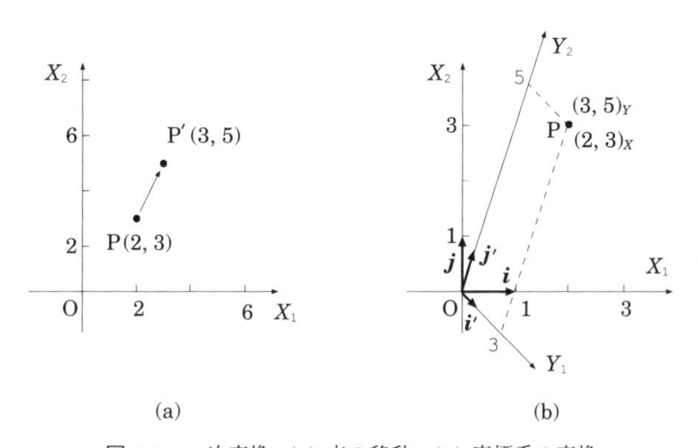

図 5.1 一次変換: (a) 点の移動，(b) 座標系の変換

点 P に対し，$\begin{bmatrix} y_1 \\ y_2 \end{bmatrix} = \begin{bmatrix} 3 & -1 \\ 1 & 1 \end{bmatrix} \begin{bmatrix} 2 \\ 3 \end{bmatrix} = \begin{bmatrix} 3 \\ 5 \end{bmatrix}$ によって，像は P′(3, 5) である．図示すれば図 5.1(a) のように，点 P は点 P′ に移動する．つまり，座標系を O-X_1X_2 座標系に固定すれば，一次変換は点をある位置から別の位置に移す操作を表している．この見方はコンピュータグラフィックス (CG) で図形の回転や拡大，縮小などに用いられている．

なお，平行移動は原点を移動させるから一次変換ではない．

b. 座標系の変換

基底 (基底ベクトル) があれば，その方向に沿って座標軸が設定される．点 P を固定して座標系を動かすこと，つまり基底を変えることを考える．O-X_1X_2 直交座標系の基本ベクトル (基底) を $\boldsymbol{i} = \begin{bmatrix} 1 \\ 0 \end{bmatrix}$, $\boldsymbol{j} = \begin{bmatrix} 0 \\ 1 \end{bmatrix}$ とすると，$\boldsymbol{x} = \begin{bmatrix} x_1 \\ x_2 \end{bmatrix} = x_1\boldsymbol{i} + x_2\boldsymbol{j}$ である．ここで，もう 1 つの基底を考える．すなわち，後の 5.1.4 項 a で述べる一次変換 (5.3) の逆変換 ($\boldsymbol{x} = \boldsymbol{A}^{-1}\boldsymbol{y}$, $\det \boldsymbol{A} \neq 0$) の行列 $\boldsymbol{A}^{-1}$ の列ベクトルを基底 $\{\boldsymbol{i}', \boldsymbol{j}'\}$ にとれば

$$\boldsymbol{x} = \boldsymbol{A}^{-1}\boldsymbol{y} = [\boldsymbol{i}' \ \boldsymbol{j}']\boldsymbol{y} \tag{5.5}$$

ただし

$$\boldsymbol{i}' = \begin{bmatrix} d/\Delta \\ -c/\Delta \end{bmatrix}, \quad \boldsymbol{j}' = \begin{bmatrix} -b/\Delta \\ a/\Delta \end{bmatrix}, \quad \Delta = ad - bc \neq 0$$

と書くことができる．式 (5.5) の $\boldsymbol{y} = \begin{bmatrix} y_1 \\ y_2 \end{bmatrix}$ は基底 $\{\boldsymbol{i}', \boldsymbol{j}'\}$ に関する座標のベクトル表示であり

$$\boldsymbol{x} = x_1\boldsymbol{i} + x_2\boldsymbol{j} = y_1\boldsymbol{i}' + y_2\boldsymbol{j}' \tag{5.6}$$

と表すことができる．これは基底 $\{\boldsymbol{i}, \ \boldsymbol{j}\}$ の O-X_1X_2 座標系の点 $(x_1, \ x_2)$ が $\{\boldsymbol{i}', \ \boldsymbol{j}'\}$ を基底とする座標系 O-Y_1Y_2 の点 $(y_1, \ y_2)$ になっていることを意味する．つまり，点を固定して座標系を動かしていると考えることができる．したがって，一次変換は座標系の変換と見なすこともできる．

この例では，$\boldsymbol{A} = \begin{bmatrix} 3 & -1 \\ 1 & 1 \end{bmatrix}$ の逆行列 $\boldsymbol{A}^{-1} = \begin{bmatrix} 1/4 & 1/4 \\ -1/4 & 3/4 \end{bmatrix}$ の列ベクトルは $[\boldsymbol{i}' \ \boldsymbol{j}'] = \left[\begin{bmatrix} 1/4 \\ -1/4 \end{bmatrix}\begin{bmatrix} 1/4 \\ 3/4 \end{bmatrix}\right]$ であるから，$\boldsymbol{x} = \begin{bmatrix} x_1 \\ x_2 \end{bmatrix} = \begin{bmatrix} 2 \\ 3 \end{bmatrix}$ のとき $\boldsymbol{y} = \begin{bmatrix} y_1 \\ y_2 \end{bmatrix} = \begin{bmatrix} 3 \\ 5 \end{bmatrix}$ となる．図 5.1(b) はこの様子を示し，O-X_1X_2 座標系の点 P(2, 3) が O-Y_1Y_2 座標系では点 (3, 5) と表現されているが，点の位置は変わらないで，座標成分の値は変わっている．同図 (b) の座標の添え字 X, Y はそれぞれ O-X_1X_2 座標系，O-Y_1Y_2 座標系の座標成分であることを示す．要す

るに，基底の取り替えに伴い，基底に関する座標も変わるということである*2).

以上のように，一次変換は幾何学的には点の移動と座標系の変換の２通りの見方ができるが，どちらの考え方をとるかは対処する問題による.

5.1.3 基底変換

２次元ベクトル空間のある座標系の基底 $\{\boldsymbol{u},\ \boldsymbol{v}\}$ から別の座標系の基底 $\{\boldsymbol{u}',\ \boldsymbol{v}'\}$ への変換を考える．基底 $\{\boldsymbol{u}',\ \boldsymbol{v}'\}$ は基底 $\{\boldsymbol{u},\ \boldsymbol{v}\}$ の一次結合で表されるとして

$$\begin{aligned} \boldsymbol{u}' &= p_{11}\boldsymbol{u} + p_{21}\boldsymbol{v} \\ \boldsymbol{v}' &= p_{12}\boldsymbol{u} + p_{22}\boldsymbol{v} \end{aligned} \tag{5.7}$$

と表す．この式は行列により

$$[\boldsymbol{u}'\ \boldsymbol{v}'] = [\boldsymbol{u}\ \boldsymbol{v}]\boldsymbol{P} \tag{5.8}$$

と表すことができる．ただし，$\boldsymbol{P} = \begin{bmatrix} p_{11} & p_{12} \\ p_{21} & p_{22} \end{bmatrix}$ である．非対角成分と式(5.7) の p の添え字との対応に注意しよう．行列 $\boldsymbol{P}$ を「基底 $\{\boldsymbol{u},\ \boldsymbol{v}\}$ から基底 $\{\boldsymbol{u}',\ \boldsymbol{v}'\}$ への基底変換の行列」とよぶ.

任意のベクトル $\boldsymbol{x}$ はどちらの座標系から見ても変わらないから

$$\boldsymbol{x} = x_1\boldsymbol{u} + x_2\boldsymbol{v} = y_1\boldsymbol{u}' + y_2\boldsymbol{v}' \tag{5.9}$$

が成り立つ．これを行列表示すれば

$$[\boldsymbol{u}\ \boldsymbol{v}]\begin{bmatrix} x_1 \\ x_2 \end{bmatrix} = [\boldsymbol{u}'\ \boldsymbol{v}']\begin{bmatrix} y_1 \\ y_2 \end{bmatrix} \tag{5.10}$$

となる．ここで，この式に式 (5.8) を代入すると

$$[\boldsymbol{u}\ \boldsymbol{v}]\begin{bmatrix} x_1 \\ x_2 \end{bmatrix} = [\boldsymbol{u}\ \boldsymbol{v}]\boldsymbol{P}\begin{bmatrix} y_1 \\ y_2 \end{bmatrix} \tag{5.11}$$

---

*2) ♠ひと言コーナー♠　ベクトル空間 V のベクトル $\boldsymbol{a}_1,\ \boldsymbol{a}_2,\ \cdots,\ \boldsymbol{a}_n$ が (1) $\boldsymbol{a}_1,\ \boldsymbol{a}_2,\ \cdots,\ \boldsymbol{a}_n$ が一次独立であって，しかも (2) V の任意のベクトル $\boldsymbol{x}$ が $\boldsymbol{a}_1,\ \boldsymbol{a}_2,\ \cdots,\ \boldsymbol{a}_n$ の一次結合で $\boldsymbol{x} = x_1\boldsymbol{a}_1 + x_2\boldsymbol{a}_2 + \cdots + x_n\boldsymbol{a}_n$ と表されるとき，ベクトル $\boldsymbol{a}_1,\ \boldsymbol{a}_2,\ \cdots,\ \boldsymbol{a}_n$ を V の基底という．また，一次結合の係数 $(x_1,\ x_2,\ \cdots,\ x_n)$ を $\boldsymbol{x}$ の座標という.

となる．行列 $[\boldsymbol{u}\ \boldsymbol{v}]$ は正則であるから

$$\begin{bmatrix} x_1 \\ x_2 \end{bmatrix} = \boldsymbol{P} \begin{bmatrix} y_1 \\ y_2 \end{bmatrix} \tag{5.12}$$

となる．これは変換前の座標 $(x_1,\ x_2)$ と変換後の座標 $(y_1,\ y_2)$ の関係を与えているので，座標成分の変換式という．基底変換 (5.8) では変換前の基底からなる行列 $[\boldsymbol{u}\ \boldsymbol{v}]$ に右から基底変換の行列 $\boldsymbol{P}$ を掛けて変換後の基底からなる行列 $[\boldsymbol{u}'\ \boldsymbol{v}']$ が定義されている．これに対し，座標成分のほうは変換後のベクトル $\begin{bmatrix} y_1 \\ y_2 \end{bmatrix}$ に左から行列 $\boldsymbol{P}$ を掛けて，変換前のベクトル $\begin{bmatrix} x_1 \\ x_2 \end{bmatrix}$ になっていることに注意しよう．

(例 5.3)　次の基底 $\{\boldsymbol{u}, \boldsymbol{v}\}$ から基底 $\{\boldsymbol{u}', \boldsymbol{v}'\}$ への基底変換行列 $\boldsymbol{P}$ および変換前の座標 (1, 1) の変換後の座標を求めよ．ただし，

$$\boldsymbol{u} = \begin{bmatrix} 1 \\ 1 \end{bmatrix}, \quad \boldsymbol{v} = \begin{bmatrix} 0 \\ 1 \end{bmatrix}, \quad \boldsymbol{u}' = \begin{bmatrix} 3 \\ 2 \end{bmatrix}, \quad \boldsymbol{v}' = \begin{bmatrix} 4 \\ 2 \end{bmatrix}$$

とする．

〈解と説明〉　行列 $[\boldsymbol{u}\ \boldsymbol{v}] = \begin{bmatrix} 1 & 0 \\ 1 & 1 \end{bmatrix}, [\boldsymbol{u}'\ \boldsymbol{v}'] = \begin{bmatrix} 3 & 4 \\ 2 & 2 \end{bmatrix}$ である．式 (5.8) により

$$\boldsymbol{P} = \begin{bmatrix} 1 & 0 \\ 1 & 1 \end{bmatrix}^{-1} \begin{bmatrix} 3 & 4 \\ 2 & 2 \end{bmatrix} = \begin{bmatrix} 3 & 4 \\ -1 & -2 \end{bmatrix}, \quad \boldsymbol{P}^{-1} = \begin{bmatrix} 1 & 2 \\ -1/2 & -2/3 \end{bmatrix}$$

となる．変換後の座標成分はベクトルで $\boldsymbol{y} = \boldsymbol{P}^{-1} \begin{bmatrix} 1 \\ 1 \end{bmatrix} = \begin{bmatrix} 3 \\ -2 \end{bmatrix}$ となる．よって，変換後の座標は (3, -2) となる．

5.1.4　行列の演算と一次変換

逆行列や行列の相等，和，積はどのような一次変換に対応するのかを図解とともに説明する．

a.　逆　変　換

一次変換 $\boldsymbol{y} = \boldsymbol{A}\boldsymbol{x}$ において $\det \boldsymbol{A} \neq 0$ ならば

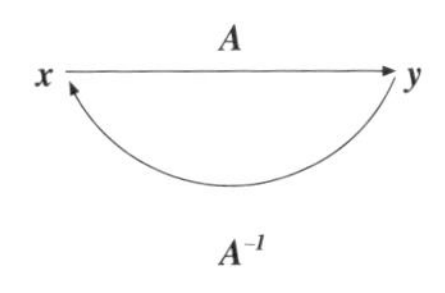

図 5.2 一次変換と逆変換

$$\boldsymbol{x} = \boldsymbol{A}^{-1}\boldsymbol{y}$$

となる．これはベクトル $\boldsymbol{y}$ を $\boldsymbol{x}$ に移す一次変換と見なすことができるから，$\boldsymbol{y} = \boldsymbol{A}\boldsymbol{x}$ の逆変換 (inverse transformation) という．図 5.2 はこの関係を示し，矢印は移す先のベクトルを指している．

(例 5.4) 一次変換

$$y_1 = 3x_1 - 5x_2$$
$$y_2 = -2x_1 + 6x_2$$

において，変換後 (像) の座標が (8, 16) のとき，変換前 (原像) の座標を求めよ．

〈解と説明〉 一次変換の行列は $\boldsymbol{A} = \begin{bmatrix} 3 & -5 \\ -2 & 6 \end{bmatrix}$ である．$\det \boldsymbol{A} = 8 \neq 0$ であるから，$\boldsymbol{A}$ は正則である．よって，$\boldsymbol{A}^{-1} = \dfrac{1}{8}\begin{bmatrix} 6 & 5 \\ 2 & 3 \end{bmatrix}$，逆変換は

$$x_1 = \frac{1}{8}(6y_1 + 5y_2)$$
$$x_2 = \frac{1}{8}(2y_1 + 3y_2)$$

となり，$y_1 = 8$，$y_2 = 16$ を代入すると，変換前の座標 (16, 8) を得る．

b. 一次変換の行列の相等，和，積

行列の演算と一次変換との関連を調べてみよう．いま，2 つの一次変換を

$$\boldsymbol{y}_1 = \boldsymbol{A}\boldsymbol{x}, \quad \boldsymbol{y}_2 = \boldsymbol{B}\boldsymbol{x} \tag{5.13}$$

とする．このとき，

(i) 相等： $\boldsymbol{A} = \boldsymbol{B}$ は，一次変換では $\boldsymbol{y}_1 = \boldsymbol{y}_2$ を意味する．

(ii) 和： $\boldsymbol{A} + \boldsymbol{B} = \boldsymbol{C}$ は，一次変換では $\boldsymbol{y}_1 + \boldsymbol{y}_2 = \boldsymbol{C}\boldsymbol{x}$ を意味する．

また

$$\boldsymbol{y}_1 = \boldsymbol{A}\boldsymbol{x}, \quad \boldsymbol{y}_2 = \boldsymbol{B}\boldsymbol{y}_1 \tag{5.14}$$

とすれば，

(iii) 積： $\boldsymbol{C} = \boldsymbol{B}\boldsymbol{A}$ は $\boldsymbol{y}_2 = \boldsymbol{C}\boldsymbol{x}$ を意味する．

図 5.3 に示すように，一次変換のあとに引き続き一次変換を行うことは行列の積をとることである．行列の積は $\boldsymbol{B}\boldsymbol{A}$ であり，一次変換の順序 ($\boldsymbol{A}$ を施してから $\boldsymbol{B}$ を施す) とは逆であること注意しよう．

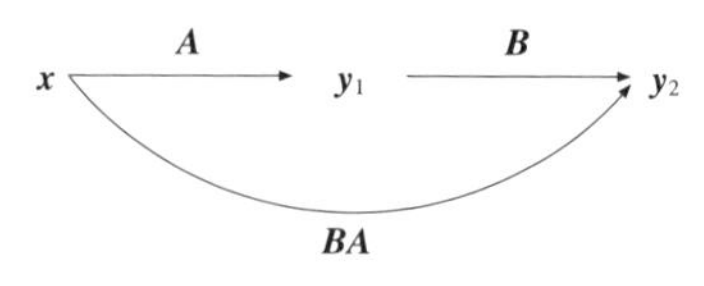

図 5.3 行列の積と一次変換

5.1.5 退化次数と一次変換

行列 $\boldsymbol{A}$ の退化次数 (縮退度) を一次変換 $\boldsymbol{A}\boldsymbol{x} = \boldsymbol{0}$，つまり $\boldsymbol{x}$ の像が原点であるという視点から解釈してみよう．

a. 平面の縮退

3 変数の同次連立一次方程式

$$x_1 + 2x_2 + 3x_3 = 0 \tag{5.15}$$

は平面の方程式であり

$$\begin{bmatrix} 1 & 2 & 3 \end{bmatrix} \begin{bmatrix} x_1 \\ x_2 \\ x_3 \end{bmatrix} = 0 \tag{5.16}$$

と書くことができる．したがって，ベクトル $\boldsymbol{a} = \begin{bmatrix} 1 \\ 2 \\ 3 \end{bmatrix}$ と $\begin{bmatrix} x_1 \\ x_2 \\ x_3 \end{bmatrix}$ とは直交する．

これは図 5.4 のように，ベクトル $\boldsymbol{a}$ と直交する原点 O を通る無限に広がる平面 π を表している．わかりやすいように，枠で平面を描いているが有限の平面ではない．式 (5.16) は

$$\begin{bmatrix} 1 & 2 & 3 \\ 0 & 0 & 0 \\ 0 & 0 & 0 \end{bmatrix} \begin{bmatrix} x_1 \\ x_2 \\ x_3 \end{bmatrix} = \begin{bmatrix} 0 \\ 0 \\ 0 \end{bmatrix} \tag{5.17}$$

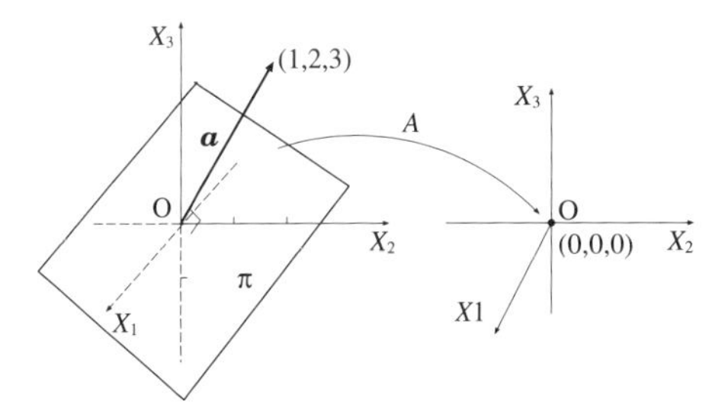

図 5.4　原点 O を通る平面が原点に縮退

と表すことができる．この式は，3 次元空間における 2 次元の平面 π が一次変換の行列 $\boldsymbol{A} = \begin{bmatrix} 1 & 2 & 3 \\ 0 & 0 & 0 \\ 0 & 0 & 0 \end{bmatrix}$ によって，原点 O に移ることを示している．すなわち，2 次元の平面が 0 次元の点に退化する (縮んでしまう) から，行列 $\boldsymbol{A}$ の退化次数は $\mu(\boldsymbol{A}) = 2$ となる．明らかに，$\mathrm{rank}\,\boldsymbol{A} = 1$ であるから $\mu(\boldsymbol{A}) + \mathrm{rank}\,\boldsymbol{A} = 3$ が成り立つ．

b.　二平面の交線の縮退

たとえば，二平面を同次連立一次方程式

$$\begin{aligned} 2x_1 - 3x_2 + x_3 &= 0 \\ -3x_1 + x_2 - 5x_3 &= 0 \end{aligned} \tag{5.18}$$

で表そう．この式は

$$\pi_1 \ : \quad \begin{bmatrix} 2 & -3 & 1 \end{bmatrix} \begin{bmatrix} x_1 \\ x_2 \\ x_3 \end{bmatrix} = 0$$

$$\pi_2 \ : \quad \begin{bmatrix} -3 & 1 & -5 \end{bmatrix} \begin{bmatrix} x_1 \\ x_2 \\ x_3 \end{bmatrix} = 0 \tag{5.19}$$

と表すことができるから，ベクトル $[\,2 \ \ -3 \ \ 1\,]^{\mathrm{T}}$ に直交する平面 π_1 とベクトル $[\,-3 \ \ 1 \ \ -5\,]^{\mathrm{T}}$ に直交する平面 π_2 との共通部分，すなわち，両平面の交線 ℓ が解であることがわかる*3)．大まかな図を図 5.5 に示す．

*3)　♠ ひと言コーナー ♠　n 次の正方行列 $\boldsymbol{A}$ を係数行列とする同次連立一次方程式を $\boldsymbol{Ax} = \boldsymbol{0}$

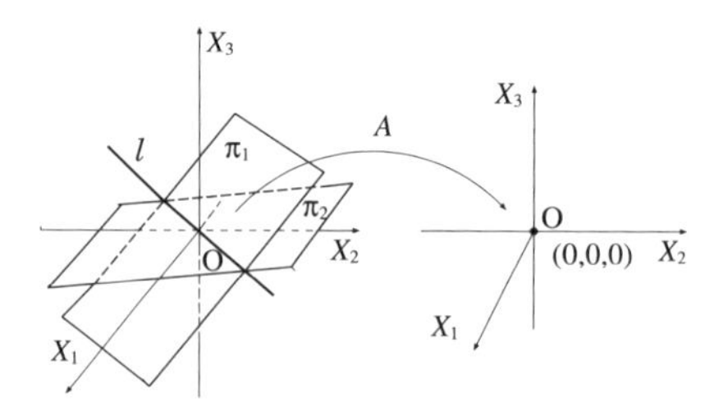

図 5.5　2 枚の平面の交線 ℓ の縮退

実際，この同次連立一次方程式の解が

$$\begin{bmatrix} x_1 \\ x_2 \\ x_3 \end{bmatrix} = c \begin{bmatrix} -2 \\ -1 \\ 1 \end{bmatrix} \quad (c \text{ は任意の実数}) \tag{5.20}$$

で与えられ，c を消去すると原点 O を通る交線 ℓ : $\dfrac{x_1}{-2} = \dfrac{x_2}{-1} = \dfrac{x_3}{1}$ が得られる．

式 (5.18) は行列で

$$\begin{bmatrix} 2 & -3 & 1 \\ -3 & 1 & -5 \\ 0 & 0 & 0 \end{bmatrix} \begin{bmatrix} x_1 \\ x_2 \\ x_3 \end{bmatrix} = \begin{bmatrix} 0 \\ 0 \\ 0 \end{bmatrix} \tag{5.21}$$

と表示できるから，この一次変換の行列は

$$\boldsymbol{A} = \begin{bmatrix} 2 & -3 & 1 \\ -3 & 1 & -5 \\ 0 & 0 & 0 \end{bmatrix} \tag{5.22}$$

である．この場合，一次変換によって 1 次元の交線が原点 O に移されるから，退化次数 $\mu(\boldsymbol{A}) = 1$ である．また，$\operatorname{rank} \boldsymbol{A} = 2$ であるから，$\operatorname{rank} \boldsymbol{A} + \mu(\boldsymbol{A}) = 3$ が成り立つことがわかる．このような一次変換の幾何学的な解釈によって直感的に行列の退化次数の意味が明らかになる．

とする．行列 $\boldsymbol{A}$ を n 個の行ベクトル $\boldsymbol{a}_1, \boldsymbol{a}_2, \cdots, \boldsymbol{a}_n$ とすれば，$\boldsymbol{A}\boldsymbol{x} = \boldsymbol{0}$ は内積により $\boldsymbol{a}_1 \cdot \boldsymbol{x} = 0$，$\boldsymbol{a}_2 \cdot \boldsymbol{x} = 0, \cdots$，$\boldsymbol{a}_n \cdot \boldsymbol{x} = 0$ と書くことができる．同次連立一次方程式を解くことは，すべての行ベクトル $\boldsymbol{a}_1, \boldsymbol{a}_2, \cdots, \boldsymbol{a}_n$ と直交するベクトル $\boldsymbol{x}$ を求めることと解釈できる．

5.2 直 交 変 換

直交変換は電気電子工学でよく用いられる一次変換である．はじめに，2次元空間での回転を表す直交変換を説明しよう．

図5.6(a)のように，原点OとX，Y軸の直交座標軸からなる直交座標系O-XYに関する点Pの座標を$(x,\ y)$とし，この座標系を原点Oの回りに角$\theta > 0$だけ反時計回りに回転した座標系O-$X'Y'$に関する同一の点Pの座標を(x', y')とする．同図(b)のように座標系O-XYの基底(基本ベクトル)を$\boldsymbol{i}$，$\boldsymbol{j}$，座標系O-$X'Y'$の基底を$\boldsymbol{i}'$，$\boldsymbol{j}'$とすると，

$$
\begin{aligned}
\boldsymbol{i}' &= \cos\theta\boldsymbol{i} + \sin\theta\boldsymbol{j} \\
\boldsymbol{j}' &= -\sin\theta\boldsymbol{i} + \cos\theta\boldsymbol{j}
\end{aligned} \tag{5.23}
$$

が成り立つ．これを行列で表現すると

$$
[\boldsymbol{i}'\ \boldsymbol{j}'] = [\boldsymbol{i}\ \boldsymbol{j}]\boldsymbol{A}, \quad \boldsymbol{A} = \begin{bmatrix} \cos\theta & -\sin\theta \\ \sin\theta & \cos\theta \end{bmatrix} \tag{5.24}
$$

となる．基底変換の行列$\boldsymbol{A}$の非対角成分に注意しよう．すでに述べたように，この基底変換により座標は

$$
\begin{bmatrix} x \\ y \end{bmatrix} = \boldsymbol{A} \begin{bmatrix} x' \\ y' \end{bmatrix} \tag{5.25}
$$

によって変換される．いま

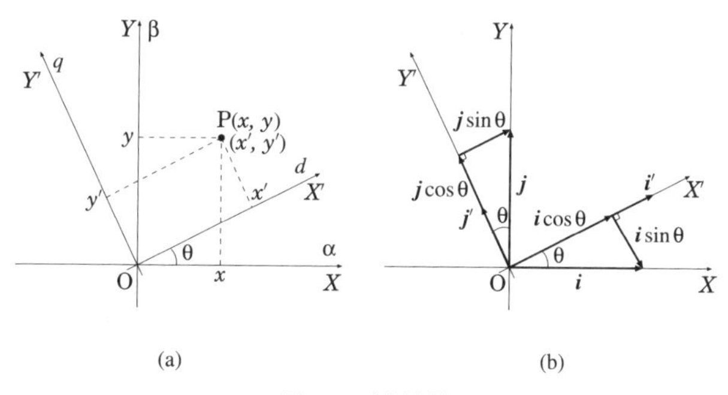

図 5.6　座標変換

$$\boldsymbol{A}^{-1} = \boldsymbol{A}^{\mathrm{T}} \tag{5.26}$$

であるから，

$$\begin{bmatrix} x' \\ y' \end{bmatrix} = \boldsymbol{A}^{\mathrm{T}} \begin{bmatrix} x \\ y \end{bmatrix} \tag{5.27}$$

となる．ここに

$$\boldsymbol{A}^{\mathrm{T}} = \begin{bmatrix} \cos\theta & \sin\theta \\ -\sin\theta & \cos\theta \end{bmatrix} \tag{5.28}$$

である．したがって，点 P の座標 $(x,\ y)$ と座標 (x', y') との関係は一次変換

$$\begin{aligned} x' &= x\cos\theta + y\sin\theta \\ y' &= -x\sin\theta + y\cos\theta \end{aligned} \tag{5.29}$$

によって与えられる．行列 $\boldsymbol{A}$ に関して

$$\boldsymbol{A}^{\mathrm{T}}\boldsymbol{A} = \boldsymbol{A}\boldsymbol{A}^{\mathrm{T}} = \mathbf{1} \quad (\mathrm{T}\ は転置記号) \tag{5.30}$$

が成り立つ．一般にこの関係が成り立つ n 次の正方行列 $\boldsymbol{A}$ を**直交行列** (orthogonal matrix) といい，直交行列による一次変換を**直交変換** (orthogonal transformation) という．式 (5.29) は直交変換である．直交行列 $\boldsymbol{A}$ について

$$\det(\boldsymbol{A}^{\mathrm{T}}\boldsymbol{A}) = \det(\boldsymbol{A}^{\mathrm{T}})\det\boldsymbol{A} = (\det\boldsymbol{A})^2 = 1 \tag{5.31}$$

が成り立つから，直交行列の行列式は $\det\boldsymbol{A} = \pm 1$ である．

$\det\boldsymbol{A} = +1$ のときの直交行列 $\boldsymbol{A}$ を正直交行列，対応する一次変換を**正格直交変換** (proper orthogonal transformation) という．右手系を右手系に，左手系を左手系に変換する．

$\det\boldsymbol{A} = -1$ のときの直交行列 $\boldsymbol{A}$ を負直交行列，対応する一次変換を**変格直交変換** (improper orthogonal transformation) という．右手系を左手系に，左手系を右手系に変換する．

(例 5.5) 直交行列 $\boldsymbol{B} = \begin{bmatrix} \cos\theta & \sin\theta \\ -\sin\theta & \cos\theta \end{bmatrix}$ の行列式は 1 であるから，$\boldsymbol{B}$ は正直交行列，$\boldsymbol{C} = \begin{bmatrix} \cos\theta & \sin\theta \\ \sin\theta & -\cos\theta \end{bmatrix}$ の行列式は -1 であるから，$\boldsymbol{C}$ は負直交行列である．

式 (5.30) により

$$\boldsymbol{A}^{-1} = \boldsymbol{A}^{\mathrm{T}} \tag{5.32}$$

であるから，この式の両辺に右から $(\boldsymbol{A}^{-1})^{\mathrm{T}}$ $(= (\boldsymbol{A}^{\mathrm{T}})^{-1})$ を掛けることにより

$$\boldsymbol{A}^{-1}(\boldsymbol{A}^{-1})^{\mathrm{T}} = \mathbf{1} \tag{5.33}$$

となる．これは行列 $\boldsymbol{A}$ が直交行列ならばその逆行列 $\boldsymbol{A}^{-1}$ も直交行列であることを示している．これに関連して，次のことがいえる．

(定理 5.1) $\boldsymbol{A}$, $\boldsymbol{B}$ が直交行列ならば，$\boldsymbol{AB}$, $\boldsymbol{AB}^{-1}$, $\boldsymbol{B}^{-1}\boldsymbol{A}$ も直交行列である．

5.3 電気電子工学における直交変換

5.3.1 *dq* 変 換

電気電子工学では，すでに示した図 5.6(a) の X, Y 軸をそれぞれ α, β 軸，X', Y' 軸をそれぞれ d, q 軸と名付ける．そして，直交行列 (5.28) による変換を ***dq* 変換** (dq-transformation) とよぶ．d は direct (直軸)，q は quadrature (横軸) の意味である．

いま，α 軸，β 軸の成分 (電圧，電流，磁束など) をそれぞれ w_α, w_β とし，d 軸，q 軸の成分をそれぞれ w_d, w_q とする．d 軸，q 軸の座標回転が反時計回りのとき α 軸となす角を $\theta > 0$ と決めて，dq 変換は

$$\begin{bmatrix} w_d \\ w_q \end{bmatrix} = \begin{bmatrix} \cos\theta & \sin\theta \\ -\sin\theta & \cos\theta \end{bmatrix} \begin{bmatrix} w_\alpha \\ w_\beta \end{bmatrix} \tag{5.34}$$

で定義される．座標回転が時計回りのときは θ を $-\theta$ と置いて，dq 変換は

$$\begin{bmatrix} w_d \\ w_q \end{bmatrix} = \begin{bmatrix} \cos\theta & -\sin\theta \\ \sin\theta & \cos\theta \end{bmatrix} \begin{bmatrix} w_\alpha \\ w_\beta \end{bmatrix} \tag{5.35}$$

で定義される．発電機やモータなどの回転機の理論では，時計回りの dq 変換が定義されることもあり，どちらの dq 変換を用いているのかつねに注意しよう．本書では前者の式 (5.34) の dq 変換を用いる．

5.3.2 二相機の $\boldsymbol{dq}$ 変換

ここではすべての回転機の理論の基礎となる二相機の取り扱い方を説明する．

はじめに，図 5.7(a) 左図のような yz 平面上に固定された閉回路に角周波数 ω の交流電流 i_α が流れると水平方向に磁束 ψ_α ができる．この磁束は左右に向きが変わる．同様に，同図 (a) 右図のような xz 平面上に固定された閉回路に角周波数 ω の交流電流 i_β が流れると垂直方向に磁束 ψ_β ができ，この磁束は上下に向きが変わる．いま，それぞれのコイルに交流

$$\boldsymbol{i}_{\alpha\beta} = \begin{bmatrix} i_\alpha \\ i_\beta \end{bmatrix} = \begin{bmatrix} I_m \cos\omega t \\ I_m \sin\omega t \end{bmatrix} \tag{5.36}$$

が流れているとしよう．磁束は電流に比例するから，i_α, i_β による磁束をそれぞれ

$$\boldsymbol{\psi}_{\alpha\beta} = \begin{bmatrix} \psi_\alpha \\ \psi_\beta \end{bmatrix} = \begin{bmatrix} \varPsi_m \cos\omega t \\ \varPsi_m \sin\omega t \end{bmatrix} \tag{5.37}$$

と表すことができる*4)．ここに，$\varPsi_m$ は電流の最大値 I_m に対応する磁束である．図 5.7(b) のように，時々刻々変化する磁束 ψ_α と ψ_β の合成磁束 $\boldsymbol{\psi}_{\alpha\beta}$ は，原点 O を中心とし角速度 ω で回転する半径 $\|\boldsymbol{\psi}_{\alpha\beta}\| = \varPsi_m$ の磁束をつくる．この磁束を**回転磁束** (revolving magnetic flux) という．

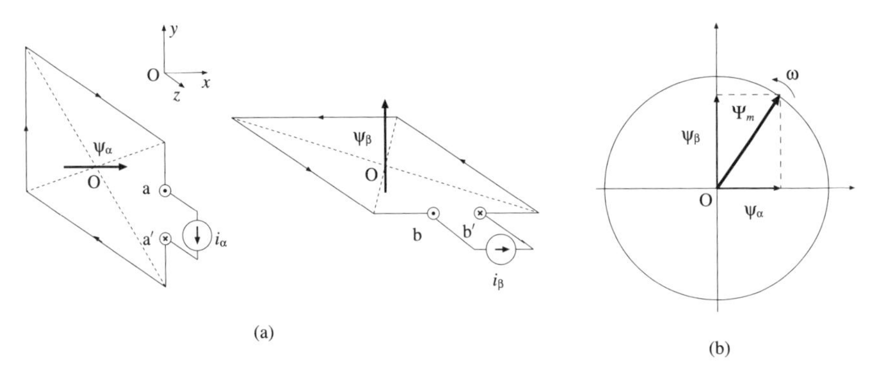

図 5.7　(a) 2 つの閉回路に流れる電流による磁束，(b) 回転する磁束

---

*4)　♠ ひと言コーナー ♠　磁束 = (磁束の通る断面積) × (磁束密度)，磁束密度 = (媒質の透磁率) × (磁界)，磁界 ∝ 電流，ゆえに 磁束 ∝ 電流．

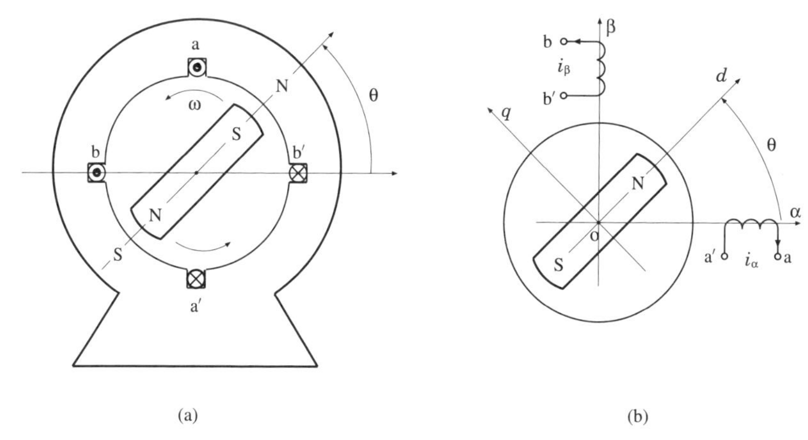

図 **5.8**　(a) モータの断面：回転子と固定子コイル，(b) 固定子コイルと回転する磁石

さて，モータや発電機などの回転機は回転する部分の**回転子** (roter) と固定された部分の**固定子** (stator) から構成されている．図 5.8(a) は簡単なモータの断面図である．図 5.7(a) のコイルの端子対 a–a′, b–b′ が細長い溝 (slot) にはめ込まれ，図 5.8(a) の a–a′, b–b′ のコイルを構成している．これを固定子コイルという．回転子は磁石 NS である．固定子コイルに流れる交流電流によって回転磁束ができ，これに引き付けられて磁石は回転する．図 5.8(b) は同図 (a) の固定子コイルを等価的に電気回路で表した図で，直交する α, β 軸に固定されたコイル a–a′，b–b′ に交流 i_α と i_β が流れ，互いに直交する磁束 ψ_α, ψ_β をつくる．2 つのコイルに位相が $\pi/2$ rad 異なる交流を流すから，この回転機は**二相機** (two–phase machine) とよばれる*5)．

図 5.9(a) は 2 つのコイルによって回転磁束が生成されることを示す．α 軸，β 軸にそれぞれ磁束 ψ_α, ψ_β が生成され，この合成磁束が原点 O を中心として回転する．いま，$\theta = \omega t$ と置いて，式 (5.37) の $\boldsymbol{\psi}_{\alpha\beta}$ を dq 変換すれば

*5)　♠ ひと言コーナー ♠　セルビア人の電気技術者ニコラ・テスラ (Nikola Tesla: 1856-1943) は 1882 年二相交流による回転磁界の原理を考え，それに基づいて 1883 年二相電動機を設計している．そのほかにも，テスラコイルなど多くの発明をした．磁束密度の単位 [T] (テスラ) にその名前を残している．セルビア共和国の空の玄関は彼の名を冠してベオグラード・ニコラ・テスラ空港という．往時の彼の活躍が偲ばれる．

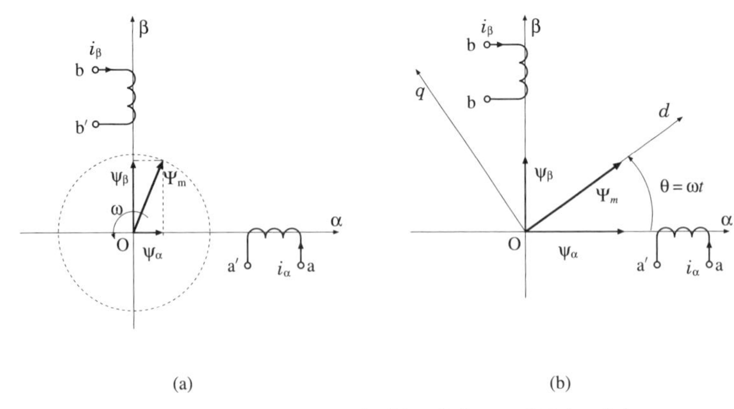

図 5.9　(a) 電流 i_α, i_β による回転磁束の生成，(b) 静止する磁束 Ψ_m

$$\boldsymbol{\psi}_{dq} = \begin{bmatrix} \psi_d \\ \psi_q \end{bmatrix} = \begin{bmatrix} \cos\theta & \sin\theta \\ -\sin\theta & \cos\theta \end{bmatrix} \begin{bmatrix} \psi_\alpha \\ \psi_\beta \end{bmatrix} = \begin{bmatrix} \Psi_m \\ 0 \end{bmatrix} \tag{5.38}$$

となる．この式から d 軸成分 (直軸成分) の Ψ_m のみが存在し，q 軸成分 (横軸成分) はゼロで存在しないことがわかる．この様子を図 5.9(b) に示す．磁石の回転子は回転磁束 Ψ_m に引き付けられ，反時計回りに回転する．いま，dq 座標系に乗ると，つまり，観測点を dq 座標系に移すと，dq 座標軸は静止し回転磁束 Ψ_m は d 軸上に静止している．これに対し，固定子の α，β 軸は時計回りに回転している．このように，固定子コイルによる回転磁束は dq 変換によって時間変化のない一定値の直流磁束に変換されるから，回転機の解析が容易になることがわかる[*6)]．

5.4　三相回路の直交変換

3 個の電圧が等しく位相差が $2\pi/3$ の正弦波交流電源をもつ回路は三相交流回路 (three-phase alternating circuit)，あるいは三相回路 (three-phase circuit)

*6)　♠ ひと言コーナー ♠　ガブリエル・クローン (Gabriel Kron: 1901-1968，ハンガリー生まれ，1921 年アメリカ移住) は，あらゆる回転機は 2 軸 (d, q 軸) をもつ回転機に帰着されるという電気機器の汎用理論 (Generalized Theory of Electrical Machinery) や大規模システムを分割解析する手法であるダイアコプティックス (Diakoptics) などを提唱し，多くの偉大な業績を残した．

とよばれ，電力輸送に用いられている大変重要な回路である．その解析には，いろいろな 3 次の正方行列が一次変換の行列として用いられる．

5.4.1　三相回路とは

はじめに，三相回路はどのような回路なのか，単相交流回路 (単相回路) と比較して説明しよう．

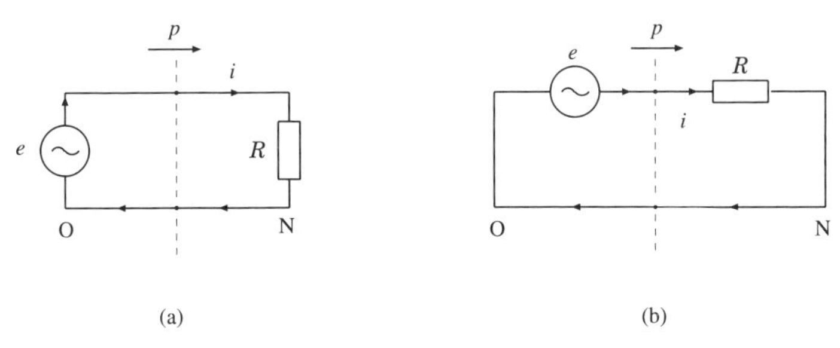

図 5.10　単相回路

正弦波交流電圧源 (理想電圧源) $e\,(= e(t))$ と負荷抵抗 R からなる典型的な単相回路を図 5.10 に示す．同図 (a) で破線より左側を電源側，右側を負荷側とよび，電源側から負荷側に向かって電力 $p\,(= p(t))$ が送られる．電流 $i\,(= i(t))$ が負荷から電源に戻る導体 N–O を帰線 (return circuit) という．

いま，角周波数 ω の電源電圧を $e(t) = E_m \cos\omega t$，負荷を抵抗 R とする最も簡単な場合を考える．このとき，電流は $i(t) = (E_m/R)\cos\omega t$ であるから，負荷に時々刻々送られる**瞬時電力** (instantaneous power) は

$$p(t) = e(t)i(t) = \frac{E_m^2}{R}\cos^2\omega t = \frac{E_m^2}{2R}(1 + \cos 2\omega t) \tag{5.39}$$

となり，1 周期の平均電力は

$$P = \frac{1}{2\pi/\omega}\int_0^{2\pi/\omega} \frac{E_m^2}{2R}(1 + \cos 2\omega t)\mathrm{d}t = \frac{E_m^2}{2R}$$

である．式 (5.39) の瞬時電力 $p(t)$ の最右辺の括弧の中は最小値 0，最大値 2 で振動し，その角周波数は電源の 2 倍の 2ω である．つまり，負荷の電力は角周波数 2ω で振動している．この振動成分のため，たとえば，負荷をモータとす

ると，慣性が小さいモータでは**回転むら** (rotational fluctuation) が起こることが考えられる．

このように単相回路では瞬時電力に電源より高い角周波数成分が含まれてしまう．この問題は三相回路によって解決される．

三相回路は次のようにして構成される．単相回路の図 5.10(a) を同図 (b) のように描き変える．そして，位相が異なる電源の単相回路，すなわち

(1)　電圧源 $e_a(t) = e(\omega t)$ と抵抗 R の単相回路

(2)　位相のみを $2\pi/3$ rad ずらせた電圧源 $e_b(t) = e(\omega t - 2\pi/3)$ と抵抗 R の単相回路

(3)　位相のみを $4\pi/3$ rad ずらせた電圧源 $e_c(t) = e(\omega t - 4\pi/3)$ と抵抗 R の単相回路

の 3 個の単相回路を並列接続する．その回路を図 5.11(a) に示す．

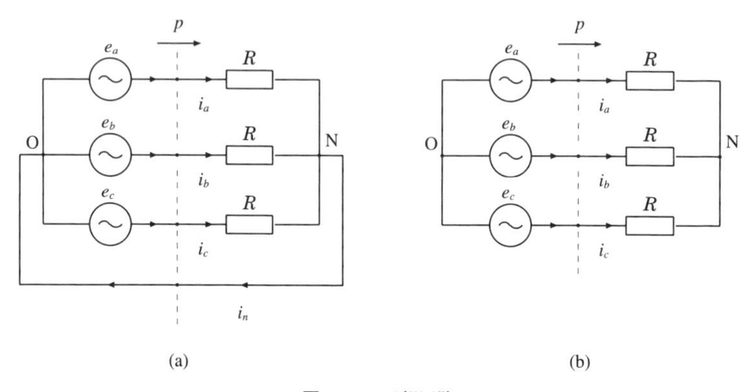

図 5.11　三相回路

これが三相回路の原型である．単相回路の負荷と電源を結ぶ導線を 1 本の導線 N–O を共有している点に注目しよう．3 個の電圧源をまとめて**対称三相交流電源**，あるいは**対称三相電源**，**対称三相起電力** (symmetrical three-phase electromotive force) などという．対称とは振幅が同じで隣り合う相の電圧・電流の位相差が $2\pi/3$ であることを意味する．抵抗の等しい負荷 R を 3 個接続した回路を**対称負荷** (symmetrical load) あるいは**平衡負荷** (balanced load) という．対称な電源と対称な負荷から構成される三相回路を**対称三相回路** (symmetrical three-phase circuit) という．

以上のように，対称三相電源は

$$e_a(t) = E_m \cos\omega t,\quad e_b(t) = E_m \cos(\omega t - 2\pi/3),\quad e_c(t) = E_m \cos(\omega t - 4\pi/3)$$

と記すことができ，それぞれ a 相，b 相，c 相の電源電圧という．これら 3 つの電源の角周波数は同じ ω である．各相の電流は

$$i_a(t) = \frac{E_m}{R}\cos\omega t,\quad i_b(t) = \frac{E_m}{R}\cos(\omega t - 2\pi/3),\quad i_c(t) = \frac{E_m}{R}\cos(\omega t - 4\pi/3)$$

となるから，帰線を通って電源に戻る電流 $i_n(t)$ は

$$\begin{aligned} i_n(t) &= i_a(t) + i_b(t) + i_c(t) \\ &= \frac{E_m}{R}\{\cos\omega t + \cos(\omega t - 2\pi/3) + \cos(\omega t - 4\pi/3)\} = 0 \end{aligned}$$

となる．つまり，帰線 N–O には電流は流れない．したがって，帰線 N–O を必要としないから，図 5.11(a) は図 5.11(b) のように描ける．同図 (b) では，たとえば，i_a が右に流れているとき i_b, i_c が左に流れ，b, c 相の 2 つの導線が帰線になって，i_a, i_b, i_c の和が 0 に保たれている．つまり，i_a, i_b, i_c のうちどれか 1 つの符号が異なっている．3 つの負荷に供給される瞬時電力は

$$\begin{aligned} p(t) &= e_a(t)i_a(t) + e_b(t)i_b(t) + e_c(t)i_c(t) \\ &= \frac{E_m^2}{R}\{\cos^2\omega t + \cos^2(\omega t - 2\pi/3) + \cos^2(\omega t - 4\pi/3)\} = \frac{3}{2}\frac{E_m^2}{R} \end{aligned}$$

となって，単相回路のときの 2 倍の角周波数の成分は現れないことに注目しよ

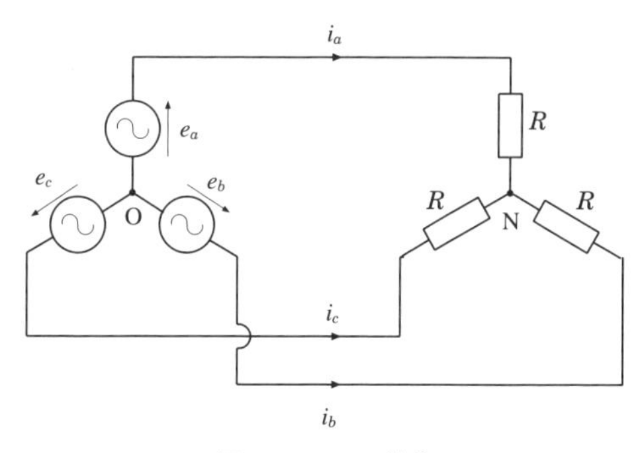

図 **5.12** Y–Y 結線

う．さらに，平均電力も瞬時電力と同じ $P = (3/2)E_m^2/R$ であることも容易にわかる．

図 5.11(b) の帰線のない回路は図 5.12 のように描くのが普通である．電源，負荷ともにＹという文字を逆さまにした形をしているが，Ｙ結線の電源，Ｙ結線の負荷という．

a.　三相回路の相回転

対称三相交流は図 5.13 のようにフェーザ（ベクトル）で表示される．このフェーザが角速度 $\omega = 2\pi/T$ [rad/s] (T : 周期) で反時計回りに回転している．

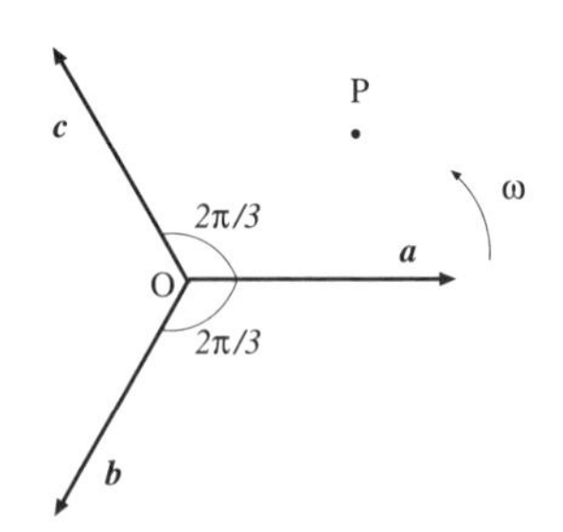

図 **5.13**　相回転

いま，固定した点 P に目を置きこの点を通過するフェーザを観測すると，はじめにフェーザ $\boldsymbol{a}$ が点 P を通過した後，時間が $(2\pi/3) \times (1/\omega) = (1/3)T$ [s] 経ってからフェーザ $\boldsymbol{b}$ が点 P を通過し，さらに $(1/3)T$ [s] 経ってからフェーザ $\boldsymbol{c}$ が点 P を通過する．つまり，点 P では a 相，b 相，c 相の順で同じ大きさの値が観測されていく．このとき，三相回路の相回転あるいは相順は a 相，b 相，c 相の順であるという．3 つのフェーザ $\boldsymbol{a}$，$\boldsymbol{b}$，$\boldsymbol{c}$ が時計回りに回転しているときは，相回転は a，c，b の順となる．三相誘導モータを三相電源に接続する場合，相順を間違えるとモータは逆回転するから注意しよう．

5.4.2　$0\alpha\beta$ 変 換

電力回路，同期発電機あるいは誘導モータなどの解析では三相の数式そのものを用いるよりも，何らかの一次変換を施した数式を扱うことが多い．それは三相成分が対称性をもつため一次変換により数式が分離され，解析の見通しがよくなり結果の物理的解釈も容易になるからである．これを示すため，三相回路を取り扱う代表的な直交変換，すなわち，$0\alpha\beta$ 変換 (**クラーク変換** (Clarke's transformation) ともよばれる) を紹介する．

$0\alpha\beta$ 変換は 5.3 節で述べた α，β 軸に零相軸を加え，三相の a, b, c 相の 3 成分を 0，α，β 相の 3 成分に変換する直交変換である．いま，電圧や電流などの三相の成分を w_a，w_b，w_c で表し，それぞれ a 相成分，b 相成分，c 相成分という．また，変換後の成分を w_0, w_α, w_β で表し，それぞれ零相成分，α (相) 成分，β (相) 成分とよぶ．これらの成分を列ベクトルで表すと，$0\alpha\beta$ 変換は

$$\begin{bmatrix} w_0 \\ w_\alpha \\ w_\beta \end{bmatrix} = \boldsymbol{Q} \begin{bmatrix} w_a \\ w_b \\ w_c \end{bmatrix}$$

$$\begin{bmatrix} w_a \\ w_b \\ w_c \end{bmatrix} = \boldsymbol{Q}^{-1} \begin{bmatrix} w_0 \\ w_\alpha \\ w_\beta \end{bmatrix} = \boldsymbol{Q}^T \begin{bmatrix} w_0 \\ w_\alpha \\ w_\beta \end{bmatrix} \tag{5.40}$$

によって定義される．ここに，一次変換の行列 $\boldsymbol{Q}$ は

$$\boldsymbol{Q} = \sqrt{\frac{2}{3}} \begin{bmatrix} \frac{1}{\sqrt{2}} & \frac{1}{\sqrt{2}} & \frac{1}{\sqrt{2}} \\ 1 & -\frac{1}{2} & -\frac{1}{2} \\ 0 & \frac{\sqrt{3}}{2} & -\frac{\sqrt{3}}{2} \end{bmatrix} \tag{5.41}$$

で与えられる．ここで

$$\boldsymbol{Q}^{\mathrm{T}}\boldsymbol{Q} = \boldsymbol{1} \tag{5.42}$$

が成り立つから，$\boldsymbol{Q}$ は直交行列である．したがって

$$\boldsymbol{Q}^{-1} = \boldsymbol{Q}^{\mathrm{T}} = \sqrt{\frac{2}{3}} \begin{bmatrix} \frac{1}{\sqrt{2}} & 1 & 0 \\ \frac{1}{\sqrt{2}} & -\frac{1}{2} & \frac{\sqrt{3}}{2} \\ \frac{1}{\sqrt{2}} & -\frac{1}{2} & -\frac{\sqrt{3}}{2} \end{bmatrix} \tag{5.43}$$

である．これは逆行列 $\boldsymbol{Q}^{-1}$ の代わりにその転置行列 $\boldsymbol{Q}^{\mathrm{T}}$ を用いればよいこと

を示唆している．この一次変換の特徴は三相成分に $w_a + w_b + w_c = 0$ の関係があるときは $w_0 = 0$ となり，α，β 成分 w_α，w_β のみの 2 つの成分になることである．これに対し，$w_0 \neq 0$ のときは電流・電圧は対称ではない．したがって，零相分 w_0 が何らかの値をもつとき，対称性が破れて，回路に何らかの事故や故障が起こっていると判断できる．この意味で零相成分は重要な役割を果たす．

a.　行列 $\boldsymbol{Q}$ の導き方—幾何学的説明—

$0\alpha\beta$ 変換の行列の導き方は 6.2.6 項でも述べるが，ここでは幾何学的に導いてみよう．図 5.14 のように，原点 O で $2\pi/3$ の角度で交差する座標軸を a, b, c で表し，三相成分をベクトル w_a，w_b，w_c で示す．原点 O を共有し互いに直交する座標軸を α，β 軸とし，w_a，w_b，w_c を α 軸と β 軸上に射影した成分を w_α, w_β で表す．

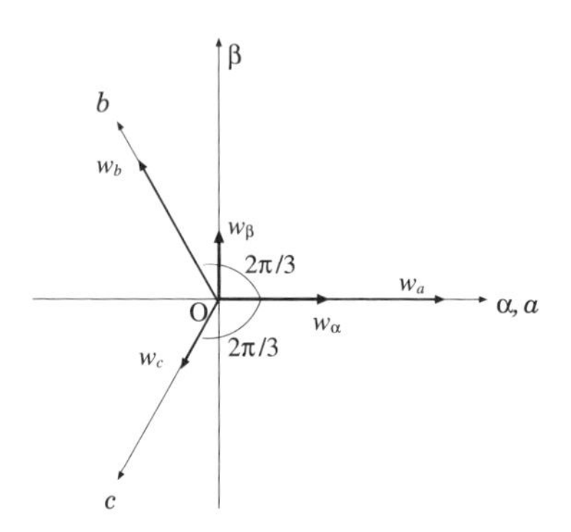

図 5.14　$0\alpha\beta$ 変換 (クラーク変換)

同図のように，w_a を α 軸に一致させれば

$$w_\alpha = w_a + w_b \cos\frac{2\pi}{3} + w_c \cos\frac{4\pi}{3} = w_a - \frac{1}{2}w_b - \frac{1}{2}w_c$$
$$w_\beta = w_b \sin\frac{2\pi}{3} + w_c \sin\frac{4\pi}{3} = \frac{\sqrt{3}}{2}w_b - \frac{\sqrt{3}}{2}w_c \tag{5.44}$$

が成り立つ．成分 w_0 は零相成分に対応し

$$w_0 = \frac{1}{\sqrt{3}}(w_a + w_b + w_c) \tag{5.45}$$

で定義する．この 3 つの関係式を一次変換の行列で表し，その行列の各行ベクトルを正規化すれば式 (5.41) の直交行列 $\boldsymbol{Q}$ が得られる．ここに，**正規化** (normalization) とはベクトルの各成分をベクトルの大きさで割って，大きさ 1 のベクトルにすることをいう．

(例 5.6)　対称三相電源のベクトル $\begin{bmatrix} e_a(t) \\ e_b(t) \\ e_c(t) \end{bmatrix} = \begin{bmatrix} E_m \cos\omega t \\ E_m \cos\left(\omega t - \dfrac{2\pi}{3}\right) \\ E_m \cos\left(\omega t - \dfrac{4\pi}{3}\right) \end{bmatrix}$ を $0\alpha\beta$ 変換してみよう．

$$\begin{bmatrix} e_0(t) \\ e_\alpha(t) \\ e_\beta(t) \end{bmatrix} = \sqrt{\frac{2}{3}} \begin{bmatrix} \dfrac{1}{\sqrt{2}} & \dfrac{1}{\sqrt{2}} & \dfrac{1}{\sqrt{2}} \\ 1 & -\dfrac{1}{2} & -\dfrac{1}{2} \\ 0 & \dfrac{\sqrt{3}}{2} & -\dfrac{\sqrt{3}}{2} \end{bmatrix} \begin{bmatrix} E_m \cos\omega t \\ E_m \cos\left(\omega t - \dfrac{2\pi}{3}\right) \\ E_m \cos\left(\omega t - \dfrac{4\pi}{3}\right) \end{bmatrix}$$

$$= \begin{bmatrix} 0 \\ \sqrt{\dfrac{3}{2}} E_m \cos\omega t \\ \sqrt{\dfrac{3}{2}} E_m \sin\omega t \end{bmatrix}$$

となる．この式から

$$e_0(t) = 0, \quad e_\alpha = \sqrt{\frac{3}{2}} E_m \cos\omega t, \quad e_\beta = \sqrt{\frac{3}{2}} E_m \sin\omega t$$

となる．位相が $2\pi/3$ rad ずつ異なる三相電圧が $0\alpha\beta$ 変換により α 成分と β 成分の 2 個の成分のみになるから，二相回路として取り扱うことができ，三相回路そのままの解析より簡単になることがわかる．もちろん，$0\alpha\beta$ 成分で計算をした結果を abc 成分に戻す作業は必要となるが，abc 成分のままで解析するよりも，物理的意味や計算の見通しなどが容易になる．

5.4.3　$0dq$ 変換

図 5.15 のように，3 次元空間の $0\alpha\beta$ 直交座標系の零相軸を回転軸として反時計回りに角 θ だけ回転させた直交座標系を $0dq$ 座標系とする．$0\alpha\beta$ 座標系で点 $\mathrm{P}(w_0,\ w_\alpha,\ w_\beta)$ は $0dq$ 座標系で点 $\mathrm{P}(w_0,\ w_d,\ w_q)$ に対応する．

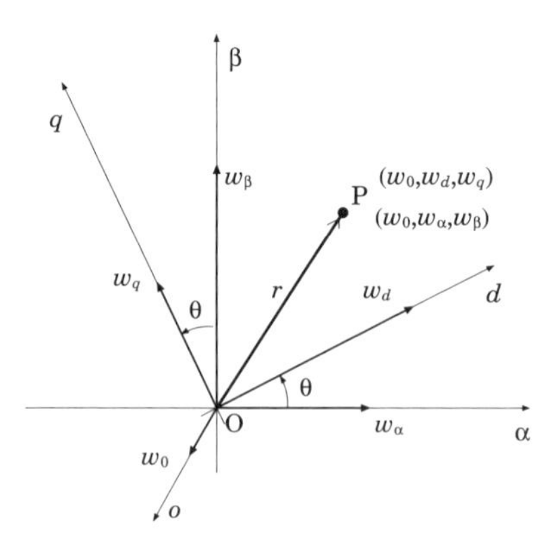

図 5.15　$0dq$ 変換の座標変換

したがって，abc 成分は式 (5.41) の直交行列 $\boldsymbol{Q}$ によって $0\alpha\beta$ 成分に変換され，その $0\alpha\beta$ 成分は直交行列

$$\boldsymbol{C} = \begin{bmatrix} 1 & 0 & 0 \\ 0 & \cos\theta & \sin\theta \\ 0 & -\sin\theta & \cos\theta \end{bmatrix} \tag{5.46}$$

によって $0dq$ 成分に変換されるから，abc 成分は

$$\begin{bmatrix} w_0 \\ w_d \\ w_q \end{bmatrix} = \boldsymbol{C} \begin{bmatrix} w_0 \\ w_\alpha \\ w_\beta \end{bmatrix} = \boldsymbol{CQ} \begin{bmatrix} w_a \\ w_b \\ w_c \end{bmatrix} \tag{5.47}$$

によって $0dq$ 成分に変換される．成分 w_0 を零相成分，w_d を直軸成分，w_q を横軸成分という．零相成分 w_0 は $0dq$ 変換によって変わらない．すなわち，abc 座標 → $0\alpha\beta$ 座標 → $0dq$ 座標という座標変換において，abc 座標系から $0dq$ 座標系への一次変換は 2 つの行列の積 $\boldsymbol{CQ}$ (順序に注意) で表され

$$\begin{bmatrix} w_0 \\ w_d \\ w_q \end{bmatrix} = \sqrt{\frac{2}{3}} \begin{bmatrix} 1 & 0 & 0 \\ 0 & \cos\theta & \sin\theta \\ 0 & -\sin\theta & \cos\theta \end{bmatrix} \begin{bmatrix} \frac{1}{\sqrt{2}} & \frac{1}{\sqrt{2}} & \frac{1}{\sqrt{2}} \\ 1 & -\frac{1}{2} & -\frac{1}{2} \\ 0 & \frac{\sqrt{3}}{2} & -\frac{\sqrt{3}}{2} \end{bmatrix} \begin{bmatrix} w_a \\ w_b \\ w_c \end{bmatrix}$$

となる．この行列の積を計算して，三相 abc 成分から直接 $0dq$ 成分へ変換する

式は

$$\begin{bmatrix} w_0 \\ w_d \\ w_q \end{bmatrix} = \sqrt{\frac{2}{3}} \begin{bmatrix} \frac{1}{\sqrt{2}} & \frac{1}{\sqrt{2}} & \frac{1}{\sqrt{2}} \\ \cos\theta & \cos\left(\theta - \frac{2\pi}{3}\right) & \cos\left(\theta - \frac{4\pi}{3}\right) \\ -\sin\theta & -\sin\left(\theta - \frac{2\pi}{3}\right) & -\sin\left(\theta - \frac{4\pi}{3}\right) \end{bmatrix} \begin{bmatrix} w_a \\ w_b \\ w_c \end{bmatrix}$$

となる．定理 5.1 (p.105) により，直交行列の積 $\boldsymbol{CQ}$ は直交行列であるから，この変換行列自体が直交行列である．この変換は**パークの変換** (Park's transformation) とよばれ，三相交流モータのベクトル制御，同期発電機などの解析につねに用いられている[*7)]．

(例 5.7) 対称三相電源のベクトル $\begin{bmatrix} e_a(t) \\ e_b(t) \\ e_c(t) \end{bmatrix} = \begin{bmatrix} E_m \cos\omega t \\ E_m \cos\left(\omega t - \frac{2\pi}{3}\right) \\ E_m \cos\left(\omega t - \frac{4\pi}{3}\right) \end{bmatrix}$ を $0dq$ 変換してみよう．

前例題の結果を利用して

$$\begin{bmatrix} e_0(t) \\ e_d(t) \\ e_q(t) \end{bmatrix} = \boldsymbol{CQ} \begin{bmatrix} e_a(t) \\ e_b(t) \\ e_c(t) \end{bmatrix}$$

$$= \begin{bmatrix} 1 & 0 & 0 \\ 0 & \cos\omega t & \sin\omega t \\ 0 & -\sin\omega t & \cos\omega t \end{bmatrix} \begin{bmatrix} 0 \\ \sqrt{\frac{3}{2}} E_m \cos\omega t \\ \sqrt{\frac{3}{2}} E_m \sin\omega t \end{bmatrix} = \begin{bmatrix} 0 \\ \sqrt{\frac{3}{2}} E_m \\ 0 \end{bmatrix}$$

すなわち，

---

*7) ♠ ひと言コーナー ♠　三相交流モータのベクトル制御とは abc 静止座標系から $0dq$ 回転座標系への変換により交流モータをそれと等価な直流モータにモデル化して行う制御をいう．これにより振幅と周波数が変化する交流の電圧と電流をつねに意識しながら行う交流制御にくらべ，直流制御では直流電圧と直流電流だけを考慮するだけでよいから制御がやりやすくなる．

また家庭の洗濯機では，洗濯するときは低回転で高トルク，脱水するときは高回転で低トルクという相反する 2 つの仕事を 1 つのモータがやってのける．モータに相反する仕事をやらせるのがベクトル制御の技術で，dq 変換を実行する小さなコンピュータが洗濯機に搭載されている．

$$e_0 = 0(t), \quad e_d(t) = \sqrt{\frac{3}{2}} E_m, \quad e_q(t) = 0$$

となる．このように三相交流電圧は直流の d 軸成分 $\sqrt{3/2}E_m$ のみで表されるから，三相成分そのものを用いるより，$0dq$ 変換して扱う方がはるかに解析もやりやすくなる．

演 習 問 題

5.1 次の行列 $\boldsymbol{A}$ を一次変換の行列とするとき，右側に記した直線または曲線は一次変換によってどのような図形になるか．

(a) $\boldsymbol{A} = \begin{bmatrix} 2 & 4 \\ -1 & 3 \end{bmatrix}$, $2x + y = 1$　(b) $\boldsymbol{A} = \begin{bmatrix} 2 & 0 \\ 0 & 1 \end{bmatrix}$, $x^2 + y^2 = 1$,

(c) $\boldsymbol{A} = \begin{bmatrix} 0 & -1 \\ 2 & 0 \end{bmatrix}$, $y = x^2$

5.2 図 5.9 で固定子コイルの磁束を $\psi_\alpha = \Psi_m \sin\omega t$, $\psi_\beta = \Psi_m \cos\omega t$ と置くとき，dq 座標成分を求めよ．

5.3 基本ベクトルを $\boldsymbol{i} = \begin{bmatrix} 1 \\ 0 \end{bmatrix}$, $\boldsymbol{j} = \begin{bmatrix} 0 \\ 1 \end{bmatrix}$，一次変換の行列を $\boldsymbol{A}$ とする．新しい基底を $\boldsymbol{i}' = \boldsymbol{A}\boldsymbol{i}$, $\boldsymbol{j}' = \boldsymbol{A}\boldsymbol{j}$ で定義すれば，一次変換前の座標の値と変換後の座標の値は一致することを示せ．このことを $\boldsymbol{A} = \begin{bmatrix} 3 & -1 \\ 1 & 1 \end{bmatrix}$ で確かめよ．

5.4 基底 $\boldsymbol{u}_1 = \begin{bmatrix} 1 \\ 2 \end{bmatrix}$, $\boldsymbol{u}_2 = \begin{bmatrix} 0 \\ 1 \end{bmatrix}$, $\boldsymbol{v}_1 = \begin{bmatrix} -2 \\ 2 \end{bmatrix}$, $\boldsymbol{v}_2 = \begin{bmatrix} 3 \\ 1 \end{bmatrix}$，原点 O とする．原点 O，基底 $\{\boldsymbol{u}_1,\ \boldsymbol{u}_2\}$ がなす座標系での座標 (1, 1) に対する原点 O，基底 $\{\boldsymbol{v}_1,\ \boldsymbol{v}_2\}$ がなす座標系における座標を求めよ．

5.5 2 次元平面の基底を $A = \left\{ \begin{bmatrix} 1 \\ 1 \end{bmatrix}, \begin{bmatrix} -1 \\ 1 \end{bmatrix} \right\}$ とする．ベクトル $\boldsymbol{v} = \begin{bmatrix} 4 \\ 2 \end{bmatrix}$ を基底 A に関する座標で表せ．同じ $\boldsymbol{v}$ を基底 $B = \left\{ \begin{bmatrix} 1 \\ 0 \end{bmatrix}, \begin{bmatrix} 1 \\ 1 \end{bmatrix} \right\}$ に関する座標で表せ．

5.6 $\begin{bmatrix} \cos\theta & -\sin\theta \\ \sin\theta & \cos\theta \end{bmatrix}$ は直交行列であることを示せ．

6

行列の対角化とその応用

固有値は行列に付随するスカラー量であり，固有ベクトルは固有値から決まる特別なベクトルである．

はじめに，固有値と固有ベクトルの幾何学的意味，固有値の求め方を説明する．そして電気回路でいえば，固有値は回路の固有周波数であることを例により示す．続いて，行列の対角化の必要性，モード行列による行列の対角化を説明する．対角化の考え方は電気回路のモード分解や三相回路の $0\alpha\beta$ 変換法に応用される．

とくに，三相回路の方程式に現れる複素対称行列の場合には，モード行列をユニタリ行列に選んで対角化する．この方法よる三相回路の解析法は対称座標法とよばれ，非対称成分を対称成分の重ね合わせで表現する方法で，非対称三相回路の解析にはよく用いられるので少していねいに説明する．さらに，フロベニウスの定理による巡回行列の固有値の求め方，その対角化の方法を説明し，三相同期発電機の基本式を導く．

6.1　固有値と固有ベクトル

はじめに，行列の固有値と固有ベクトルを 2 次元平面上の簡単な一次変換を用いて説明しよう．

図 6.1 のように，2 つのベクトルを $\boldsymbol{a} = \begin{bmatrix} -1 \\ 2 \end{bmatrix}$, $\boldsymbol{b} = \begin{bmatrix} 1 \\ 3 \end{bmatrix}$，一次変換の行列を $\boldsymbol{A} = \begin{bmatrix} 2 & -1 \\ 0 & -1 \end{bmatrix}$ とする．このとき，ベクトル $\boldsymbol{a}$ に対し $\boldsymbol{A}\boldsymbol{a} = \begin{bmatrix} -4 \\ -2 \end{bmatrix}$ となり，$\boldsymbol{a}$ と $\boldsymbol{A}\boldsymbol{a}$ とは平行にならない．一方，ベクトル $\boldsymbol{b}$ に対しては，$\boldsymbol{A}\boldsymbol{b} =$

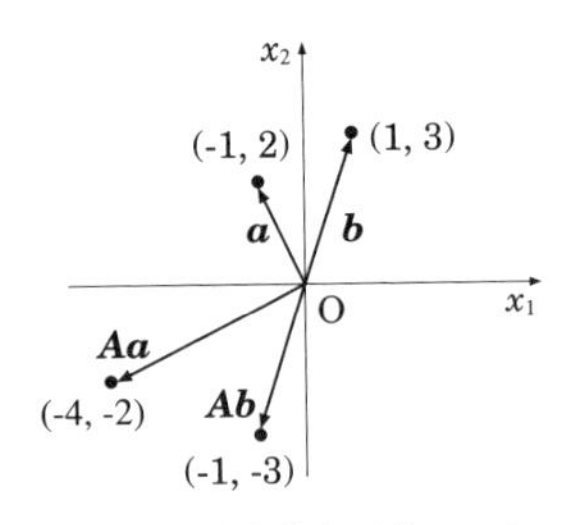

図 **6.1**　一次変換と固有ベクトル

$\begin{bmatrix} -1 \\ -3 \end{bmatrix} = (-1)\boldsymbol{b}$ となるから，ベクトル $\boldsymbol{Ab}$ はベクトル $\boldsymbol{b}$ と平行，つまりベクトル $\boldsymbol{b}$ のスカラー倍になる．このように一次変換の像が原像と平行になるような特別な場合を定式化して考える．

n 次の正方行列を $\boldsymbol{A}$ とするとき，関係式

$$\boldsymbol{Ax} = \lambda \boldsymbol{x} \quad (\boldsymbol{x} \neq \boldsymbol{0}) \tag{6.1}$$

を満たす λ を $\boldsymbol{A}$ の**固有値** (eigen value)，0 でないベクトル $\boldsymbol{x}(\neq \boldsymbol{0})$ を固有値 λ に対する**固有ベクトル** (eigen vector) という．固有値と固有ベクトルを定める問題を**固有値問題** (eigenvalue problem) という．

上の例では，ベクトル $\boldsymbol{b}$ が行列 $\boldsymbol{A}$ の固有ベクトル，右辺のスカラー量 (-1) が固有値である．しかし，ベクトル $\boldsymbol{a}$ に対しては

$$\boldsymbol{Aa} = \begin{bmatrix} 2 & -1 \\ 0 & -1 \end{bmatrix} \begin{bmatrix} -1 \\ 2 \end{bmatrix} = \begin{bmatrix} -4 \\ -2 \end{bmatrix} \neq \lambda \begin{bmatrix} -1 \\ 2 \end{bmatrix}$$

となる．つまり，最右辺の等号が成り立つような λ は存在しないから，ベクトル $\boldsymbol{a}$ は行列 $\boldsymbol{A}$ の固有ベクトルではない．

6.1.1　固有方程式と固有値

式 (6.1) を書きかえると

$$(\lambda \mathbf{1} - \boldsymbol{A})\boldsymbol{x} = \boldsymbol{0} \tag{6.2}$$

となる．これは行列 $(\lambda \mathbf{1} - \boldsymbol{A})$ を係数行列とする同次連立一次方程式である．ここで，この固有値問題を解く手順を示しておこう．

ステップ 1　固有値 λ を定める.

ステップ 2　定められた λ を用いて係数行列 $(\lambda\mathbf{1}-\boldsymbol{A})$ を定める.

ステップ 3　同次連立一次方程式 $(\lambda\mathbf{1}-\boldsymbol{A})\boldsymbol{x}=\mathbf{0}$ を解き，固有ベクトル $\boldsymbol{x}$ を求める.

固有値は同次連立一次方程式 (6.2) が零でない解 $\boldsymbol{x}\neq\mathbf{0}$ をもつ条件から決めることができる．この条件は係数行列が非正則 (特異) であること，すなわち

$$\det(\lambda\mathbf{1}-\boldsymbol{A})=0 \tag{6.3}$$

が成り立つことである[*1)]．この式 (6.3) を行列 $\boldsymbol{A}$ の**固有方程式**あるいは**特性方程式** (characteristic equation) とよぶ．したがって，その根 (または解) $\lambda_1,\lambda_2,\cdots,\lambda_n$ が固有値 (**特性根** (characteristic root) ともいう) である.

また，行列式 $\det(\lambda\mathbf{1}-\boldsymbol{A})$ は λ の多項式であるから，行列 $\boldsymbol{A}$ の**固有多項式**，あるいは**特性多項式** (characteristic polynomial) とよばれる．行列 $\boldsymbol{A}$ の対角成分の和を $\mathrm{tr}\,\boldsymbol{A}$ と書き，$\boldsymbol{A}$ の**トレース** (trace) という．固有値と $\mathrm{tr}\,\boldsymbol{A}$ および $\det\boldsymbol{A}$ には次の関係がある.

1)　$\mathrm{tr}\,\boldsymbol{A}=a_{11}+a_{22}+\cdots+a_{nn}=\lambda_1+\lambda_2+\cdots+\lambda_n$

2)　$\det\boldsymbol{A}=\lambda_1\lambda_2\cdots\lambda_n$

すなわち，行列の対角成分の和は固有値の和に等しく，行列式の値は固有値の積に等しい．これら 2 つの式は有用で固有値の計算チェックなどに利用できる.

(例 6.1)　行列 $\boldsymbol{A}=\begin{bmatrix}2&1\\1&2\end{bmatrix}$ のとき，式 (6.2) は

$$\left(\begin{bmatrix}\lambda&0\\0&\lambda\end{bmatrix}-\begin{bmatrix}2&1\\1&2\end{bmatrix}\right)\begin{bmatrix}x_1\\x_2\end{bmatrix}=\begin{bmatrix}0\\0\end{bmatrix}$$

となるから，固有方程式は

$$\det\left(\begin{bmatrix}\lambda&0\\0&\lambda\end{bmatrix}-\begin{bmatrix}2&1\\1&2\end{bmatrix}\right)=\begin{vmatrix}\lambda-2&-1\\-1&\lambda-2\end{vmatrix}=0$$

---

*1)　♠ ひと言コーナー ♠　式 (6.3) は式 $\det(\boldsymbol{A}-\lambda\mathbf{1})=0$ という $\boldsymbol{A}$ が $\lambda\mathbf{1}$ より先行する表現が用いられることも多い．この式では固有多項式が $(-\lambda)^n+\cdots$ となり，$\boldsymbol{A}$ の次数 n が奇数か偶数かによって λ^n にマイナス符号が付いたり付かなかったりして，固有多項式の計算を間違うことがあるので，本書ではこの表現をとらない.

すなわち

$$\lambda^2 - 4\lambda + 3 = (\lambda - 1)(\lambda - 3) = 0$$

これを解いて，固有値は

$$\lambda_1 = 1,\ \lambda_2 = 3$$

となる．$\mathrm{tr}\,\boldsymbol{A} = 2 + 2 = 1 + 3 = 4$, $\det \boldsymbol{A} = 2 \times 2 - 1 \times 1 = 1 \times 3 = 3$ を確かめることができる．

(例 6.2)　行列 $\boldsymbol{A} = \begin{bmatrix} 2 & -1 & 1 \\ 0 & 2 & -2 \\ 0 & 0 & 3 \end{bmatrix}$ の固有方程式は

$$\begin{vmatrix} \lambda - 2 & 1 & -1 \\ 0 & \lambda - 2 & 2 \\ 0 & 0 & \lambda - 3 \end{vmatrix} = 0$$

である．これを展開して

$$(\lambda - 2)^2(\lambda - 3) = 0$$

となる．したがって，固有値は $\lambda_1 = 2$ で 2 重根，$\lambda_2 = 3$ となる．容易にわかるように，$\mathrm{tr}\,\boldsymbol{A} = 2 + 2 + 3 = 7$，$\det \boldsymbol{A} = 2 \times 2 \times 3 = 12$ である．

6.1.2　電気回路の固有方程式

インダクタとキャパシタからなる電気回路を固有値問題として考えたとき，固有値は回路の固有角周波数になる．そのことを例によって示そう．

a.　電気回路の固有値 (1)

すでに 4.4.3 項で示した図 6.2 の LC 回路を固有値問題としてとらえてみよう．

この回路の方程式は

$$\begin{aligned} V + \mathrm{j}\omega L I &= 0 \\ I - \mathrm{j}\omega C V &= 0 \end{aligned} \tag{6.4}$$

よって，この式は $\lambda = \mathrm{j}\omega$ と置くと，行列で

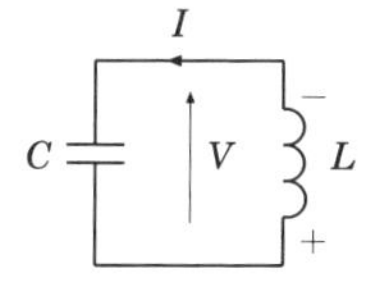

図 6.2 LC 回路 (図 4.2 の再掲)

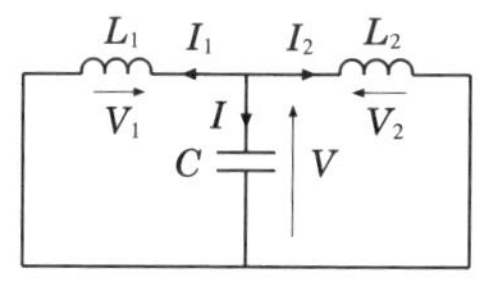

図 6.3 T 型の LC 回路

$$\begin{bmatrix} 0 & -1/L \\ 1/C & 0 \end{bmatrix} \begin{bmatrix} I \\ V \end{bmatrix} = \lambda \begin{bmatrix} I \\ V \end{bmatrix} \tag{6.5}$$

と表すことができる．よって，固有方程式は

$$\det \begin{bmatrix} \lambda & 1/L \\ -1/C & \lambda \end{bmatrix} = \lambda^2 + \frac{1}{LC} = 0 \tag{6.6}$$

となる．これより，固有値は純虚数で

$$\lambda_1 = \mathrm{j}\frac{1}{\sqrt{LC}}, \quad \lambda_2 = \overline{\lambda_1} = -\mathrm{j}\frac{1}{\sqrt{LC}} \tag{6.7}$$

である．よって，固有角周波数 $\omega = 1/\sqrt{LC}$ が得られる．このように，回路方程式の固有値は回路の固有角周波数 (固有周波数) を与えると考えることができる*2)．

b. 電気回路の固有値 (2)

図 6.3 の T 型の LC 回路の固有方程式を求める．固有角周波数を ω として，$\lambda = \mathrm{j}\omega$ と置いておく．電流則と電圧則により

$$\lambda CV = -I_1 - I_2$$
$$\lambda L_1 I_1 = V_1 = V$$
$$\lambda L_2 I_2 = V_2 = V$$

この式を行列で表すと

$$\begin{bmatrix} 0 & -1/C & -1/C \\ 1/L_1 & 0 & 0 \\ 1/L_2 & 0 & 0 \end{bmatrix} \begin{bmatrix} V \\ I_1 \\ I_2 \end{bmatrix} = \lambda \begin{bmatrix} V \\ I_1 \\ I_2 \end{bmatrix}$$

---

*2) ♠ ひと言コーナー ♠　線形 LC 回路はインダクタの電流とキャパシタの電圧を変数ベクトルとする方程式で表すことができ，その固有方程式から固有周波数を求めることができる．回路の規模が大きくなるとコンピュータを駆使して求めなければならない．

となる．これを書き直すと

$$\begin{bmatrix} \lambda & 1/C & 1/C \\ -1/L_1 & \lambda & 0 \\ -1/L_2 & 0 & \lambda \end{bmatrix} \begin{bmatrix} V \\ I_1 \\ I_2 \end{bmatrix} = \begin{bmatrix} 0 \\ 0 \\ 0 \end{bmatrix}$$

したがって，この方程式が自明でない解をもつ条件により，固有方程式は

$$\lambda\left(\lambda^2 + \frac{L_1 + L_2}{CL_1L_2}\right) = 0 \qquad \text{解は } 0,\ \pm \mathrm{j}\sqrt{\frac{L_1 + L_2}{CL_1L_2}}$$

よって，0 は意味がなく，固有角周波数は $\omega = \sqrt{(L_1 + L_2)/(CL_1L_2)}$ である．

6.1.3 固有値の多重度と退化次数

例 6.1 や例 6.2 のように，n 次の正方行列 $\boldsymbol{A}$ の固有方程式は因数分解して

$$(\lambda - \lambda_1)^{m_1}(\lambda - \lambda_2)^{m_2} \cdots (\lambda - \lambda_s)^{m_s} = 0 \tag{6.8}$$

と表すことができる．ここに λ_k は固有値で，べき指数 m_k $(k = 1, \cdots, s)$ を固有値 λ_k の**多重度** (multiplicity) といい，

$$m_1 + m_2 + \cdots + m_s = n \tag{6.9}$$

が成り立つ．明らかに，固有値がすべて異なる場合は $m_1 = m_2 = \cdots = m_n = 1$ である．固有値 λ_k に対する行列 $(\lambda_k\mathbf{1} - \boldsymbol{A})$ の退化次数を

$$\mu_k = n - \mathrm{rank}\,(\lambda_k\mathbf{1} - \boldsymbol{A}) \tag{6.10}$$

によって定義する．

例 6.1 では固有方程式

$$(\lambda - 1)(\lambda - 3) = 0$$

の固有値は $\lambda_1 = 1$, $\lambda_2 = 3$ で相異なり，その多重度は $m_1 = m_2 = 1$ で，$n = m_1 + m_2 = 2$ である．また，基本変形により $\mathrm{rank}\,(\lambda_1\mathbf{1} - \boldsymbol{A}) = 1$, $\mathrm{rank}\,(\lambda_2\mathbf{1} - \boldsymbol{A}) = 1$ であるから， 退化次数は $\mu_1 = \mu_2 = 1$ となり，2 つの固有値の多重度と退化次数が一致する．

例 6.2 では固有方程式

$$(\lambda-2)^2(\lambda-3)=0$$

の固有値 $\lambda_1 = 2$, $\lambda_2 = 3$, それぞれの多重度は $m_1 = 2$, $m_2 = 1$ である. ここで $\mathrm{rank}\,(\lambda_1 \mathbf{1} - \boldsymbol{A}) = 2$, $\mathrm{rank}\,(\lambda_2 \mathbf{1} - \boldsymbol{A}) = 2$ であるから, 退化次数は $\mu_1 = \mu_2 = 1$ となり, $m_1 \neq \mu_1$ であるから, 固有値 $\lambda_1 = 2$ の多重度と退化次数とが一致しない.

これらの例からわかるように, 固有値の多重度と退化次数が一致する場合と一致しない場合がある. 後で述べるように, すべての固有値について多重度と退化次数が一致するかどうかは行列の対角化と深く関わっている.

6.1.4 行列の相似変換と固有値

固有方程式に関連した有用な事項を次に述べておこう. いま, n 次の正方行列を $\boldsymbol{A}, \boldsymbol{B}$ とする. 正則行列 $\boldsymbol{P}$ が存在して, $\boldsymbol{B} = \boldsymbol{P}^{-1}\boldsymbol{A}\boldsymbol{P}$ が成り立つとき, $\boldsymbol{A}$ と $\boldsymbol{B}$ に互いに相似である (similar) といい, 行列 $\boldsymbol{A}$ を $\boldsymbol{B}$ に変換する操作を相似変換 (similarity transformation) という.

いま, $\boldsymbol{B} = \boldsymbol{P}^{-1}\boldsymbol{A}\boldsymbol{P}$ ならば,

$$\lambda\mathbf{1} - \boldsymbol{B} = \lambda\boldsymbol{P}^{-1}\boldsymbol{P} - \boldsymbol{P}^{-1}\boldsymbol{A}\boldsymbol{P} = \boldsymbol{P}^{-1}(\lambda\mathbf{1} - \boldsymbol{A})\boldsymbol{P}$$

である. したがって, 行列式の性質により

$$\det(\lambda\mathbf{1} - \boldsymbol{B}) = \det\boldsymbol{P}^{-1}\det(\lambda\mathbf{1} - \boldsymbol{A})\det\boldsymbol{P}$$

となる. $\det\boldsymbol{P}^{-1}\det\boldsymbol{P} = \det(\boldsymbol{P}^{-1}\boldsymbol{P}) = \det\mathbf{1} = 1$ であるから,

$$\det(\lambda\mathbf{1} - \boldsymbol{B}) = \det(\lambda\mathbf{1} - \boldsymbol{A})$$

が成り立つ.

(定理 6.1) 行列 $\boldsymbol{A}$ と $\boldsymbol{B}$ が互いに相似のとき, 両者の固有方程式は一致し, 固有値も一致する.

6.1.5 固有ベクトルの求め方

続いて固有値問題を解くステップ 3 の固有ベクトルを定めよう. これは同次

連立一次方程式の解を求めることに過ぎない*3)．この項では，簡単な2次の正方行列の固有ベクトルを求め，固有値と退化次数の関係を見てみよう．

a. 固有値がすべて相異なる場合の固有ベクトル

行列 $\boldsymbol{A} = \begin{bmatrix} 2 & -1 \\ 0 & -1 \end{bmatrix}$ の固有方程式は

$$\det(\lambda \mathbf{1} - \boldsymbol{A}) = \begin{vmatrix} \lambda - 2 & 1 \\ 0 & \lambda + 1 \end{vmatrix} = (\lambda + 1)(\lambda - 2) = 0$$

よって，固有値は $\lambda_1 = -1$ と $\lambda_2 = 2$ である．それぞれの固有値に対する固有ベクトルを定めよう．

1) $\lambda_1 = -1$ に対する固有ベクトルは同次連立一次方程式 $(\lambda_1 \mathbf{1} - \boldsymbol{A})\boldsymbol{x} = \mathbf{0}$ の零でない解である．この方程式は

$$(\lambda_1 \mathbf{1} - \boldsymbol{A})\boldsymbol{x} = \begin{bmatrix} \lambda_1 - 2 & 1 \\ 0 & \lambda_1 + 1 \end{bmatrix} \begin{bmatrix} x_1 \\ x_2 \end{bmatrix}$$
$$= \begin{bmatrix} -3 & 1 \\ 0 & 0 \end{bmatrix} \begin{bmatrix} x_1 \\ x_2 \end{bmatrix} = \begin{bmatrix} -3x_1 + x_2 \\ 0x_1 + 0x_2 \end{bmatrix} = \begin{bmatrix} 0 \\ 0 \end{bmatrix}$$

となる．よって，同次連立一次方程式 $\{-3x_1 + x_2 = 0,\ 0x_1 + 0x_2 = 0\}$ が得られる．いま，α を任意の数として，$x_1 = \alpha\,(\neq 0)$ とすれば $x_2 = 3\alpha$ となる．したがって，$\lambda_1 = -1$ に対する固有ベクトル $\boldsymbol{p}_1$ は

$$\boldsymbol{p}_1 = \begin{bmatrix} \alpha \\ 3\alpha \end{bmatrix} = \alpha \begin{bmatrix} 1 \\ 3 \end{bmatrix}$$

となる．ここで $\alpha = 1$ と置くと

$$\boldsymbol{p}_1 = \begin{bmatrix} 1 \\ 3 \end{bmatrix}$$

*3) ♠ ひと言コーナー ♠ 最も簡単な場合を考えよう．与えられた実数 a を (1,1) 行列とし，未知数として1次元ベクトル x と実数 λ を考える．方程式 $ax = \lambda x$，つまり $(\lambda - a)x = 0$ という一次方程式の0でない解 x を求める．$x \neq 0$ であるから，$\lambda - a = 0$ よって $\lambda = a$ となる．よって，一次方程式は $0x = 0$ となるから，解 x は任意の零でない実数 c であり $x = c(\neq 0)$ となる．この考え方を拡張したのが $\boldsymbol{Ax} = \lambda\boldsymbol{x}$ の固有値と固有ベクトルを求める問題と考えればわかりやすい．

と定められる[*4)].

2) $\lambda_2 = 2$ に対する固有ベクトルは，同様にして

$$\boldsymbol{p}_2 = \begin{bmatrix} 1 \\ 0 \end{bmatrix}$$

と定めることができる.

容易にわかるように，固有ベクトル $\boldsymbol{p}_1$，$\boldsymbol{p}_2$ は一次独立である．また，$m_1 = m_2 = 1$，$\mathrm{rank}\,(\lambda_1\mathbf{1}-\boldsymbol{A}) = 1$，$\mathrm{rank}\,(\lambda_2\mathbf{1}-\boldsymbol{A}) = 1$ であるから，$\mu_1 = 2-1 = 1$，$\mu_2 = 2-1 = 1$ となり，それぞれの固有値の多重度と係数行列 $(\lambda\mathbf{1}-\boldsymbol{A})$ の退化次数が一致する.

b. 固有値が多重の場合の固有ベクトル

(1) 多重度と退化次数が一致しない場合

たとえば，行列 $\boldsymbol{A} = \begin{bmatrix} 0 & 1 \\ -1 & -2 \end{bmatrix}$ の固有方程式は

$$\det\,(\lambda\mathbf{1}-\boldsymbol{A}) = \begin{vmatrix} \lambda & -1 \\ 1 & \lambda+2 \end{vmatrix} = (\lambda+1)^2 = 0$$

であるから，固有値 $\lambda_1 = -1$ は2重根で，多重度 $m_1 = 2$ である．固有ベクトルは同次連立一次方程式

$$(\lambda_1\mathbf{1}-\boldsymbol{A})\boldsymbol{x} = \begin{bmatrix} -1 & -1 \\ 1 & 1 \end{bmatrix}\begin{bmatrix} x_1 \\ x_2 \end{bmatrix} = \begin{bmatrix} 0 \\ 0 \end{bmatrix}$$

すなわち，方程式 $x_1+x_2 = 0$ の解から決めることができる．解は，$\alpha\,(\neq 0)$ を任意の数として，$x_1 = -\alpha, x_2 = \alpha$ となる．いま，$\alpha = 1$ にとれば，固有値 -1 に対する固有ベクトルは $\boldsymbol{p}_1 = \begin{bmatrix} -1 \\ 1 \end{bmatrix}$ のみとなる．この場合，$\mathrm{rank}\,(\lambda_1\mathbf{1}-\boldsymbol{A}) = 1$ であるから，$\mu_1 = 1 \neq m_1 = 2$ となり，多重度と退化次数は一致しない.

(2) 多重度と退化次数が一致する場合

たとえば，行列 $\boldsymbol{A} = \begin{bmatrix} 3 & 0 \\ 0 & 3 \end{bmatrix}$ の固有方程式は $(\lambda-3)^2 = 0$ で固有値 $\lambda_1 = 3$ は

[*4)] ♠ ひと言コーナー ♠　このように固有値に対して固有ベクトルの成分間の‘比’が定まるのであり，確定した値は定まらないことに注意しよう．だから，零以外の‘任意の数’を用いて，その比を表現することが通常行われる.

2 重根で $m_1 = 2$ であり，$\lambda_1 \mathbf{1} - \boldsymbol{A} = \mathbf{0}$ となる．よって，rank $\mathbf{0} = 0$ であるから，$\mu_1 = 2$ となり，多重度と退化次数は一致する．この場合，$(\lambda_1 \mathbf{1} - \boldsymbol{A})\boldsymbol{x} = \mathbf{0}$，すなわち，$\mathbf{0}\boldsymbol{x} = \mathbf{0}$ となるから，$0x_1 + 0x_2 = 0$ となる．これを満たす解は $x_1 = \alpha$, $x_2 = \beta$ となる．ここに，α, β は独立に与えられ，0 でない．したがって，固有ベクトルを

$$\boldsymbol{x} = \begin{bmatrix} \alpha \\ \beta \end{bmatrix} = \alpha \begin{bmatrix} 1 \\ 0 \end{bmatrix} + \beta \begin{bmatrix} 0 \\ 1 \end{bmatrix}$$

と表すことができて，一次独立な固有ベクトルを

$$\boldsymbol{p}_1 = \begin{bmatrix} 1 \\ 0 \end{bmatrix}, \quad \boldsymbol{p}_2 = \begin{bmatrix} 0 \\ 1 \end{bmatrix}$$

と定めることができる．

以上の 2 次の正方行列の例から，固有値が 2 重根になるときは次のようにいえる．

(i)　退化次数が多重度と一致するときは一次独立な 2 個の固有ベクトルを決めることができる．

(ii)　退化次数が多重度と一致しないときは一次独立な 2 個の固有ベクトルを定めることはできない．

一般の n 次の正方行列については，次の基本的な定理が成り立つ．

(定理 6.2)　n 次の正方行列の n 個の固有値がすべて相異なるとき，対応する n 個の固有ベクトルは一次独立である．

6.2　行列の対角化

いま，ある正則行列 $\boldsymbol{P}$ を決めて

$$\boldsymbol{D} = \boldsymbol{P}^{-1}\boldsymbol{A}\boldsymbol{P} \tag{6.11}$$

あるいは

$$\boldsymbol{A} = \boldsymbol{P}\boldsymbol{D}\boldsymbol{P}^{-1} \tag{6.12}$$

となる対角行列 $\boldsymbol{D}$ を導くことを行列 $\boldsymbol{A}$ を対角化する (diagonalize) という．こ

のとき，行列 $\boldsymbol{A}$ は対角化可能 (diagonalizable) といい，行列 $\boldsymbol{A}$ を対角化可能な行列 (diagonaizable matrix) という．行列 $\boldsymbol{A}$ が 3 個の行列 $\boldsymbol{P}$, $\boldsymbol{D}$, $\boldsymbol{P}^{-1}$ の積に分解して表示することは非常に有用である．対角化の有用性を示すために，大きな正整数 k に対して $\boldsymbol{A}^k$ を計算する例を示そう．

6.2.1 なぜ対角行列に変換するのか

いま，対角行列 $\boldsymbol{D} = \begin{bmatrix} 2 & 0 \\ 0 & 3 \end{bmatrix}$ を考える．これを 2 乗すると

$$\boldsymbol{D}^2 = \begin{bmatrix} 2 & 0 \\ 0 & 3 \end{bmatrix} \begin{bmatrix} 2 & 0 \\ 0 & 3 \end{bmatrix} = \begin{bmatrix} 2^2 & 0 \\ 0 & 3^2 \end{bmatrix}$$

となる．これを使って $\boldsymbol{D}^3$ は

$$\boldsymbol{D}^3 = \boldsymbol{D}\boldsymbol{D}^2 = \begin{bmatrix} 2 & 0 \\ 0 & 3 \end{bmatrix} \begin{bmatrix} 2^2 & 0 \\ 0 & 3^2 \end{bmatrix} = \begin{bmatrix} 2^3 & 0 \\ 0 & 3^3 \end{bmatrix}$$

と計算することができる．一般に

$$\boldsymbol{D}^k = \begin{bmatrix} 2^k & 0 \\ 0 & 3^k \end{bmatrix} \quad (k \text{ は正整数}) \tag{6.13}$$

と書けることがわかる．

ここで，$\boldsymbol{A} = \begin{bmatrix} 1 & 1 \\ -2 & 4 \end{bmatrix}$ として，$\boldsymbol{A}^k$ (k は正整数) を求めることを考える．いま，正則行列 $\boldsymbol{P} = \begin{bmatrix} 1 & 1 \\ 1 & 2 \end{bmatrix}$ とすれば，$\boldsymbol{P}^{-1} = \begin{bmatrix} 2 & -1 \\ -1 & 1 \end{bmatrix}$ である．よって，$\boldsymbol{D} = \boldsymbol{P}^{-1}\boldsymbol{A}\boldsymbol{P} = \begin{bmatrix} 2 & 0 \\ 0 & 3 \end{bmatrix}$ であるから，

$$\boldsymbol{A} = \boldsymbol{P}\boldsymbol{D}\boldsymbol{P}^{-1} = \begin{bmatrix} 1 & 1 \\ 1 & 2 \end{bmatrix} \begin{bmatrix} 2 & 0 \\ 0 & 3 \end{bmatrix} \begin{bmatrix} 2 & -1 \\ -1 & 1 \end{bmatrix}$$

のように $\boldsymbol{A}$ を 3 つの行列の積で表すことができる．

このことを利用すると $\boldsymbol{A}^2$ は，$\mathbf{1} = \boldsymbol{P}^{-1}\boldsymbol{P}$ を用いて

$$\boldsymbol{A}^2 = (\boldsymbol{PDP}^{-1})(\boldsymbol{PDP}^{-1}) = \boldsymbol{PD}\underbrace{\boldsymbol{P}^{-1}\boldsymbol{P}}_{\boldsymbol{1}}\boldsymbol{DP}^{-1} = \boldsymbol{PD}^2\boldsymbol{P}^{-1}$$

$$= \begin{bmatrix} 1 & 1 \\ 1 & 2 \end{bmatrix} \begin{bmatrix} 2^2 & 0 \\ 0 & 3^2 \end{bmatrix} \begin{bmatrix} 2 & -1 \\ -1 & 1 \end{bmatrix}$$

となる[*5]．さらに

$$\boldsymbol{A}^3 = (\boldsymbol{PDP}^{-1})\boldsymbol{A}^2 = (\boldsymbol{PD}\underbrace{\boldsymbol{P}^{-1})\boldsymbol{P}}_{\boldsymbol{1}}\boldsymbol{D}^2\boldsymbol{P}^{-1} = \boldsymbol{PD}^3\boldsymbol{P}^{-1}$$

となる．このようにして，$k \geq 1$ に対して

$$\boldsymbol{A}^k = \boldsymbol{PD}^k\boldsymbol{P}^{-1} = \begin{bmatrix} 1 & 1 \\ 1 & 2 \end{bmatrix} \begin{bmatrix} 2^k & 0 \\ 0 & 3^k \end{bmatrix} \begin{bmatrix} 2 & -1 \\ -1 & 1 \end{bmatrix}$$

$$= \begin{bmatrix} 2^{k+1} - 3^k & -2^k + 3^k \\ 2^{k+1} - 2 \cdot 3^k & -2^k + 2 \cdot 3^k \end{bmatrix}$$

となる．これをみると，$\boldsymbol{A}$ を k 回掛けて計算するよりも対角行列 $\boldsymbol{D}^k$ を使った方がはるかに簡単に計算できることがわかる．これが対角化のメリットの1つである．

(例 6.3)　同じ行列 $\boldsymbol{A} = \begin{bmatrix} 1 & 1 \\ -2 & 4 \end{bmatrix}$ に対して，正則行列を $\boldsymbol{P} = \begin{bmatrix} 2 & 5 \\ 1 & 3 \end{bmatrix}$ にとれば，$\boldsymbol{P}^{-1} = \begin{bmatrix} 3 & -5 \\ -1 & 2 \end{bmatrix}$ である．このとき，$\boldsymbol{P}^{-1}\boldsymbol{AP} = \begin{bmatrix} 9 & 14 \\ -3 & -4 \end{bmatrix}$ となって対角化されない．

この例のように，正則行列 $\boldsymbol{P}$ を与えるだけでは対角化されない．どのような正則行列 $\boldsymbol{P}$ をとれば必ず対角化されるのかを次の項で考えよう．

6.2.2 対角化の方法とモード行列

与えられた行列 $\boldsymbol{A}$ から行列 $\boldsymbol{P}$ と対角行列 $\boldsymbol{D}$ を構成する方法を2次の正方

[*5] ♠ ひと言コーナー ♠　変換のテクニック
関係 $\boldsymbol{1} = \boldsymbol{P}^{-1}\boldsymbol{P} = \boldsymbol{PP}^{-1}$ を使って行列の積を変換するテクニックは今後も利用されるので知っておくとよい．
積 $\boldsymbol{AB}$ の変換 $\boldsymbol{P}^{-1}\boldsymbol{ABP}$ は $\boldsymbol{AB} = \boldsymbol{A1B}$ のように間に $\boldsymbol{1}$ を挟んで $\boldsymbol{A1B} = \boldsymbol{APP}^{-1}\boldsymbol{B}$ として，$\boldsymbol{P}^{-1}\boldsymbol{ABP} = \underbrace{(\boldsymbol{P}^{-1}\boldsymbol{AP})}_{\boldsymbol{A}'}\underbrace{(\boldsymbol{P}^{-1}\boldsymbol{BP})}_{\boldsymbol{B}'} = \boldsymbol{A}'\boldsymbol{B}'$ と表される．

行列を用いて考えてみよう．

a. 固有値がすべて相異なる場合

2 次の正方行列 $\boldsymbol{A}$ が相異なる固有値 λ_1, λ_2 をもつとする．これらの固有値を対角成分として配置した対角行列を

$$\boldsymbol{D} = \mathrm{diag}\,[\lambda_1,\ \lambda_2] = \begin{bmatrix} \lambda_1 & 0 \\ 0 & \lambda_2 \end{bmatrix}$$

とする．記号 diag は対角行列を表す．いま，$\boldsymbol{A} = \boldsymbol{P}\boldsymbol{D}\boldsymbol{P}^{-1}$ に右から $\boldsymbol{P}$ を掛けると

$$\boldsymbol{A}\boldsymbol{P} = \boldsymbol{P}\boldsymbol{D} \tag{6.14}$$

となる．行列 $\boldsymbol{P}$ の列ベクトルを $\boldsymbol{p}_1, \boldsymbol{p}_2$ で表すと $\boldsymbol{P} = [\boldsymbol{p}_1\ \boldsymbol{p}_2]$ であるから，上の式 (6.14) の左辺と右辺はそれぞれ

$$\boldsymbol{A}\boldsymbol{P} = [\boldsymbol{A}\boldsymbol{p}_1\ \boldsymbol{A}\boldsymbol{p}_2], \quad \boldsymbol{P}\boldsymbol{D} = [\lambda_1\boldsymbol{p}_1\ \lambda_2\boldsymbol{p}_2]$$

となる．よって，式 (6.14) は

$$[\boldsymbol{A}\boldsymbol{p}_1\ \boldsymbol{A}\boldsymbol{p}_2] = [\lambda_1\boldsymbol{p}_1\ \lambda_2\boldsymbol{p}_2]$$

となる．すなわち，この式は

$$\boldsymbol{A}\boldsymbol{p}_1 = \lambda_1\boldsymbol{p}_1, \quad \boldsymbol{A}\boldsymbol{p}_2 = \lambda_2\boldsymbol{p}_2$$

のことであるから，列ベクトル $\boldsymbol{p}_1, \boldsymbol{p}_2$ は各固有値に対する固有ベクトルであることがわかる．したがって，行列 $\boldsymbol{P}$ は固有ベクトルを横に並べた $\boldsymbol{P} = [\boldsymbol{p}_1\ \boldsymbol{p}_2]$ である．また，定理 6.2 により $\boldsymbol{p}_1, \boldsymbol{p}_2$ は一次独立であるから，$\boldsymbol{P}$ は正則である．対角化の手順は次のようになる．

ステップ 1　行列 $\boldsymbol{A}$ の固有値を求める．

ステップ 2　それぞれの固有値に対する固有ベクトル $\boldsymbol{p}$ を求める．

ステップ 3　固有ベクトルを横に配置して行列 $\boldsymbol{P}$ をつくる．

ステップ 4　逆行列 $\boldsymbol{P}^{-1}$ を求めて，$\boldsymbol{P}^{-1}\boldsymbol{A}\boldsymbol{P}$ を計算すれば，これが対角行列 $\boldsymbol{D}$ になる*6)．

*6) ♠ ひと言コーナー ♠　この手順で $\boldsymbol{P}$ と $\boldsymbol{D}$ が正しく計算されているかどうかをチェックするには，式 (6.14) の $\boldsymbol{A}\boldsymbol{P} = \boldsymbol{P}\boldsymbol{D}$ が成り立っているかどうかを調べればよい．

固有ベクトルを横に並べてつくられた正則行列 $\boldsymbol{P}$ をモード行列 (modal matrix) という．

(例 6.4)　行列 $\boldsymbol{A} = \begin{bmatrix} 1 & 1 \\ -2 & 4 \end{bmatrix}$ のモード行列 $\boldsymbol{P}$ を定めて対角化せよ．

〈解と説明〉　固有方程式 $\det(\lambda \mathbf{1} - \boldsymbol{A}) = 0$ から，固有値は $\lambda_1 = 2, \lambda_2 = 3$，それぞれの固有値に対する固有ベクトルを

$$\boldsymbol{p}_1 = \begin{bmatrix} 1 \\ 1 \end{bmatrix}, \quad \boldsymbol{p}_2 = \begin{bmatrix} 1 \\ 2 \end{bmatrix}$$

と定めると，モード行列 $\boldsymbol{P} = [\boldsymbol{p}_1 \ \boldsymbol{p}_2] = \begin{bmatrix} 1 & 1 \\ 1 & 2 \end{bmatrix}$ が得られる．逆行列は $\boldsymbol{P}^{-1} = \begin{bmatrix} 2 & -1 \\ -1 & 1 \end{bmatrix}$ であるから，$\boldsymbol{P}^{-1}\boldsymbol{A}\boldsymbol{P} = \begin{bmatrix} 2 & 0 \\ 0 & 3 \end{bmatrix} = \boldsymbol{D}$ となる．固有ベクトルの並べ方を変えて $\boldsymbol{P} = [\boldsymbol{p}_2 \ \ \boldsymbol{p}_1] = \begin{bmatrix} 1 & 1 \\ 2 & 1 \end{bmatrix}$ とすれば，$\boldsymbol{P}^{-1} = \begin{bmatrix} -1 & 1 \\ 2 & -1 \end{bmatrix}$ となり，$\boldsymbol{P}^{-1}\boldsymbol{A}\boldsymbol{P} = \begin{bmatrix} 3 & 0 \\ 0 & 2 \end{bmatrix} = \boldsymbol{D}$ となる．固有ベクトルの並べ方を変えると，それに応じて対角行列 $\boldsymbol{D}$ の固有値の配置も変わる．

n 次の正方行列の対角化に関して，次の定理が成り立つ．

(定理 6.3)　n 次の正方行列 $\boldsymbol{A}$ のすべての相異なる固有値を $\lambda_1, \lambda_2, \cdots, \lambda_n$，それぞれの固有値に対する固有ベクトルを $\boldsymbol{p}_1, \boldsymbol{p}_2, \cdots, \boldsymbol{p}_n$ として，$\boldsymbol{P} = [\boldsymbol{p}_1 \ \ \boldsymbol{p}_2 \ \ \cdots \ \ \boldsymbol{p}_n]$ と置けば，行列 $\boldsymbol{A}$ はモード行列 $\boldsymbol{P}$ によって

$$\boldsymbol{D} = \boldsymbol{P}^{-1}\boldsymbol{A}\boldsymbol{P} = \begin{bmatrix} \lambda_1 & 0 & \cdots & 0 \\ 0 & \lambda_2 & \cdots & 0 \\ \vdots & \vdots & \ddots & \vdots \\ 0 & 0 & \cdots & \lambda_n \end{bmatrix}$$

と対角化される．

b.　固有値が多重になる場合

固有値が多重になるときの対角化の一般論は複雑である．ここでは固有値が多重であるとき対角化が可能な条件だけを示そう．n 次の正方行列 $\boldsymbol{A}$ の固有値

を $\{\lambda_1,\ \lambda_2, \cdots,\ \lambda_s\}$，それぞれの固有値の多重度を $m_1,\ m_2,\ \cdots,\ m_s$ とする．いま，行列 $\boldsymbol{A}$ が対角化されたものとすると

$$\boldsymbol{D} = \boldsymbol{P}^{-1}\boldsymbol{A}\boldsymbol{P} = \mathrm{diag}\,[\overbrace{\lambda_1, \cdots, \lambda_1}^{m_1\text{ 個}}, \overbrace{\lambda_2, \cdots, \lambda_2}^{m_2\text{ 個}}, \cdots, \overbrace{\lambda_s, \cdots, \lambda_s}^{m_s\text{ 個}}] \tag{6.15}$$

と表せる．したがって，固有値 λ_k に対して

$$\lambda_k\mathbf{1} - \boldsymbol{A} = \lambda_k\mathbf{1} - \boldsymbol{P}\boldsymbol{D}\boldsymbol{P}^{-1} = \boldsymbol{P}(\lambda_k\mathbf{1} - \boldsymbol{D})\boldsymbol{P}^{-1}$$

である．ここで，行列 $(\lambda_k\mathbf{1} - \boldsymbol{D})$ は対角線上に

$$\lambda_k - \lambda_1, \lambda_k - \lambda_2, \cdots, \lambda_k - \lambda_{k-1},\ \overbrace{0 \ldots 0}^{m_k\text{ 個}}, \lambda_k - \lambda_{k+1}, \cdots, \lambda_k - \lambda_s$$

がそれぞれ $m_1,\ m_2,\ \cdots,\ m_{k-1},\ m_k,\ m_{k+1}, \cdots,\ m_s$ 個並んでいる．0 が m_k 個並んでいることに注意しよう．よって，行列の階数の性質により

$$\mathrm{rank}\,(\lambda_k\mathbf{1} - \boldsymbol{A}) = \mathrm{rank}\,\boldsymbol{P}(\lambda_k\mathbf{1} - \boldsymbol{D})\boldsymbol{P}^{-1} = \mathrm{rank}\,(\lambda_k\mathbf{1} - \boldsymbol{D}) = n - m_k$$

となるから，固有値 λ_k に対する係数行列の退化次数は

$$\mu_k = n - \mathrm{rank}\,(\lambda_k\mathbf{1} - \boldsymbol{A}) = n - (n - m_k) = m_k, \quad k = 1, \cdots, s \tag{6.16}$$

となって，多重度 m_k と一致する．このことから次の定理が得られる．

(定理 6.4) 行列 $\boldsymbol{A}$ が式 (6.15) のように対角化される条件は，それぞれの固有値 λ_k の多重度 m_k が退化次数 μ_k にそれぞれ等しいことである．

(例 6.5) この定理を適用して，行列 $\boldsymbol{A} = \begin{bmatrix} 2 & 1 & 1 \\ -1 & 0 & -1 \\ 1 & 1 & 2 \end{bmatrix}$ が対角化可能かどうか調べてみよう．固有方程式は $\det(\lambda\mathbf{1} - \boldsymbol{A}) = (\lambda - 2)(\lambda - 1)^2 = 0$ となるから，固有値は $\lambda_1 = 2\ (m_1 = 1),\ \lambda_2 = 1\ (m_2 = 2)$ である．

固有値 $\lambda_1 = 2$ に対する固有ベクトル $\boldsymbol{p}_1$ は，同次連立一次方程式

$$(\lambda_1\mathbf{1} - \boldsymbol{A})\boldsymbol{x} = \begin{bmatrix} -2 & -1 & -1 \\ 1 & 0 & 1 \\ -1 & -1 & -2 \end{bmatrix} \begin{bmatrix} x_1 \\ x_2 \\ x_3 \end{bmatrix} = \begin{bmatrix} 0 \\ 0 \\ 0 \end{bmatrix}$$

の 0 でない解 $(\boldsymbol{x} \neq \mathbf{0})$ によって，$\boldsymbol{p}_1 = \begin{bmatrix} -1 \\ 1 \\ -1 \end{bmatrix}$ と定めることができる．また，

$\mathrm{rank}\,(\lambda_1\mathbf{1}-\boldsymbol{A})=2$，よって退化次数は $\mu_1=3-\mathrm{rank}\,(\lambda_1\mathbf{1}-\boldsymbol{A})=3-2=1$ であるから，これは多重度 $m_1=1$ に一致する．

次に，固有値 $\lambda_2=1$ に対する固有ベクトルは，同次連立一次方程式

$$(\lambda_2\mathbf{1}-\boldsymbol{A})\boldsymbol{x}=\begin{bmatrix}-1 & -1 & -1\\ 1 & 1 & 1\\ -1 & -1 & -1\end{bmatrix}\begin{bmatrix}x_1\\ x_2\\ x_3\end{bmatrix}=\begin{bmatrix}0\\ 0\\ 0\end{bmatrix}$$

すなわち，

$$\begin{aligned}-x_1-x_2-x_3&=0\\ x_1+x_2+x_3&=0\\ -x_1-x_2-x_3&=0\end{aligned}$$

の解によって定めることができる．この場合，$\mathrm{rank}\,(\lambda_2\mathbf{1}-\boldsymbol{A})=1$ であるから，退化次数 $\mu_2=3-\mathrm{rank}\,(\lambda_2\mathbf{1}-\boldsymbol{A})=3-1=2=m_2$ である．よって，多重度と退化次数とは一致する．

固有ベクトルを定めよう．退化次数 $\mu_2=2$ だから固有ベクトルの 3 個の成分のうち 2 個を任意に定めることができる．これは一次独立な固有ベクトルが 2 個定められることを意味する．すなわち，同次連立一次方程式の解は $x_1=-\alpha-\beta$, $x_2=\alpha$, $x_3=\beta$ となる．ただし，α, β は 0 でない任意の数である．これを用いて，固有ベクトルは

$$\begin{bmatrix}x_1\\ x_2\\ x_3\end{bmatrix}=\begin{bmatrix}-\alpha-\beta\\ \alpha\\ \beta\end{bmatrix}=\alpha\begin{bmatrix}-1\\ 1\\ 0\end{bmatrix}+\beta\begin{bmatrix}-1\\ 0\\ 1\end{bmatrix}$$

と表せる．よって，固有ベクトルを一次独立な $\boldsymbol{p}_2=\begin{bmatrix}-1\\ 1\\ 0\end{bmatrix}$, $\boldsymbol{p}_3=\begin{bmatrix}-1\\ 0\\ 1\end{bmatrix}$ と定めることができる．

以上の結果をまとめると，$m_1=\mu_1=1$, $m_2=\mu_2=2$ であるから，すべての固有値の多重度と退化次数とが一致する．よって，この行列 $\boldsymbol{A}$ は対角化可能である．実際，モード行列は $\boldsymbol{P}=[\boldsymbol{p}_1\ \boldsymbol{p}_2\ \boldsymbol{p}_3]=\begin{bmatrix}-1 & -1 & -1\\ 1 & 1 & 0\\ -1 & 0 & 1\end{bmatrix}$ となり，

事例で学ぶ 数学活用法

■A5判　■304頁　■並製　■定価（5,200円＋税）
■ISBN 978-4-254-11142-2 C3041

編集者

大熊 政明　東京工業大学
金子 成彦　東京大学
吉田 英生　京都大学

▼数学は，工学の技術者・研究者にとって厳密かつ定量的論理思考の必須道具であり言語である．
▼本書では，工学の研究および技術開発の第一線で活躍する研究者たちが，現代における数学の活用例を紹介している．いずれもさまざまな工学分野から精選した題材であり，簡潔な解説を付した例題形式になっている．
▼いかに問題を設定し，数学表現して解析するかを知ることで，数学理論と手法の活用・応用力を身に付けることができる．

数学活用法
事例で学ぶ
A Recipe Book of Mathematics for Engineering Problems
大熊 政明
金子 成彦 編
吉田 英生
朝倉書店

執筆者（五十音順）

浅野　浩志　電力中央研究所
市川　朗　南山大学
大熊　政明　東京工業大学
大崎　純　広島大学
太田口和久　東京工業大学
金子　成彦　東京大学
河原　源太　大阪大学
工藤　峰一　北海道大学
久保　司郎　摂南大学
近藤　孝広　九州大学
酒井　信介　東京大学
志村　祐康　東京工業大学
鈴木　宏正　東京大学
高木　周　東京大学
田口　善弘　中央大学
武田　行生　東京工業大学
田中　正夫　大阪大学
店橋　護　東京工業大学
轟　章　東京工業大学
中野　公彦　東京大学
西脇　眞二　京都大学
花田　俊也　九州大学
福島　直哉　東京大学
三田　吉郎　東京大学
村田　章　東京農工大学
森下　悦生　宇都宮大学
八木　透　東京工業大学
山北　昌毅　東京工業大学
山田　明　東京工業大学
吉田　英生　京都大学

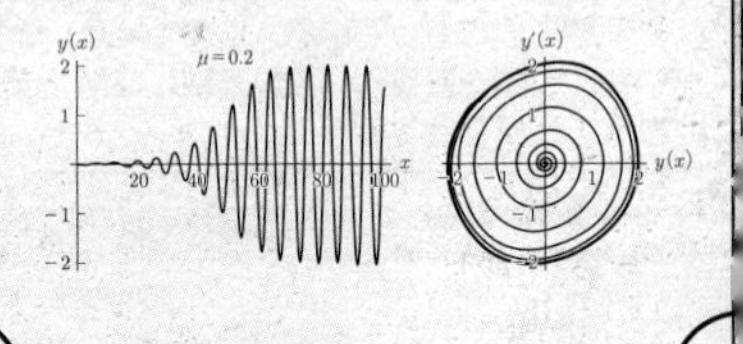

y(x)
μ=0.2
y'(x)
y(x)

$\boldsymbol{A}$ は $\boldsymbol{D} = \boldsymbol{P}^{-1}\boldsymbol{A}\boldsymbol{P} = \begin{bmatrix} 2 & 0 & 0 \\ 0 & 1 & 0 \\ 0 & 0 & 1 \end{bmatrix}$ と対角化される．

(例 6.6)　行列 $\boldsymbol{A} = \begin{bmatrix} 1 & 1 & 1 \\ 0 & 1 & 1 \\ 0 & 0 & 1 \end{bmatrix}$ の固有方程式は $(\lambda - 1)^3 = 0$ であるから，固有値は 3 重根で $\lambda_1 = 1$ のみであり，多重度は $m_1 = 3$，固有ベクトルは $\begin{bmatrix} 1 \\ 0 \\ 0 \end{bmatrix}$ と定められる．行列 $(\lambda_1 \mathbf{1} - \boldsymbol{A}) = \begin{bmatrix} 0 & -1 & -1 \\ 0 & 0 & -1 \\ 0 & 0 & 0 \end{bmatrix}$ から，$\mathrm{rank}\,(\lambda_1 \mathbf{1} - \boldsymbol{A}) = 2$，退化次数 $\mu_1 = 3 - \mathrm{rank}\,(\lambda_1 \mathbf{1} - \boldsymbol{A}) = 1$ となり，退化次数と多重度とが一致しない．よって，行列 $\boldsymbol{A}$ の対角化は不可能である．

以上の例が示すように，固有値が多重根である場合には，対角化が可能な場合とそうでない場合とがある[*7]．

c.　対角化可能の条件

ここで n 次の正方行列 $\boldsymbol{A}$ の対角化可能の条件をまとめておこう．

(定理 6.5)　次のいずれかが成り立つとき，n 次の正方行列 $\boldsymbol{A}$ はモード行列 $\boldsymbol{P}$ によって対角化が可能である．

条件 1　行列 $\boldsymbol{A}$ は n 個の一次独立な固有ベクトル $\{\boldsymbol{p}_1, \boldsymbol{p}_2, \cdots, \boldsymbol{p}_n\}$ をもつ．

条件 2　それぞれの固有値に対する行列 $(\lambda_k \mathbf{1} - \boldsymbol{A})$ の退化次数 μ_k が固有値の多重度 m_k にそれぞれ等しい．

d.　実行列の固有値が複素数の場合

$2n$ 次の実行列 $\boldsymbol{A}$ の固有値が複素数の場合を考える．いま，$\boldsymbol{A}\boldsymbol{x} = \lambda \boldsymbol{x}$ の複素共役は $\overline{\boldsymbol{A}\boldsymbol{x}} = \overline{\lambda \boldsymbol{x}}$，よって

$$\boldsymbol{A}\overline{\boldsymbol{x}} = \overline{\lambda}\overline{\boldsymbol{x}} \quad (\because\ \overline{\boldsymbol{A}} = \boldsymbol{A}) \tag{6.17}$$

であるから，複素共役の固有値 $\overline{\lambda}$ に対する固有ベクトルも複素共役ベクトル $\overline{\boldsymbol{x}}$

[*7] ♠ ひと言コーナー ♠　対角化が不可能な場合は三角行列に変換される．対角化は可能な場合も不可能な場合もあるが，三角行列に変換することはつねに可能である．

になることがわかる．したがって，固有値 $\lambda_k, \overline{\lambda_k}$ $(k=1,\cdots,n)$ に対する固有ベクトルを $\boldsymbol{p}_k, \overline{\boldsymbol{p}_k}$ $(k=1,\cdots,n)$ とすれば，モード行列 $\boldsymbol{P}$ は

$$\boldsymbol{P} = [\boldsymbol{p}_1 \ \ \overline{\boldsymbol{p}_1} \ \ \boldsymbol{p}_2 \ \ \overline{\boldsymbol{p}_2} \ \ \cdots \ \ \boldsymbol{p}_n \ \ \overline{\boldsymbol{p}_n}] \tag{6.18}$$

と書くことができる．

(例 6.7)　行列 $\boldsymbol{A} = \begin{bmatrix} 3 & -2 \\ 5 & 1 \end{bmatrix}$ のモード行列 $\boldsymbol{P}$ を求めよう．固有方程式は $|\lambda\mathbf{1} - \boldsymbol{A}| = \lambda^2 - 4\lambda + 13 = 0$ となり，固有値は $\lambda_1 = 2 - \mathrm{j}3, \overline{\lambda_1} = 2 + \mathrm{j}3$ で複素共役である．固有値 $\lambda_1 = 2 - \mathrm{j}3$ に対する固有ベクトルを次のようにして求める．

$$(\lambda_1\mathbf{1} - \boldsymbol{A})\boldsymbol{x} = \begin{bmatrix} -1-\mathrm{j}3 & 2 \\ -5 & 1-\mathrm{j}3 \end{bmatrix} \begin{bmatrix} x_1 \\ x_2 \end{bmatrix} = \begin{bmatrix} 0 \\ 0 \end{bmatrix}$$

であるから，この同次連立一次方程式

$$\begin{aligned} (-1-\mathrm{j}3)x_1 + 2x_2 &= 0 \\ -5x_1 + (1-\mathrm{j}3)x_2 &= 0 \end{aligned}$$

から，x_2 を消去すると $0x_1 = 0$ となるから，$x_1 = \alpha\,(\neq 0)$ が任意の数であることがわかる．よって，たとえば，$x_1 = 2$ と置けば $x_2 = 1 + \mathrm{j}3$ となる．したがって，固有値 $\lambda_1 = 2 - \mathrm{j}3$ に対する固有ベクトルは

$$\boldsymbol{p}_1 = \begin{bmatrix} x_1 \\ x_2 \end{bmatrix} = \begin{bmatrix} 2 \\ 1+\mathrm{j}3 \end{bmatrix}$$

と定められる．よって，もう1つの共役固有値 $\overline{\lambda_1} = 2 + \mathrm{j}3$ に対する固有ベクトルは

$$\overline{\boldsymbol{p}_1} = \begin{bmatrix} 2 \\ 1-\mathrm{j}3 \end{bmatrix}$$

となるから，モード行列 $\boldsymbol{P}$ は

$$\boldsymbol{P} = [\boldsymbol{p}_1 \ \overline{\boldsymbol{p}_1}] = \begin{bmatrix} 2 & 2 \\ 1+\mathrm{j}3 & 1-\mathrm{j}3 \end{bmatrix}$$

となる．

6.2.3 実対称行列の固有値と固有ベクトル

電気回路の方程式は実対称行列で表現される場合が多いので，その特徴を知っておくとよい．

(定理 6.6) 実対称行列について次のことが成り立つ．

(1) 固有値は実数である．

(2) 相異なる固有値に対する固有ベクトルは直交する．

(例 6.8) 実対称行列 $\boldsymbol{A} = \begin{bmatrix} 3 & 1 \\ 1 & 3 \end{bmatrix}$ の固有値と固有ベクトルを求め，固有ベクトルが直交することを確かめよ．

〈解と説明〉 固有方程式は $\lambda^2 - 6\lambda + 8 = 0$，固有値は実数で $\lambda_1 = 2$，$\lambda_2 = 4$ となる．固有値 $\lambda_1 = 2$ に対する固有ベクトルは $\boldsymbol{p}_1 = \begin{bmatrix} \alpha \\ -\alpha \end{bmatrix}$ $(\alpha \neq 0)$，固有値 $\lambda_2 = 4$ に対する固有ベクトルは $\boldsymbol{p}_2 = \begin{bmatrix} \beta \\ \beta \end{bmatrix}$ $(\beta \neq 0)$ と定めることができて，スカラー積 $\boldsymbol{p}_1 \cdot \boldsymbol{p}_2 = \boldsymbol{p}_1^{\mathrm{T}} \boldsymbol{p}_2 = 0$ となるから，$\boldsymbol{p}_1$ と $\boldsymbol{p}_2$ とは直交する．

6.2.4 対角化の応用—梯子型回路—

2次の正方行列の対角化を応用して，梯子型回路の入出力関係を求めてみよう．

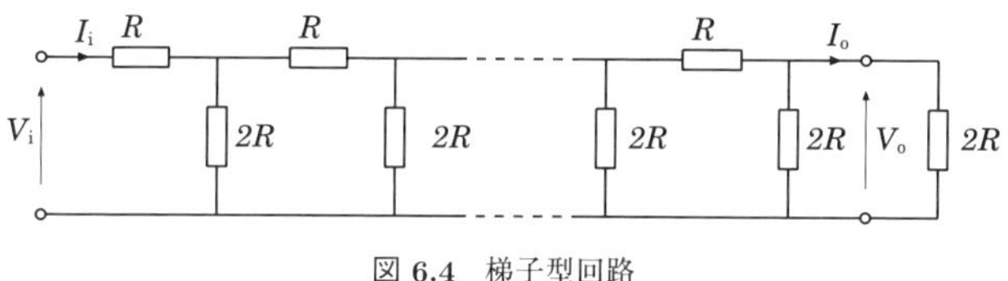

図 6.4 梯子型回路

図 6.4 の回路は，すでに 2.7.3 項で述べた L 型回路を n 段縦続接続した梯子型回路である．L 型回路の縦続行列 $\boldsymbol{T}$ は

$$\boldsymbol{T} = \begin{bmatrix} 3/2 & R \\ 1/(2R) & 1 \end{bmatrix}$$

であるから，この梯子型回路の入出力関係は

$$\begin{bmatrix} V_i \\ I_i \end{bmatrix} = \boldsymbol{T}^n \begin{bmatrix} V_o \\ I_o \end{bmatrix} \tag{6.19}$$

で与えられる．ここに，添え字 i, o はそれぞれ入力，出力を表す．行列 $\boldsymbol{T}$ の固有値は 1/2 と 2 である．これに対するモード行列を $\boldsymbol{P} = \begin{bmatrix} -R & 2R \\ 1 & 1 \end{bmatrix}$ と定めると，逆行列は $\boldsymbol{P}^{-1} = \begin{bmatrix} -1/(3R) & 2/3 \\ 1/(3R) & 1/3 \end{bmatrix}$ である．このとき，対角行列は $\boldsymbol{D} = \begin{bmatrix} 1/2 & 0 \\ 0 & 2 \end{bmatrix}$ である．式 (6.19) より

$$\boldsymbol{T}^n = \boldsymbol{P}\boldsymbol{D}^n\boldsymbol{P}^{-1} = \frac{1}{3}\begin{bmatrix} 2^{n-1} + 2^{-n} & (2^{n+1} - 2^{-n+1})R \\ (2^n - 2^{-n})R^{-1} & 2^n + 2^{-n+1} \end{bmatrix} \tag{6.20}$$

となる．ここで出力端では抵抗 $2R$ が接続されているから，$V_o = 2RI_o$ の関係があり，これを式 (6.19) に代入して，入力端からみた抵抗 $R_i = V_i/I_i$ を求めると

$$R_i = \frac{2(2^{n+1} + 2^{-n}) + (2^{n+1} - 2^{-n+1})}{2(2^n - 2^{-n}) + (2^n + 2^{-n+1})}R = 2R \tag{6.21}$$

となり，段数 n に関係しない値となる*8)．

6.2.5　対角化と連立一次方程式

電気回路の方程式はふつう電圧や電流を未知数とする連立一次方程式である．電気回路の解析では，この連立一次方程式をそのまま解くのではなく，行列の対角化を応用して解を求める方法が用いられる．そのほうが解法の見透しもよく物理的な意味も明確になるからである．

いま，n 次の正方行列 $\boldsymbol{A}$ を係数行列とする連立一次方程式を

$$\boldsymbol{A}\boldsymbol{x} = \boldsymbol{y} \tag{6.22}$$

と書く．ここで，行列 $\boldsymbol{A}$ のモード行列を $\boldsymbol{P}$ とする．両辺に左から $\boldsymbol{P}^{-1}$ を掛け，$\widetilde{\boldsymbol{x}} = \boldsymbol{P}^{-1}\boldsymbol{x}$，$\widetilde{\boldsymbol{y}} = \boldsymbol{P}^{-1}\boldsymbol{y}$ と置くと

---

*8)　♠ ひと言コーナー ♠　出力端の $2R$ と n 段目の抵抗 $2R$ が並列となって R となり，それに直列の抵抗 $2R$ が直列接続されて $2R$ となり，同様にして，入力端の $2R$ 以降の抵抗値は $2R$ となるから，入力端の R と直列接続で $2R$ となる．電流値 I_i は抵抗 $2R$ を流れる電流値は第 1 段目では $I_i/2$，第 2 段目では $I_i/2^2$，$\cdots$，第 n 段目では $I_i/2^n$ となる．

$$D\widetilde{x} = \widetilde{y} \tag{6.23}$$

となる．ここに，$\widetilde{\boldsymbol{x}} = [\widetilde{x_1}\ \widetilde{x_2}\ \cdots\ \widetilde{x_n}]^{\mathrm{T}}$, $\widetilde{\boldsymbol{y}} = [\widetilde{y_1}\ \widetilde{y_2}\ \cdots\ \widetilde{y_n}]^{\mathrm{T}}$, $\widetilde{\boldsymbol{x}} = \boldsymbol{P}^{-1}\boldsymbol{x}$, $\boldsymbol{D} = \boldsymbol{P}^{-1}\boldsymbol{A}\boldsymbol{P} = \mathrm{diag}\,[\lambda_1,\ \lambda_2,\ \cdots,\ \lambda_n]$ であり，$\lambda_1,\ \lambda_2, \cdots, \lambda_n$ は $\boldsymbol{A}$ の相異なる固有値である．よって，式 (6.23) を成分で表現すると

$$\lambda_1\widetilde{x_1} = \widetilde{y_1}, \quad \lambda_2\widetilde{x_2} = \widetilde{y_2}, \quad \cdots, \quad \lambda_n\widetilde{x_n} = \widetilde{y_n} \tag{6.24}$$

となる．この式の特徴は成分が相互に関連しない独立したスカラーの式になっていることである．したがって，モード行列による変換によって元の式を個別に扱うことができる．この n 個の式から解 $\widetilde{x_k} = \lambda_k^{-1}\widetilde{y_k}$ を求めてから逆の手順

$$\boldsymbol{x} = \boldsymbol{P}\widetilde{\boldsymbol{x}} = \boldsymbol{P}\boldsymbol{D}^{-1}\widetilde{\boldsymbol{y}} = \boldsymbol{P}\boldsymbol{D}^{-1}\boldsymbol{P}^{-1}\boldsymbol{y} \tag{6.25}$$

つまり

$$\boldsymbol{x} = \boldsymbol{P}\,\mathrm{diag}\,[1/\lambda_1, 1/\lambda_2, \cdots, 1/\lambda_n]\boldsymbol{P}^{-1}\boldsymbol{y} \tag{6.26}$$

によって，元の連立一次方程式の解 $\boldsymbol{x}$ を求めることができる．

a. 対称性のある回路への応用

電気回路の方程式では $\boldsymbol{x}, \boldsymbol{y}$ が電圧，電流ベクトル，$\boldsymbol{A}$ がインピーダンス (抵抗) 行列やアドミタンス (コンダクタンス) 行列に対応する．多くの線形回路では $\boldsymbol{A}$ は対称行列になるが，さらに回路が対称であるときには対角化は威力を発揮する．例で示そう．

(例 6.9) 対角化の応用—単相 3 線式配電回路—

家庭に電力を供給する図 6.5(a) の単相 3 線式配電回路を解析してみよう[*9)]．電圧 E_1 は変圧器 (電柱に取り付けられている) の一次側電圧で 6,600 V，それが 100 V に降圧 (電圧を下げること) されて引き込み線を経たのち，家庭内の $E = 100$ V の電源として 2 つの負荷抵抗 R に接続されている．N は中性点とよばれ接地されている．導線 N–N′ を**中性線** (neutral line) という．抵抗 r は導線の抵抗，r_n は中性線の抵抗である．負荷抵抗 R をつながないときは端子

*9) ♠ ひと言コーナー ♠ 単相 3 線式の電源は $e_1 = E_m \cos\omega t$ とこれと位相が π 異なる $e_2 = -E_m \cos\omega t$ である．これとよく間違えられる二相回路の電源は $e_1 = E_m \cos\omega t$ とこれと位相が $\pi/2$ 異なる $e_2 = E_m \cos(\omega t - \pi/2) = E_m \sin\omega t$ である．間違えないように注意しよう．

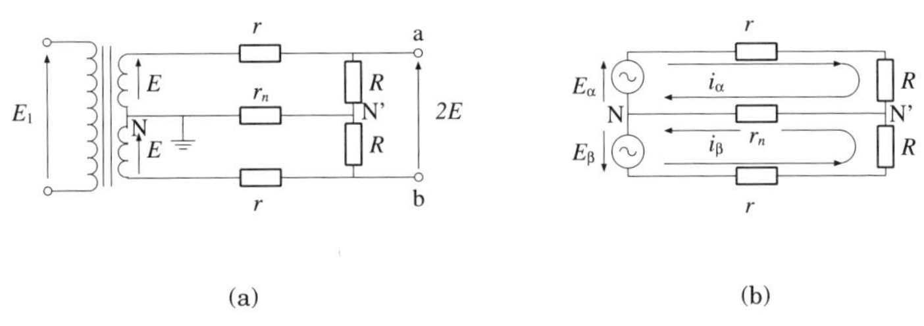

図 6.5 (a) 単相 3 線式配電回路，(b) 対角化により解析する回路

a–b 間の電圧は $2E = 200\,\mathrm{V}$ であり，エアコンや IH クッキングヒータなどの 200 V 用家電製品はこの端子につながれる．

図 6.5(a) は同図 (b) の回路で表現することができる．同図 (b) の電源電圧 $E_\alpha = E$, $E_\beta = -E$ は中性点 N を基準とした電圧であり，位相が 180 度異なることにとくに注意しよう．キルヒホフの電圧則により

$$\begin{aligned} E_\alpha &= (r + R + r_n)i_\alpha + r_n i_\beta \\ E_\beta &= r_n i_\alpha + (r + R + r_n)i_\beta \end{aligned} \tag{6.27}$$

となる．これを行列で表すと

$$\boldsymbol{E} = \boldsymbol{R}\boldsymbol{i} \tag{6.28}$$

ただし，$\boldsymbol{E} = \begin{bmatrix} E_\alpha \\ E_\beta \end{bmatrix}$, $\boldsymbol{i} = \begin{bmatrix} i_\alpha \\ i_\beta \end{bmatrix}$, $\boldsymbol{R} = \begin{bmatrix} r + R + r_n & r_n \\ r_n & r + R + r_n \end{bmatrix}$ である．

対称行列 $\boldsymbol{R}$ を対角化しよう．$\boldsymbol{R}$ の固有値は $\lambda_1 = r + R + 2r_n$, $\lambda_2 = r + R$ であるから，モード行列を $\boldsymbol{P} = \begin{bmatrix} 1 & 1 \\ 1 & -1 \end{bmatrix}$ と定めることができる．よって，$\boldsymbol{P}^{-1} = \dfrac{1}{2}\begin{bmatrix} 1 & 1 \\ 1 & -1 \end{bmatrix}$ となる．式 (6.28) の両辺に左から $\boldsymbol{P}^{-1}$ を掛け，$\boldsymbol{P}^{-1}\boldsymbol{P} = \boldsymbol{1}$ に留意し，$\boldsymbol{R}' = \boldsymbol{P}^{-1}\boldsymbol{R}\boldsymbol{P}$ と置けば

$$\boldsymbol{P}^{-1}\boldsymbol{E} = \overbrace{\boldsymbol{P}^{-1}\boldsymbol{R}\boldsymbol{P}}^{\boldsymbol{R}'}\boldsymbol{P}^{-1}\boldsymbol{i} \tag{6.29}$$

となる．ここで，$\boldsymbol{R}'$ は

$$
\boldsymbol{R}' = \frac{1}{2}\begin{bmatrix} 1 & 1 \\ 1 & -1 \end{bmatrix}\begin{bmatrix} r+R+r_n & r_n \\ r_n & r+R+r_n \end{bmatrix}\begin{bmatrix} 1 & 1 \\ 1 & -1 \end{bmatrix}
$$
$$
= \begin{bmatrix} r+R+2r_n & 0 \\ 0 & r+R \end{bmatrix}
$$

となり，$\boldsymbol{R}$ は対角化される．いま

$$
\boldsymbol{E}' = \begin{bmatrix} E^+ \\ E^- \end{bmatrix} = \boldsymbol{P}^{-1}\boldsymbol{E} = \begin{bmatrix} (E_\alpha + E_\beta)/2 \\ (E_\alpha - E_\beta)/2 \end{bmatrix}
$$
$$
\boldsymbol{i}' = \begin{bmatrix} i^+ \\ i^- \end{bmatrix} = \boldsymbol{P}^{-1}\boldsymbol{i} = \begin{bmatrix} (i_\alpha + i_\beta)/2 \\ (i_\alpha - i_\beta)/2 \end{bmatrix}
$$

と置けば，式 (6.29) は

$$
\boldsymbol{E}' = \boldsymbol{R}'\boldsymbol{i}' \tag{6.30}
$$

となるから，$\boldsymbol{i}'$ は

$$
\boldsymbol{i}' = \boldsymbol{R}'^{-1}\boldsymbol{E}' = \begin{bmatrix} \dfrac{1}{r+R+2r_n} & 0 \\ 0 & \dfrac{1}{r+R} \end{bmatrix}\begin{bmatrix} E^+ \\ E^- \end{bmatrix} \tag{6.31}
$$

となる．したがって，$\boldsymbol{R}$ の対角化により

$$
i^+ = \frac{E^+}{r+R+2r_n}
$$
$$
i^- = \frac{E^-}{r+R} \tag{6.32}
$$

となって，i^+ と i^- とが別々に計算される．この関係を図 6.6 に示す．

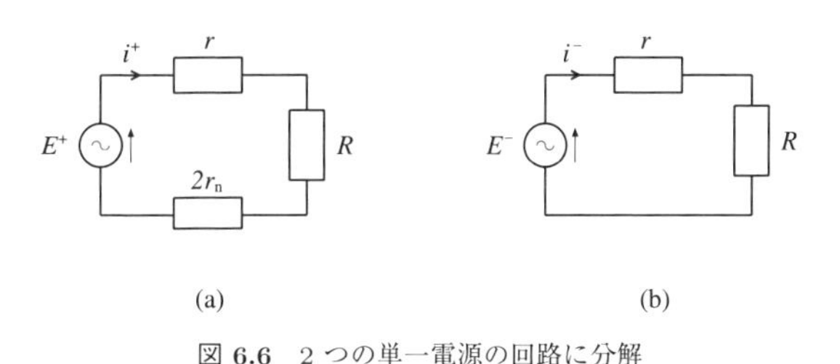

図 **6.6**　2 つの単一電源の回路に分解

同図 (a) に示すように，i^+ は 2 つの電源電圧の和の半分の電圧 E^+ に直列抵抗 $r+R+2r_n$ を接続したときに流れる電流で，この直列抵抗に抵抗 r_n が含まれるから中性線を流れる電流である．一方，同図 (b) のように，i^- は 2 つの電源電圧の差の半分の電圧 E^- に直列抵抗 $r+R$ を接続したときに流れる電流で，この抵抗に r_n が含まれていないから中性線を流れない電流である．このように，もとの回路の電流 i_α と i_β の電流は中性線を流れない電流と流れる電流に分離される．E^+, I^+ を**同相モード** (common mode)，E^-, I^- を**差動モード** (differential mode) の電圧，電流とよぶ．もとの回路の値にもどすと

$$E_\alpha = E, \quad E_\beta = -E$$

であるから

$$\begin{aligned} E^+ &= \frac{1}{2}(E_\alpha + E_\beta) = 0 \\ E^- &= \frac{1}{2}(E_\alpha - E_\beta) = E \end{aligned} \tag{6.33}$$

となる．よって，もとの回路の電流の和および差は式 (6.32) より

$$\begin{aligned} i^+ &= \frac{1}{2}(i_\alpha + i_\beta) = 0 \\ i^- &= \frac{1}{2}(i_\alpha - i_\beta) = \frac{-E}{r+R} \end{aligned} \tag{6.34}$$

となる．この式から電流 i_α, i_β は

$$\begin{aligned} i_\alpha &= \frac{E}{r+R} \\ i_\beta &= -\frac{E}{r+R} \end{aligned} \tag{6.35}$$

となるから，もとの回路 (図 6.5(b)) で i_β の向きに注意すれば電流 $E/(r+R)$ のみが流れ，$i_\alpha + i_\beta = 0$ であるから中性線 N–N′ には電流は流れないことがわかる．つまり，$E_\alpha \to r \to R \to R \to r \to E_\beta \to E_\alpha$ と電流は流れる．

6.2.6　0$\alpha\beta$ 変換の生成と三相回路への応用

すでに 5.4 節では $0\alpha\beta$ 変換を幾何学的に導いたが，ここではモード行列として導いてみよう．いま，対称三相回路の方程式に現れる複素対称行列

$$\boldsymbol{A} = \begin{bmatrix} p & q & q \\ q & p & q \\ q & q & p \end{bmatrix} \quad (p, q \text{ は純虚数}) \tag{6.36}$$

をとりあげる．たとえば，p は各相の自己インダクタンス，q は各相間の相互インダクタンスである．この場合，行列 $\boldsymbol{A}$ は j × (実対称行列) と書けるから，$\boldsymbol{A}$ の対角化は実対称行列の対角化と同様に扱うことができる．

a.　0αβ 変換の生成

まず，式 (6.36) の対称行列 $\boldsymbol{A}$ のモード行列を求めよう．行列 $\boldsymbol{A}$ の固有方程式は

$$\det(\lambda\mathbf{1} - \boldsymbol{A}) = (\lambda - (p + 2q))(\lambda - (p - q))^2 = 0$$

固有値は $\lambda_1 = p + 2q$ $(m_1 = 1)$, $\lambda_2 = p - q$ $(m_2 = 2)$ である．ここに，m_1, m_2 は固有値の多重度である．

各固有値の多重度と退化次数とが一致するかどうかを調べ，対角化可能かどうかチェックしよう．

(1) 固有値 $\boldsymbol{\lambda_1 = p + 2q}$ の場合

$$\lambda_1\mathbf{1} - \boldsymbol{A} = q\begin{bmatrix} 2 & -1 & -1 \\ -1 & 2 & -1 \\ -1 & -1 & 2 \end{bmatrix}$$

基本変形により

$$\operatorname{rank}(\lambda_1\mathbf{1} - \boldsymbol{A}) = 2$$

であることがわかる．よって，退化次数は

$$\mu_1 = 3 - \operatorname{rank}(\lambda_1\mathbf{1} - \boldsymbol{A}) = 3 - 2 = 1$$

となる．よって，$m_1 = \mu_1 = 1$ となり，多重度と退化次数は一致する．固有値 λ_1 に対する固有ベクトル $\boldsymbol{p}_1 = [x_1 \;\; x_2 \;\; x_3]^{\mathrm{T}}$ を次のように定める．固有値 λ_1 に対する同次連立一次方程式 $(\lambda_1\mathbf{1} - \boldsymbol{A})\boldsymbol{x} = \mathbf{0}$，すなわち

$$\begin{aligned} 2x_1 - x_2 - x_3 &= 0 \\ -x_1 + 2x_2 - x_3 &= 0 \\ -x_1 - x_2 + 2x_3 &= 0 \end{aligned}$$

の解は $x_1 = x_2 = x_3 = \alpha$ $(\alpha \neq 0)$ で与えられるから，$\alpha = 1$ として固有ベクトルを実ベクトルで

$$\boldsymbol{p}_1 = \begin{bmatrix} 1 \\ 1 \\ 1 \end{bmatrix} \tag{6.37}$$

と定めることができる．

(2) 固有値 $\boldsymbol{\lambda_2 = p - q}$ の場合

$$\lambda_2 \mathbf{1} - \boldsymbol{A} = q \begin{bmatrix} -1 & -1 & -1 \\ -1 & -1 & -1 \\ -1 & -1 & -1 \end{bmatrix}$$

基本変形により

$$\mathrm{rank}\,(\lambda_2 \mathbf{1} - \boldsymbol{A}) = 1$$

であるから，退化次数は $\mu_2 = 2$ となる．この場合も $m_2 = \mu_2 = 2$ となり，多重度と退化次数は一致する．よって，すべての固有値の多重度と退化次数が一致するから，$\boldsymbol{A}$ は対角化可能である．固有値 λ_2 に対する固有ベクトルは 3 つの同じ式を並べた同次連立一次方程式

$$\begin{aligned} -x_1 - x_2 - x_3 &= 0 \\ -x_1 - x_2 - x_3 &= 0 \\ -x_1 - x_2 - x_3 &= 0 \end{aligned}$$

の解によって決められる．この場合，退化次数 $\mu_2 = 2$ であるから一次独立な 2 つの固有ベクトルを定めることができる．いま，1 つの解を $x_1 = \alpha$, $x_2 = -\alpha/2$, $x_3 = -\alpha/2$, もう 1 つの解を $x_1 = 0$, $x_2 = \beta$, $x_3 = -\beta$ として，2 つの固有ベクトルを実ベクトルで

$$\boldsymbol{p}_2 = \begin{bmatrix} 1 \\ -1/2 \\ -1/2 \end{bmatrix}, \quad \boldsymbol{p}_3 = \begin{bmatrix} 0 \\ 1 \\ -1 \end{bmatrix} \tag{6.38}$$

と定めることができる．ただし，$\alpha = \beta = 1$ とする．

こうして定めた $\boldsymbol{p}_1, \boldsymbol{p}_2, \boldsymbol{p}_3$ は互いに直交することが確認できる．3個の固有ベクトル $\boldsymbol{p}_1$，$\boldsymbol{p}_2$，$\boldsymbol{p}_3$ を正規化すると

$$\hat{\boldsymbol{p}}_1 = \frac{\boldsymbol{p}_1}{\|\boldsymbol{p}_1\|} = \frac{1}{\sqrt{3}}\begin{bmatrix} 1 \\ 1 \\ 1 \end{bmatrix}, \quad \hat{\boldsymbol{p}}_2 = \frac{\boldsymbol{p}_2}{\|\boldsymbol{p}_2\|} = \sqrt{\frac{2}{3}}\begin{bmatrix} 1 \\ -1/2 \\ -1/2 \end{bmatrix},$$

$$\hat{\boldsymbol{p}}_3 = \frac{\boldsymbol{p}_3}{\|\boldsymbol{p}_3\|} = \frac{1}{\sqrt{2}}\begin{bmatrix} 0 \\ 1 \\ -1 \end{bmatrix}$$

となる．よって，モード行列 $\boldsymbol{P}$ を

$$\boldsymbol{P} = [\hat{\boldsymbol{p}}_1\ \hat{\boldsymbol{p}}_2\ \hat{\boldsymbol{p}}_3] = \sqrt{\frac{2}{3}}\begin{bmatrix} \frac{1}{\sqrt{2}} & 1 & 0 \\ \frac{1}{\sqrt{2}} & -\frac{1}{2} & \frac{\sqrt{3}}{2} \\ \frac{1}{\sqrt{2}} & -\frac{1}{2} & -\frac{\sqrt{3}}{2} \end{bmatrix} \tag{6.39}$$

と定めることができる．行列 $\boldsymbol{P}$ は $\boldsymbol{P}^{\mathrm{T}}\boldsymbol{P} = \boldsymbol{1}$，すなわち $\boldsymbol{P}^{-1} = \boldsymbol{P}^{\mathrm{T}}$ が成り立つから直交行列であり

$$\boldsymbol{P}^{-1} = \boldsymbol{P}^{\mathrm{T}} = \sqrt{\frac{2}{3}}\begin{bmatrix} \frac{1}{\sqrt{2}} & \frac{1}{\sqrt{2}} & \frac{1}{\sqrt{2}} \\ 1 & -\frac{1}{2} & -\frac{1}{2} \\ 0 & \frac{\sqrt{3}}{2} & -\frac{\sqrt{3}}{2} \end{bmatrix} \tag{6.40}$$

である．この行列 $\boldsymbol{P}$，$\boldsymbol{P}^{\mathrm{T}}$ がそれぞれ 5.4 節で述べた $0\alpha\beta$ 変換の行列 $\boldsymbol{Q}^{\mathrm{T}}, \boldsymbol{Q}$ である．したがって，$\boldsymbol{A}$ は

$$\boldsymbol{P}^{\mathrm{T}}\boldsymbol{A}\boldsymbol{P} = \begin{bmatrix} p+2q & 0 & 0 \\ 0 & p-q & 0 \\ 0 & 0 & p-q \end{bmatrix} \tag{6.41}$$

と対角化される．以上のように，モード行列の列ベクトルを直交化し，かつ正規化した行列が直交行列 $\boldsymbol{P}$ である．次の定理は実対称行列の対角化に関する定理でよく利用される．

(定理 6.7)　n 次の正方行列 $\boldsymbol{A}$ が実対称行列であるとき，直交行列 $\boldsymbol{P}$ によって $\boldsymbol{A}$ を対角化できる．

b. 対称三相回路への応用例

$0\alpha\beta$ 変換の行列は実行列であるが，フェーザ表示の電圧・電流ベクトルに対しても適用できる．

(例 6.10)　フェーザ表示の対称三相起電力を

$$\boldsymbol{E}_{abc} = \begin{bmatrix} E_a \\ E_b \\ E_c \end{bmatrix} = \begin{bmatrix} E_m \\ E_m e^{-\mathrm{j}\frac{2\pi}{3}} \\ E_m e^{-\mathrm{j}\frac{4\pi}{3}} \end{bmatrix}, \quad E_m = |E_m| e^{\mathrm{j}(\omega t + \alpha)}$$

として，これを $0\alpha\beta$ 変換しよう．

複素数

$$e^{-\mathrm{j}\frac{2\pi}{3}} = -\frac{1}{2} - \mathrm{j}\frac{\sqrt{3}}{2}, \quad e^{-\mathrm{j}\frac{4\pi}{3}} = -\frac{1}{2} + \mathrm{j}\frac{\sqrt{3}}{2}$$

に注意して $\boldsymbol{E}_{0\alpha\beta} = \boldsymbol{P}^{\mathrm{T}} \boldsymbol{E}_{abc}$ を計算すると

$$\boldsymbol{E}_{0\alpha\beta} = \begin{bmatrix} E_0 \\ E_\alpha \\ E_\beta \end{bmatrix} = \begin{bmatrix} 0 \\ \sqrt{\frac{3}{2}} E_m \\ -\mathrm{j}\sqrt{\frac{3}{2}} E_m \end{bmatrix}$$

となる．

次に，$0\alpha\beta$ 変換をフェーザ表示の三相回路に適用した例を示そう．

(例 6.11)　デルタ型の負荷の変換

図 6.7 は対称三相回路の負荷側でよく用いられる回路である．負荷が三角形の形に接続されているから，**デルタ結線** (delta connection) の負荷という．ここに，電流 I_a, I_b, I_c を a, b, c の各相の電流，節点 a, b, c の電位をそれぞれ V_a, V_b, V_c とし，Y を複素アドミタンスとすると，電流則により次の式が成り立つ．

$$\begin{aligned} I_a &= Y(V_a - V_b) + Y(V_a - V_c) = 2YV_a - YV_b - YV_c \\ I_b &= Y(V_b - V_c) + Y(V_b - V_a) = -YV_a + 2YV_b - YV_c \\ I_c &= Y(V_c - V_a) + Y(V_c - V_b) = -YV_a - YV_b + 2YV_c \end{aligned} \tag{6.42}$$

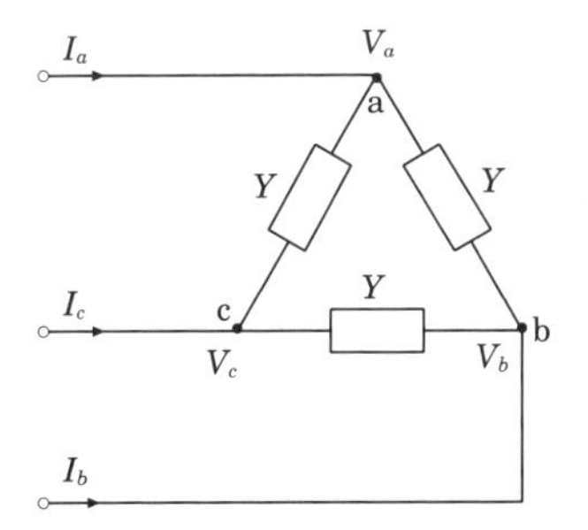

図 **6.7** アドミタンスをデルタ結線した負荷の回路

ここで

$$\boldsymbol{Y} = \begin{bmatrix} 2Y & -Y & -Y \\ -Y & 2Y & -Y \\ -Y & -Y & 2Y \end{bmatrix}, \quad \boldsymbol{V}_{abc} = \begin{bmatrix} V_a \\ V_b \\ V_c \end{bmatrix}, \quad \boldsymbol{I}_{abc} = \begin{bmatrix} I_a \\ I_b \\ I_c \end{bmatrix}$$

と置いて行列でまとめると，上の式は

$$\boldsymbol{I}_{abc} = \boldsymbol{Y}\boldsymbol{V}_{abc}, \quad \boldsymbol{Y}^{\mathrm{T}} = \boldsymbol{Y} \tag{6.43}$$

と簡潔に表せる．$\boldsymbol{Y}$ は (枝) アドミタンス行列であり，式 (6.36) の行列と同じタイプの対称行列であるから，モード行列を式 (6.39) と同じ直交行列 $\boldsymbol{P}$ にとり，両辺に左から $\boldsymbol{P}^{\mathrm{T}}$ を掛けて

$$\boldsymbol{I}_{0\alpha\beta} = \boldsymbol{P}^{\mathrm{T}}\boldsymbol{I}_{abc}, \quad \boldsymbol{V}_{0\alpha\beta} = \boldsymbol{P}^{\mathrm{T}}\boldsymbol{V}_{abc},$$
$$\boldsymbol{V}_{0\alpha\beta} = \begin{bmatrix} V_0 \\ V_\alpha \\ V_\beta \end{bmatrix}, \quad \boldsymbol{I}_{0\alpha\beta} = \begin{bmatrix} I_0 \\ I_\alpha \\ I_\beta \end{bmatrix}$$

と表せば，

$$\boldsymbol{I}_{0\alpha\beta} = \boldsymbol{Y}_{0\alpha\beta}\boldsymbol{V}_{0\alpha\beta}, \quad \boldsymbol{Y}_{0\alpha\beta} = \boldsymbol{P}^{\mathrm{T}}\boldsymbol{Y}\boldsymbol{P} = \begin{bmatrix} 0 & 0 & 0 \\ 0 & 3Y & 0 \\ 0 & 0 & 3Y \end{bmatrix} \tag{6.44}$$

となる．よって

$$I_0 = 0 \times V_0 = 0, \quad I_\alpha = 3YV_\alpha, \quad I_\beta = 3YV_\beta \tag{6.45}$$

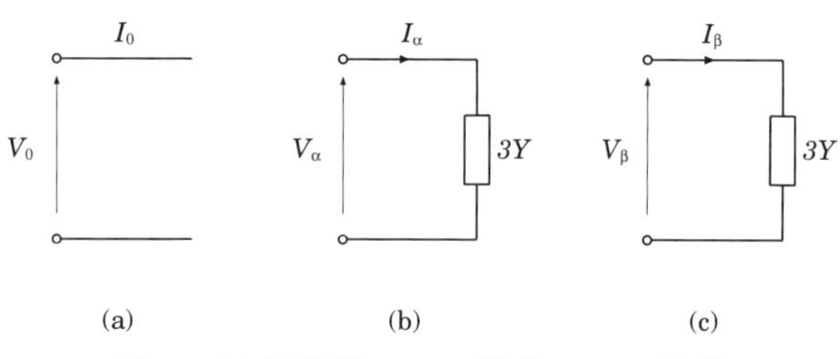

図 **6.8**　(a) 零相回路，(b) α 相回路，(c) β 相回路

が得られる．この式は非常に簡潔な式であり，式 (6.42) をそのまま扱うより解析は容易になる．この関係を図示すると図 6.8 になる．同図 (a) は零相電流 $I_0 = 0$ は電流則 $I_a + I_b + I_c = 0$ のことであるから，零相回路は必要としない．同図 (b) の α 相回路と同図 (c) の β 相回路の簡単な 2 つの回路を解析すればよい．

6.3　エルミート行列ならびにユニタリ行列とその応用

複素行列 $\boldsymbol{A}$ のすべての成分を共役複素数で置き換えた行列を $\boldsymbol{A}$ の共役行列とよび $\overline{\boldsymbol{A}}$ で表す．また，行列 $\boldsymbol{A}$ の共役行列を転置した行列 $\overline{\boldsymbol{A}}^{\mathrm{T}}$ を $\boldsymbol{A}$ の共役転置行列 (conjugate transpose matrix) とよび，$\boldsymbol{A}^*$ で表す．とくに，行列 $\boldsymbol{A}$ の共役転置行列がもとの行列に一致する行列，すなわち，

$$\boldsymbol{A}^* = \boldsymbol{A} \tag{6.46}$$

となる行列 $\boldsymbol{A}$ をエルミート行列 (Hermitian matrix) という．つまり，$\overline{a_{ji}} = a_{ij}$ であるような行列 $\boldsymbol{A} = [a_{ij}]$ である．添え字の順序に注意しよう．明らかに，実対称行列はエルミート行列である．任意の実正方行列が対称行列と交代行列の和で表せたように，任意の複素正方行列はエルミート行列をそれぞれ実数部と虚数部とする複素行列で表すことができる．

(定理 6.8)　任意の複素正方行列 $\boldsymbol{A}$ はエルミート行列 $\boldsymbol{B}, \boldsymbol{C}$ によって $\boldsymbol{A} = \boldsymbol{B} + \mathrm{j}\boldsymbol{C}$ と表すことができる[*10)]．ここに，$\boldsymbol{B} = (\boldsymbol{A} + \boldsymbol{A}^*)/2$,　$\boldsymbol{C} = (\boldsymbol{A} - \boldsymbol{A}^*)/(\mathrm{j}2)$

---

*10)　♠ ひと言コーナー ♠　行列 $\boldsymbol{A}$ を (1,1) 行列と考えれば，複素数 a を実数部と虚数部に分けて $a = b + \mathrm{j}c$ と表すことの拡張した表現であることがわかる．

である．

(例 6.12) 行列 $\boldsymbol{A}=\begin{bmatrix} 1+\mathrm{j} & 2+\mathrm{j}2 \\ 6+\mathrm{j}4 & 4+\mathrm{j}4 \end{bmatrix}$ をエルミート行列で表せ．

〈解と説明〉 $\boldsymbol{A}^*=\begin{bmatrix} 1-\mathrm{j} & 6-\mathrm{j}4 \\ 2-\mathrm{j}2 & 4-\mathrm{j}4 \end{bmatrix}$ であるから，エルミート行列

$$\boldsymbol{B}=\begin{bmatrix} 1 & 4-\mathrm{j} \\ 4+\mathrm{j} & 4 \end{bmatrix},\quad \boldsymbol{C}=\begin{bmatrix} 1 & 3+\mathrm{j}2 \\ 3-\mathrm{j}2 & 4 \end{bmatrix}$$

が得られる．よって

$$\begin{bmatrix} 1+\mathrm{j} & 2+\mathrm{j}2 \\ 6+\mathrm{j}4 & 4+\mathrm{j}4 \end{bmatrix}=\begin{bmatrix} 1 & 4-\mathrm{j} \\ 4+\mathrm{j} & 4 \end{bmatrix}+\mathrm{j}\begin{bmatrix} 1 & 3+\mathrm{j}2 \\ 3-\mathrm{j}2 & 4 \end{bmatrix}$$

と表すことができる．

複素行列 $\boldsymbol{A}$ が

$$\boldsymbol{A}^*\boldsymbol{A}=\boldsymbol{1} \tag{6.47}$$

を満たすとき，$\boldsymbol{A}$ を**ユニタリ行列** (unitary matrix) という．明らかに $\boldsymbol{A}^*=\boldsymbol{A}^{-1}$ である．直交行列はユニタリ行列の特別な場合である．

(例 6.13) 複素行列 $\boldsymbol{A}=\begin{bmatrix} 1 & \mathrm{j} \\ -\mathrm{j} & 1 \end{bmatrix}$ とすると，$\overline{\boldsymbol{A}}=\begin{bmatrix} 1 & -\mathrm{j} \\ \mathrm{j} & 1 \end{bmatrix}$，$\boldsymbol{A}^*=\begin{bmatrix} 1 & \mathrm{j} \\ -\mathrm{j} & 1 \end{bmatrix}=\boldsymbol{A}$ となるから，$\begin{bmatrix} 1 & \mathrm{j} \\ -\mathrm{j} & 1 \end{bmatrix}$ はエルミート行列である．

また，$\boldsymbol{A}=\dfrac{1}{\sqrt{2}}\begin{bmatrix} 1 & \mathrm{j} \\ \mathrm{j} & 1 \end{bmatrix}$ とすれば，$\boldsymbol{A}^*=\dfrac{1}{\sqrt{2}}\begin{bmatrix} 1 & -\mathrm{j} \\ -\mathrm{j} & 1 \end{bmatrix}$ であるから，$\boldsymbol{A}\boldsymbol{A}^*=\dfrac{1}{\sqrt{2}}\begin{bmatrix} 1 & \mathrm{j} \\ \mathrm{j} & 1 \end{bmatrix}\dfrac{1}{\sqrt{2}}\begin{bmatrix} 1 & -\mathrm{j} \\ -\mathrm{j} & 1 \end{bmatrix}=\begin{bmatrix} 1 & 0 \\ 0 & 1 \end{bmatrix}$ が成り立つ．よって，$\dfrac{1}{\sqrt{2}}\begin{bmatrix} 1 & \mathrm{j} \\ \mathrm{j} & 1 \end{bmatrix}$ はユニタリ行列である．

エルミート行列およびユニタリ行列に関して，次の定理が成り立つ．

(定理 6.9) エルミート行列は次の性質をもっている．

(i) エルミート行列の対角成分はすべて実数である．

(ii) エルミート行列の固有値はすべて実数である．

(iii) 異なる固有値の固有ベクトルは直交する.

(定理 6.10) ユニタリ行列は次の性質をもっている.

(i) ユニタリ行列の行列式の絶対値は 1 である.

(ii) ユニタリ行列の積はユニタリ行列である.

(iii) 異なる固有値の固有ベクトルは直交する.

次の定理はエルミート行列とユニタリ行列の対角化に関する定理である.

(定理 6.11) n 次の正方行列 $\boldsymbol{A}$ をエルミート行列またはユニタリ行列とする. $\boldsymbol{A}$ の固有値を $\lambda_1, \cdots, \lambda_n$ とするとき, 行列 $\boldsymbol{A}$ は n 次のユニタリ行列 $\boldsymbol{U}$ を用いて

$$\boldsymbol{U}^* \boldsymbol{A} \boldsymbol{U} = \boldsymbol{D}, \quad \boldsymbol{D} = \mathrm{diag}\,[\lambda_1, \cdots, \lambda_n], \quad \boldsymbol{U} = [\boldsymbol{p}_1 \ \cdots \ \boldsymbol{p}_n]$$

のように対角化可能である. ただし, $\boldsymbol{p}_1, \cdots, \boldsymbol{p}_n$ はそれぞれ $\lambda_1, \cdots, \lambda_n$ に対する固有ベクトルである.

この定理は固有値が多重であっても対角化可能であることを示している. 実対称行列はエルミート行列の一種なので必ず対角化できることがわかる.

この定理をエルミート行列 $\begin{bmatrix} 1 & \mathrm{j} \\ -\mathrm{j} & 1 \end{bmatrix}$ について確かめておこう. 固有値は $\lambda_1 = 0, \lambda_2 = 2$ である. それぞれに対して, $\boldsymbol{p}_1 = \begin{bmatrix} -\mathrm{j} \\ 1 \end{bmatrix}, \boldsymbol{p}_2 = \begin{bmatrix} \mathrm{j} \\ 1 \end{bmatrix}$ と定めることができる. これを正規化して, 改めて $\boldsymbol{p}_1 = \dfrac{1}{\sqrt{2}}\begin{bmatrix} -\mathrm{j} \\ 1 \end{bmatrix}, \boldsymbol{p}_2 = \dfrac{1}{\sqrt{2}}\begin{bmatrix} \mathrm{j} \\ 1 \end{bmatrix}$ と置けば, モード行列としてのユニタリ行列 $\boldsymbol{P} = \dfrac{1}{\sqrt{2}}\begin{bmatrix} -\mathrm{j} & \mathrm{j} \\ 1 & 1 \end{bmatrix}$ が得られ, $\boldsymbol{P}^* = \dfrac{1}{\sqrt{2}}\begin{bmatrix} \mathrm{j} & 1 \\ -\mathrm{j} & 1 \end{bmatrix}$ であるから, $\boldsymbol{P}^*\begin{bmatrix} 1 & \mathrm{j} \\ -\mathrm{j} & 1 \end{bmatrix}\boldsymbol{P} = \begin{bmatrix} 0 & 0 \\ 0 & 2 \end{bmatrix}$ と対角化される.

6.3.1 対称座標法とユニタリ行列

非対称な起電力の電源や負荷からなる三相回路は非対称三相回路とよばれる. 電力系統など現実の三相回路は厳密には対称ではなく非対称である. この非対称三相回路を解析するには, **対称座標変換** (symmetrical coordinate transform)

という一次変換を用いて，非対称な電圧や電流を対称な電圧や電流の重ね合わせで表現する．この方法は**対称座標法** (method of symmetrical coordinate) とよばれている*11)．対称座標変換はユニタリ行列 $\boldsymbol{U}$ によって与えられる一次変換である．まず，このユニタリ行列を求めてみよう．

a. 対称座標変換の行列

6.2.6 項に示した複素対称行列 $\boldsymbol{A} = \begin{bmatrix} p & q & q \\ q & p & q \\ q & q & p \end{bmatrix}$ (p, q は複素数) を対角化する $0\alpha\beta$ 変換とは異なるモード行列を求めよう．その場合，固有値 $\lambda_1 = p + 2q$ に対する固有ベクトルは 6.2.6 項の式 (6.37) と同じ固有ベクトル $\boldsymbol{p}_1$ とする．固有値 $\lambda_2 = p - q$（2 重根）に対する固有ベクトルの成分 x_1，x_2，x_3 には

$$-x_1 - x_2 - x_3 = 0 \quad すなわち, \quad x_1 + x_2 + x_3 = 0 \tag{6.48}$$

の関係があった．この項では，この関係を満たす固有ベクトルの成分を複素数にとる．いま，1 の 3 乗根の 1 つを

$$a = e^{\mathrm{j}\frac{2\pi}{3}} = -\frac{1}{2} + \mathrm{j}\frac{\sqrt{3}}{2} \tag{6.49}$$

で表せば，

$$\overline{a} = a^2 = a^{-1}, \quad a^2 + a + 1 = 0 \tag{6.50}$$

が成り立つ．

いま，行列 $(\lambda_2 \mathbf{1} - \boldsymbol{A})$ の退化次数は $\mu_2 = 2$ であるから，2 個の一次独立な固有ベクトルを定めることができる．つまり，式 (6.48) の 1 つの解を $\{x_1 = 1, x_2 = a^2, x_3 = a\}$ に定め，これを固有ベクトル $\boldsymbol{p}_2$ の成分とし，もう 1 つの解をこれらの複素共役値 $\{x_1 = 1, x_2 = \overline{a^2} = a, x_3 = \overline{a} = a^2\}$ にとり，固有ベクトル $\boldsymbol{p}_3 = \overline{\boldsymbol{p}_2}$ の成分とする．よって，3 個の一次独立な固有ベクトルは

---

*11) ♠ ひと言コーナ ♠　対称座標法は，C. L. Fortescue により 1918 年に提案された非対称三相回路の解析方法である．三相同期発電機の誘導起電力が対称であっても，負荷端子では各相ごとのインピーダンスが異なり，現実には完全な対称三相回路は存在しない．また，故障などにより非対称な電圧や電流も発生する．このように非対称な三相電流や電圧を対称分に分けて解析する方法が対称座標法である．

$$\boldsymbol{p}_1 = \begin{bmatrix} 1 \\ 1 \\ 1 \end{bmatrix}, \quad \boldsymbol{p}_2 = \begin{bmatrix} 1 \\ a^2 \\ a \end{bmatrix}, \quad \boldsymbol{p}_3 = \begin{bmatrix} 1 \\ a \\ a^2 \end{bmatrix} \tag{6.51}$$

となる．いま，この 3 個のベクトルを正規化すると

$$\hat{\boldsymbol{p}}_1 = \frac{\boldsymbol{p}_1}{\|\boldsymbol{p}_1\|} = \frac{1}{\sqrt{3}} \begin{bmatrix} 1 \\ 1 \\ 1 \end{bmatrix}, \quad \hat{\boldsymbol{p}}_2 = \frac{\boldsymbol{p}_2}{\|\boldsymbol{p}_2\|} = \frac{1}{\sqrt{3}} \begin{bmatrix} 1 \\ a^2 \\ a \end{bmatrix},$$

$$\hat{\boldsymbol{p}}_3 = \frac{\boldsymbol{p}_3}{\|\boldsymbol{p}_3\|} = \frac{1}{\sqrt{3}} \begin{bmatrix} 1 \\ a \\ a^2 \end{bmatrix} \tag{6.52}$$

が得られる．なお，複素ベクトルの大きさ (ノルム) については第 7 章の 7.1 節を参照のこと．よって，これらのベクトルを横に並べてモード行列

$$\boldsymbol{U} = \frac{1}{\sqrt{3}} \begin{bmatrix} 1 & 1 & 1 \\ 1 & a^2 & a \\ 1 & a & a^2 \end{bmatrix}, \quad \boldsymbol{U}^* = \frac{1}{\sqrt{3}} \begin{bmatrix} 1 & 1 & 1 \\ 1 & a & a^2 \\ 1 & a^2 & a \end{bmatrix} \tag{6.53}$$

が得られる．このモード行列 $\boldsymbol{U}$ はユニタリ行列で，$\boldsymbol{U}^{-1} = \boldsymbol{U}^*$ が成り立つ．

三相回路の電圧や電流を W_a，W_b，W_c，これに対称座標変換を施した電圧や電流を**対称分** (symmetrical component) といい，W_0，W_1，W_2 で表す．これらを成分とするベクトルをそれぞれ $\boldsymbol{W}_{abc} = [W_a \quad W_b \quad W_c]^{\mathrm{T}}$，$\boldsymbol{W}_{012} = [W_0 \quad W_1 \quad W_2]^{\mathrm{T}}$ で表すと，対称座標変換は

$$\begin{aligned} \boldsymbol{W}_{abc} &= \boldsymbol{U}\boldsymbol{W}_{012} \\ \boldsymbol{W}_{012} &= \boldsymbol{U}^*\boldsymbol{W}_{abc} \end{aligned} \tag{6.54}$$

によって定義される*12)．

---

*12) ♠ ひと言コーナー ♠　電気回路の専門書では，対称座標変換の行列が

$$\boldsymbol{U} = \begin{bmatrix} 1 & 1 & 1 \\ 1 & a^2 & a \\ 1 & a & a^2 \end{bmatrix}, \quad \boldsymbol{U}^{-1} = \frac{1}{3} \begin{bmatrix} 1 & 1 & 1 \\ 1 & a & a^2 \\ 1 & a^2 & a \end{bmatrix}$$

で定義されることも多い．この定義では，$\boldsymbol{U}^* \neq \boldsymbol{U}^{-1}$ であるから，行列 $\boldsymbol{U}$ はユニタリ行列にはならない．このためユニタリ行列のもつ性質を利用することはできない．

電源の対称三相起電力に対称座標法を適用したとき，どのようになるか確認しておく．対称三相起電力は a 相を基準とすれば $E_a = E$, $E_b = Ee^{-\mathrm{j}\frac{2\pi}{3}}$, $E_c = Ee^{-\mathrm{j}\frac{4\pi}{3}}$ と表され，$2\pi/3$ ずつ位相が遅れる．これは $a = e^{\mathrm{j}\frac{2\pi}{3}}$ により

$$E_a = E, \quad E_b = a^2 E, \quad E_c = aE$$

と表される．相回転は $a \to b \to c \to a$ の順である．対称三相起電力を $\boldsymbol{E}_{abc} = [E_a \ E_b \ E_c]^{\mathrm{T}}$，対称座標変換後の起電力を $\boldsymbol{E}_{012} = [E_0 \ E_1 \ E_2]^{\mathrm{T}}$ と置けば，$\boldsymbol{E}_{012} = \boldsymbol{U}^* \boldsymbol{E}_{abc}$ の結果は

$$\begin{bmatrix} E_0 \\ E_1 \\ E_2 \end{bmatrix} = \begin{bmatrix} 0 \\ \sqrt{3}E \\ 0 \end{bmatrix}$$

となり，成分 E_1 のみが値 $\sqrt{3}E$ をもつ．

6.3.2　非対称三相起電力の対称分への分解

対称座標法により非対称な三相起電力を対称分に分解しよう．非対称起電力を $\boldsymbol{E}_{abc} = [E_a \ \ E_b \ \ E_c]^{\mathrm{T}}$ とし，$\boldsymbol{E}_{012} = [E_0 \ \ E_1 \ \ E_2]^{\mathrm{T}}$ とする．式 (6.54) の第 1 式 $\boldsymbol{E}_{abc} = \boldsymbol{U}\boldsymbol{E}_{012}$ を成分で表すと

$$\begin{aligned} E_a &= \frac{1}{\sqrt{3}}(E_0 + \ \ E_1 + \ \ E_2) \\ E_b &= \frac{1}{\sqrt{3}}(E_0 + a^2 E_1 + \ aE_2) \\ E_c &= \frac{1}{\sqrt{3}}(E_0 + \ aE_1 + a^2 E_2) \end{aligned} \tag{6.55}$$

また，逆の $\boldsymbol{E}_{012} = \boldsymbol{U}^* \boldsymbol{E}_{abc}$ を成分で表すと

$$\begin{aligned} E_0 &= \frac{1}{\sqrt{3}}(E_a + \ \ E_b + \ \ E_c) \\ E_1 &= \frac{1}{\sqrt{3}}(E_a + \ aE_b + a^2 E_c) \\ E_2 &= \frac{1}{\sqrt{3}}(E_a + a^2 E_b + \ aE_c) \end{aligned} \tag{6.56}$$

となる．これらの式を図解すると，図 6.9 のようになる．同図 (a) は非対称三相起電力を示し，同図 (b) はこれを位相が $2\pi/3$ ずつ異なる対称分の起電力に

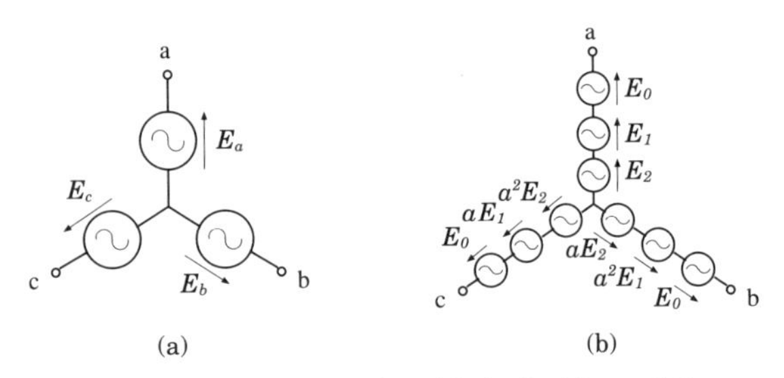

図 6.9 非対称三相起電力の対称分の起電力への分解

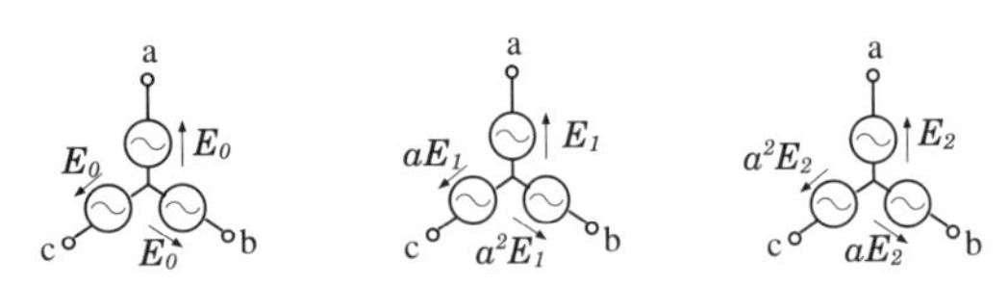

図 6.10 左から零相，正相，逆相成分の起電力への分解

分解した図で式 (6.55) に対応している．同図 (b) をさらに各相ごとに分解すると，図 6.10 のようになり，左から零相，正相，逆相成分の起電力という．図 6.10 および式 (6.55) の右辺の各対称分から以下のことがわかる．

(1) E_0 は E_a, E_b, E_c の中に同じ大きさ同じ位相で存在しているから，相回転がない，つまり零の相回転と考えて，この成分は**零相分** (zero-phase-sequence component) とよばれる．

(2) E_1 は E_a, E_b, E_c の中にそれぞれ E_1, a^2E_1, aE_1 として存在する．これは E_a, E_b, E_c と同じ正の相回転の順序 ($a \to b \to c$) であるから，**正相分** (positive-phase-sequence component) とよばれる．

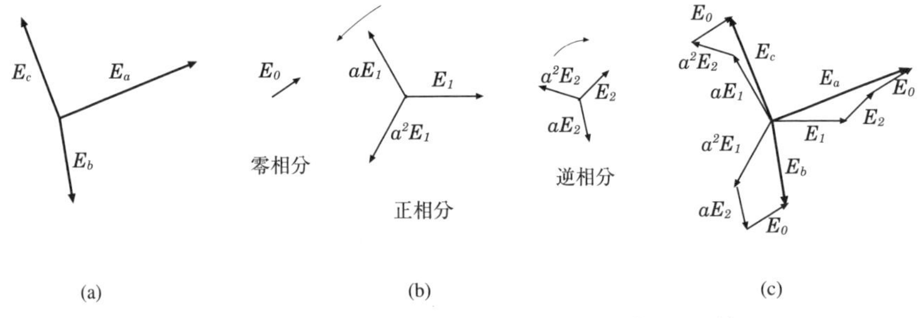

図 6.11 ベクトル図による非対称三相起電力の対称分への分解

(3)　E_2 は E_a, E_b, E_c の中にそれぞれ E_2, aE_2, a^2E_2 として存在する．これは E_a, E_b, E_c と逆の相回転の順序 $(a \to c \to b)$ で現れているから，**逆相分** (negative-phase-sequence component) とよばれる．

図 6.11 に示すように，同図 (a) の非対称三相起電力 E_a, E_b, E_c は同図 (b) の 3 つの成分，左から，零相分，正相分ならびに逆相分に分解される．零相分は非対称性が存在するときにのみ現れる．同図 (c) はこれらの分解された対称分の合成により，もとの非対称起電力が生成されることを示している．

a.　非対称起電力と非対称負荷の場合

図 6.12 の三相回路の起電力 E_a, E_b, E_c は非対称であるとし，負荷は非対称で各相のインピーダンスは異なり Z_a, Z_b, Z_c とする．非対称三相電源の中性点 O は接地されている．負荷の中性点 N と大地とはインピーダンス Z_n を介してつながれている．大地は完全導体でインピーダンスは存在しないものとする．このとき，各相に流れる電流 I_a, I_b, I_c を求めてみよう．

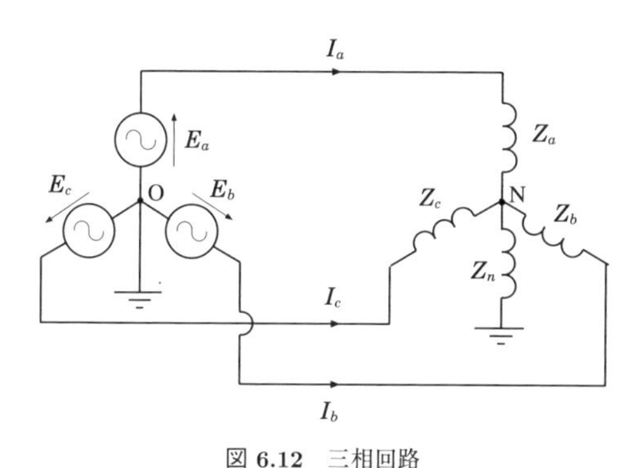

図 **6.12**　三相回路

電圧則により

$$
\begin{aligned}
E_a &= Z_a I_a + Z_n(I_a + I_b + I_c) \\
E_b &= Z_b I_b + Z_n(I_a + I_b + I_c) \\
E_c &= Z_c I_c + Z_n(I_a + I_b + I_c)
\end{aligned}
\tag{6.57}
$$

が成り立つ．

$$\boldsymbol{E}_{abc} = \begin{bmatrix} E_a \\ E_b \\ E_c \end{bmatrix}, \ \boldsymbol{I}_{abc} = \begin{bmatrix} I_a \\ I_b \\ I_c \end{bmatrix}, \ \boldsymbol{Z}_{abc} = \begin{bmatrix} Z_a + Z_n & Z_n & Z_n \\ Z_n & Z_b + Z_n & Z_n \\ Z_n & Z_n & Z_c + Z_n \end{bmatrix}$$

と置けば，式 (6.57) は

$$\boldsymbol{E}_{abc} = \boldsymbol{Z}_{abc}\boldsymbol{I}_{abc} \tag{6.58}$$

と書くことができる．この両辺に左から式 (6.53) の $\boldsymbol{U}^*$ を掛けて対称座標変換すると，

$$\boldsymbol{E}_{012} = \boldsymbol{Z}_{012}\boldsymbol{I}_{012} \tag{6.59}$$

となる．ここに，$\boldsymbol{E}_{012} = \begin{bmatrix} E_0 \\ E_1 \\ E_2 \end{bmatrix} = \boldsymbol{U}^*\boldsymbol{E}_{abc}$,　$\boldsymbol{I}_{012} = \begin{bmatrix} I_0 \\ I_1 \\ I_2 \end{bmatrix} = \boldsymbol{U}^*\boldsymbol{I}_{abc}$,

$$\boldsymbol{Z}_{012} = \boldsymbol{U}^*\boldsymbol{Z}_{abc}\boldsymbol{U} = \begin{bmatrix} Z_0 & Z_2 & Z_1 \\ Z_1 & Z_0 & Z_2 \\ Z_2 & Z_1 & Z_0 \end{bmatrix} + \begin{bmatrix} 3Z_n & 0 & 0 \\ 0 & 0 & 0 \\ 0 & 0 & 0 \end{bmatrix} \tag{6.60}$$

ここに

$$Z_0 = (Z_a + Z_b + Z_c)/3, \quad Z_1 = (Z_a + aZ_b + a^2 Z_c)/3,$$
$$Z_2 = (Z_a + a^2 Z_b + aZ_c)/3$$

である．右辺第 1 項の行列は巡回行列 (cyclic matrix) とよばれ対称行列ではない．式 (6.59) により

$$\boldsymbol{I}_{012} = \boldsymbol{Z}_{012}^{-1}\boldsymbol{E}_{012} \tag{6.61}$$

が得られる．したがって，$\boldsymbol{Z}_{012}$ の逆行列を計算しなければならない．

b. 非対称起電力と対称負荷の場合

図 6.12 の回路で電源は非対称とし負荷が対称の場合，すなわち，$Z_a = Z_b = Z_c = Z$ の場合は

$$\boldsymbol{Z}_{012} = \boldsymbol{U}^*\boldsymbol{Z}_{abc}\boldsymbol{U} = \begin{bmatrix} Z + 3Z_n & 0 & 0 \\ 0 & Z & 0 \\ 0 & 0 & Z \end{bmatrix}$$

となる．行列 $\boldsymbol{Z}_{012}$ は対角行列であるから逆行列 $\boldsymbol{Z}_{012}^{-1}$ は簡単に計算できて，結局，電流の零相分 I_0，正相分 I_1，ならびに逆相分 I_2 は

$$I_0 = \frac{E_0}{Z + 3Z_n}, \quad I_1 = \frac{E_1}{Z}, \quad I_2 = \frac{E_2}{Z} \tag{6.62}$$

で与えられる．図 6.13 に零相，正相，逆相の各回路を示す．

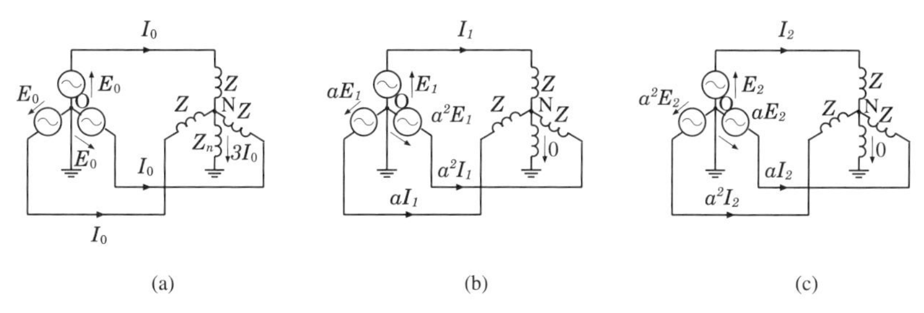

図 **6.13** (a) 零相，(b) 正相，(c) 逆相回路への分解

零相電流 I_0 は Z_n を含むから，I_0 は負荷の中性点 N から電源の中性点 O を流れる電流である．一方，正相，逆相電流 I_1, I_2 は Z_n を含まないから，線間を流れる電流である．つまり，三相回路の電流は大地を帰路とする電流と線路間を行き来する電流とに分けて考えることができる．これは 6.2.5 項で説明した単相 3 線式配電回路の同相モードと差動モードと同じ考え方である．もとの三相回路の電流は

$$\boldsymbol{I}_{abc} = \boldsymbol{U}\boldsymbol{I}_{012} = \boldsymbol{U}\boldsymbol{Z}_{012}^{-1}\boldsymbol{E}_{012} = \boldsymbol{U}\boldsymbol{Z}_{012}^{-1}\boldsymbol{U}^*\boldsymbol{E}_{abc}$$

で与えられる．これを計算すると電流 I_a，I_b，I_c は

$$\begin{aligned} I_a &= \frac{1}{Z(Z+3Z_n)}\{ZE_a + Z_n(2E_a - E_b - E_c)\} \\ I_b &= \frac{1}{Z(Z+3Z_n)}\{ZE_b + Z_n(2E_b - E_c - E_a)\} \\ I_c &= \frac{1}{Z(Z+3Z_n)}\{ZE_c + Z_n(2E_c - E_a - E_b)\} \end{aligned} \tag{6.63}$$

となる．特別な場合として，起電力が対称三相起電力 $E_a = E$, $E_b = a^2E$, $E_c = aE$ のときはもとの三相回路の電流は

$$I_a = E_a/Z, \quad I_b = E_b/Z, \quad I_c = E_c/Z \tag{6.64}$$

となる．すなわち，零相電流 $I_0 = I_a + I_b + I_c = (E_a + E_b + E_c)/Z = 0$ であるから，インピーダンス Z_n には電流は流れない．したがって，中性点 O と N とは同電位であることがわかる．各相の電流は各相の起電力をインピーダンス Z で割った値になり，これは対称三相回路が単相回路と同じように扱えることを示している．

6.3.3　巡回行列と三相同期発電機の基本式

現実の三相電源は三相同期発電機であり，直流電源が内部抵抗をもつように，三相同期発電機も内部インピーダンス

$$\boldsymbol{Z}_{abc} = \begin{bmatrix} Z & Z' & Z'' \\ Z'' & Z & Z' \\ Z' & Z'' & Z \end{bmatrix} \tag{6.65}$$

をもっている．この行列は対称行列ではなく巡回行列である．したがって，三相同期発電機の等価回路は相反性をもたない回路である．それは三相同期発電機が固定子巻線 (電機子巻線) という静止した電気回路と回転子巻線という回転する電気回路との間の電磁誘導により発電することに起因する．つまり，内部インピーダンスは回転子と同方向の回転磁束と固定子コイルとの相互インピーダンス (正相インピーダンス)，回転子と逆方向の回転磁束と固定子コイルとの相互インピーダンス (逆相インピーダンス) と三相同一の零相インピーダンスに分けられる．通常，正相インピーダンスは逆相インピーダンスより大きく，零相インピーダンスはこの二者より小さい．

a.　巡回行列の固有値

はじめに巡回行列 (6.65) を対角化するモード行列を求めよう．巡回行列 $\boldsymbol{Z}_{abc}$ の固有値は固有方程式 $\det(\lambda \mathbf{1} - \boldsymbol{Z}_{abc}) = 0$ により直接に求めることができるが計算がやや面倒になる．行列 $\boldsymbol{Z}_{abc}$ が巡回行列であることを利用すると，エレガントに固有値を求めることができる．いま，$\boldsymbol{Z}_{abc}$ は

$$\boldsymbol{Z}_{abc}=\begin{bmatrix} Z & Z' & Z'' \\ Z'' & Z & Z' \\ Z' & Z'' & Z \end{bmatrix}$$
$$=Z\begin{bmatrix} 1 & 0 & 0 \\ 0 & 1 & 0 \\ 0 & 0 & 1 \end{bmatrix}+Z'\begin{bmatrix} 0 & 1 & 0 \\ 0 & 0 & 1 \\ 1 & 0 & 0 \end{bmatrix}+Z''\begin{bmatrix} 0 & 0 & 1 \\ 1 & 0 & 0 \\ 0 & 1 & 0 \end{bmatrix} \tag{6.66}$$

と表せる．ここで，第 2 項の行列を $\boldsymbol{P}=\begin{bmatrix} 0 & 1 & 0 \\ 0 & 0 & 1 \\ 1 & 0 & 0 \end{bmatrix}$ と置くと，第 3 項の行列は $\boldsymbol{P}^2=\begin{bmatrix} 0 & 0 & 1 \\ 1 & 0 & 0 \\ 0 & 1 & 0 \end{bmatrix}$ と表すことができる．すなわち，$\boldsymbol{Z}_{abc}$ は行列 $\boldsymbol{P}$ の多項式で

$$f(\boldsymbol{P})=\boldsymbol{Z}_{abc}=Z\mathbf{1}+Z'\boldsymbol{P}+Z''\boldsymbol{P}^2 \tag{6.67}$$

となる．ここに，$f(\lambda)$ は 2 次多項式で

$$f(\lambda)=Z+Z'\lambda+Z''\lambda^2 \tag{6.68}$$

である．

いま，行列 $\boldsymbol{P}$ の固有値と固有ベクトルを求めてみよう．

$$\det(\lambda\mathbf{1}-\boldsymbol{P})=\lambda^3-1=0$$

となるから，固有値は 1 の 3 乗根である．いま，$\lambda_1=1$，$\lambda_2=a^2$，$\lambda_3=a$ と置く．ここに，$a=e^{\mathrm{j}\frac{2\pi}{3}}$ である．それぞれの固有値 $\lambda_k(k=1,2,3)$ に対する固有ベクトル $\boldsymbol{p}_k$ を次のように定めることができる．

$$\boldsymbol{p}_1=\begin{bmatrix} 1 \\ 1 \\ 1 \end{bmatrix},\quad \boldsymbol{p}_2=\begin{bmatrix} 1 \\ a^2 \\ a \end{bmatrix},\quad \boldsymbol{p}_3=\begin{bmatrix} 1 \\ a \\ a^2 \end{bmatrix}$$

明らかに，行列 $\boldsymbol{P}$ の固有ベクトルは式 (6.51) に示す固有ベクトルと同じものになり，これらを正規化すれば $\boldsymbol{P}$ のモード行列も式 (6.53) のユニタリ行列

$\boldsymbol{U}$ で与えられる[*13]．

ここで次のことに注目しよう．$\boldsymbol{P}\boldsymbol{p}_k = \lambda_k \boldsymbol{p}_k$ $(k = 1, 2, 3)$ であるから，$\boldsymbol{P}^2\boldsymbol{p}_k = \boldsymbol{P}(\boldsymbol{P}\boldsymbol{p}_k) = \boldsymbol{P}(\lambda_k \boldsymbol{p}_k) = \lambda_k(\boldsymbol{P}\boldsymbol{p}_k) = \lambda_k^2 \boldsymbol{p}_k$ となる．よって，

$$\begin{aligned} f(\boldsymbol{P})\boldsymbol{p}_k &= Z\boldsymbol{p}_k + Z'\boldsymbol{P}\boldsymbol{p}_k + Z''\boldsymbol{P}^2\boldsymbol{p}_k \\ &= (Z + Z'\lambda_k + Z''\lambda_k^2)\boldsymbol{p}_k = f(\lambda_k)\boldsymbol{p}_k \end{aligned} \tag{6.69}$$

となる．この式は行列の多項式 $f(\boldsymbol{P})$ の固有値が $f(\lambda_k)$ であることを示している．これをフロベニウスの定理 (Frobenius theorem)[*14] という．よって，内部インピーダンス行列 $\boldsymbol{Z}_{abc} = f(\boldsymbol{P})$ の固有値は

$$f(1), \quad f(a^2), \quad f(a) \tag{6.70}$$

となる．固有値を $Z_0 = f(1)$, $Z_1 = f(a^2)$, $Z_2 = f(a)$ と置くと

$$Z_0 = Z + Z' + Z'', \;\; Z_1 = Z + a^2 Z' + aZ'', \;\; Z_2 = Z + aZ' + a^2 Z'' \tag{6.71}$$

となる．固有値 Z_0 は三相同期発電機の零相インピーダンス，Z_1 は正相インピーダンス，Z_2 は逆相インピーダンスとよばれる．

b. 三相同期発電機の基本式

三相同期発電機の端子電圧を $\boldsymbol{V}_{abc} = [V_a \;\; V_b \;\; V_c]^{\mathrm{T}}$，誘導起電力を $\boldsymbol{E}_{abc} = [E_a \;\; E_b \;\; E_c]^{\mathrm{T}}$，各相の電流を $\boldsymbol{I}_{abc} = [I_a \;\; I_b \;\; I_c]^{\mathrm{T}}$ で表せば，式 (6.65) の巡回行列 $\boldsymbol{Z}_{abc}$ を用いて，

$$\boldsymbol{V}_{abc} = \boldsymbol{E}_{abc} - \boldsymbol{Z}_{abc}\boldsymbol{I}_{abc}$$

となる．両辺に式 (6.53) のモード行列 $\boldsymbol{U}^* = \boldsymbol{U}^{-1}$ を掛けて対称分の式

$$\boldsymbol{V}_{012} = \boldsymbol{E}_{012} - \boldsymbol{Z}_{012}\boldsymbol{I}_{012} \tag{6.72}$$

[*13] ♠ ひと言コーナー ♠　式 (6.36) は巡回行列で $p\mathbf{1} + q\boldsymbol{P} + q\boldsymbol{P}^2$ と表すことができる．

[*14] ♠ ひと言コーナー ♠　行列の多項式に関して，知っておくべき 2 つの定理．

(1)　フロベニウスの定理：n 次の行列 $\boldsymbol{A}$ の固有値を λ_1，$\lambda_2, \cdots, \lambda_n$ とし，多項式を $f(\lambda)$ とする．このとき，行列の多項式 $f(\boldsymbol{A})$ の固有値は $f(\lambda_1)$，$f(\lambda_2), \cdots, f(\lambda_n)$ である．また，固有値 $f(\lambda_k)$ $(k = 1, \cdots, n)$ に対する固有ベクトルは $\boldsymbol{A}$ の λ_k に対する固有ベクトルと同一にすることができる．

(2)　ケーレー・ハミルトンの定理：行列 $\boldsymbol{A}$ の固有多項式を $f(\lambda)$ とするとき，$f(\boldsymbol{A}) = \mathbf{0}$ が成り立つ．$\mathbf{0}$ は零行列である．

が得られる．ただし，$\boldsymbol{V}_{012} = [V_0 \quad V_1 \quad V_2]^{\mathrm{T}}$，$\boldsymbol{I}_{012} = [I_0 \quad I_1 \quad I_2]^{\mathrm{T}}$，$\boldsymbol{V}_{012} = \boldsymbol{U}^*\boldsymbol{V}_{abc}$，$\boldsymbol{I}_{012} = \boldsymbol{U}^*\boldsymbol{I}_{abc}$ である．ここに，$\boldsymbol{Z}_{012}$ は

$$\boldsymbol{Z}_{012} = \boldsymbol{U}^*\boldsymbol{Z}_{abc}\boldsymbol{U} = \mathrm{diag}\,[Z_0,\ Z_1,\ Z_2] \tag{6.73}$$

である．式 (6.53) のモード行列 $\boldsymbol{U}$ によって，$\boldsymbol{Z}_{abc}$ は対角化されることがわかる．誘導起電力はほぼ三相対称と見なされるから，$\boldsymbol{E}_{abc} = [E \quad a^2E \quad aE\ ]^{\mathrm{T}}$ と表すことができ，式 (6.72) は成分で

$$\begin{aligned} V_0 &= -Z_0 I_0 \\ V_1 &= \sqrt{3}E - Z_1 I_1 \\ V_2 &= -Z_2 I_2 \end{aligned} \tag{6.74}$$

と表示される．零相，逆相の起電力の項が消えていることに注意しよう．この式を三相同期発電機の**基本式** (fundamental equation) という．この基本式から各対称分について，図 6.14 に示す等価回路が導かれる．

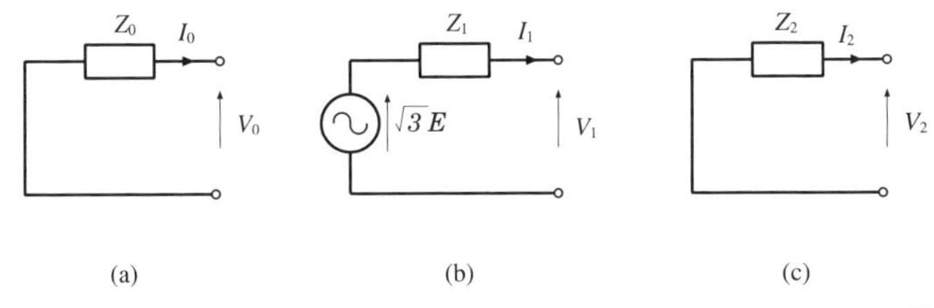

図 6.14　三相同期発電機の対称分等価回路：(a) 零相回路，(b) 正相回路 ($E_{a1} = \sqrt{3}E$)，(c) 逆相回路

この等価回路や基本式は電力系統の故障計算などに用いられる．なお，対称三相電源の内部インピーダンスが自己インピーダンス Z，相互インピーダンス Z_m で成り立つときには $Z_1 = Z_2 = Z - Z_m$ となる (演習問題 6.12 参照)．

演 習 問 題

6.1　$\boldsymbol{A} = \begin{bmatrix} 1 & 5 \\ 6 & 2 \end{bmatrix}$, $\boldsymbol{p} = \begin{bmatrix} 5 \\ 6 \end{bmatrix}$ とする．ベクトル $\boldsymbol{p}$ は固有ベクトルであることを示し，それに対する固有値を求めよ．

6.2 数値 2 は行列 $\boldsymbol{A} = \begin{bmatrix} 3 & 2 \\ 3 & 8 \end{bmatrix}$ の固有値かどうかを固有方程式をつくらないで判定せよ．

6.3 行列 $\boldsymbol{A} = \begin{bmatrix} 2 & -1 & 3 \\ 1 & 0 & 3 \\ 1 & -1 & 4 \end{bmatrix}$ の固有値は 1 であることを示せ．この固有値 1 に対する固有ベクトルを求めよ．

6.4 行列 $\boldsymbol{A} = \begin{bmatrix} 2 & -1 \\ 0 & -1 \end{bmatrix}$ とする．$e^{\boldsymbol{A}}$ を求めよ．

ヒント：$\boldsymbol{D} = \mathrm{diag}\,[d_1, d_2]$ ならば $e^{\boldsymbol{D}} = \mathrm{diag}\,[e^{d_1}, e^{d_2}]$ である．

6.5 次の行列の固有値と固有ベクトルを求めよ．また，対角化可能かどうか判定せよ．

(a) $\begin{bmatrix} 0 & -2 \\ 2 & 0 \end{bmatrix}$ (b) $\begin{bmatrix} 2 & 1 \\ 0 & 2 \end{bmatrix}$

6.6 次の行列の固有値と固有ベクトルを求め，対角化可能かどうか判定せよ．対角化可能のときはモード行列を示せ．

(a) $\begin{bmatrix} 1 & 2 & 2 \\ 0 & 2 & 2 \\ 0 & 0 & 3 \end{bmatrix}$ (b) $\begin{bmatrix} 2 & 3 & 3 \\ -3 & -4 & -3 \\ 3 & 3 & 2 \end{bmatrix}$ (c) $\begin{bmatrix} 1 & 2 & 2 \\ -2 & -6 & -4 \\ 2 & 4 & 2 \end{bmatrix}$

6.7 次の対称行列を直交行列で対角化せよ．

(a) $\begin{bmatrix} 1 & 0 & -2 \\ 0 & -2 & 0 \\ -2 & 0 & 1 \end{bmatrix}$ (b) $\begin{bmatrix} 1 & -2 & 2 \\ -2 & 1 & -2 \\ 2 & -2 & 1 \end{bmatrix}$

6.8 行列 $\boldsymbol{A}, \boldsymbol{B}$ がエルミート行列であるとき，$\boldsymbol{AB}$ がエルミート行列である条件は $\boldsymbol{AB} = \boldsymbol{BA}$ であることを示せ．

6.9 ユニタリ行列を $\boldsymbol{U} = \dfrac{1}{\sqrt{2}}\begin{bmatrix} 1 & \mathrm{j} \\ \mathrm{j} & 1 \end{bmatrix}$ とする．行列 $\boldsymbol{A} = \dfrac{1}{\sqrt{2}}\begin{bmatrix} -\mathrm{j} & \mathrm{j} \\ 1 & 1 \end{bmatrix}$ に対し，$\boldsymbol{B} = \boldsymbol{U}^*\boldsymbol{AU}$ はユニタリ行列であることを確認せよ．

6.10 行列 $\begin{bmatrix} 2 & 3-\mathrm{j}4 \\ 3+\mathrm{j}4 & 2 \end{bmatrix}$ をユニタリ行列により対角化せよ．

6.11 図の回路の固有周波数を次の手順で求めよ．V_1, V_2 はキャパシタの電圧，I_1, I_2 はインダクタの電流，L_1, L_2 は自己インダクタンス，M は相互インダクタンス，C_1, C_2 はキャパシタンスである．簡単のため，$C_1 = C_2 = 2\,\mathrm{F}$, $L_1 = L_2 = 2\,\mathrm{H}$, $M = 1\,\mathrm{H}$ とする．

a) 列ベクトルを $\boldsymbol{x} = [V_1\ V_2\ I_1\ I_2]^{\mathrm{T}}$，$\lambda = \mathrm{j}\omega$ と置いてこの回路の方程式

を $\boldsymbol{Ax} = \lambda \boldsymbol{x}$ の形に表せ.

b) 固有方程式と固有周波数を求めよ.

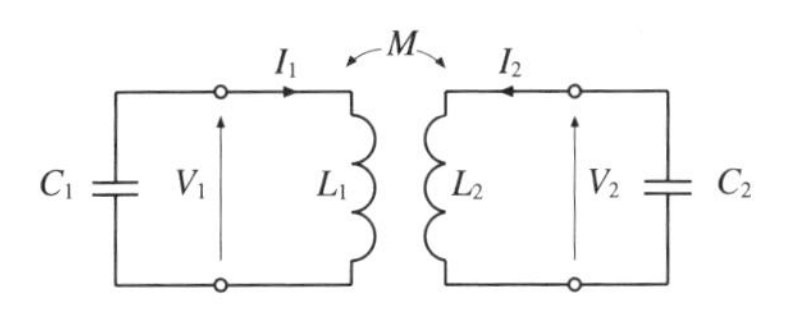

6.12 図はY結線の三相対称電源の等価回路である. この回路の方程式を $\boldsymbol{E}_{abc} = \boldsymbol{Z}\boldsymbol{I}_{abc}$ の形で表し相反性をもつことを示せ. さらに, 零相, 正相, 逆相インピーダンスを求め同期発電機の基本式と比較せよ.

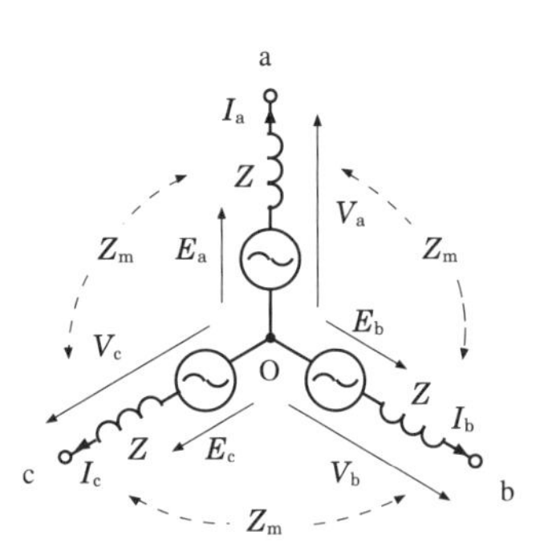

6.13 行列 $\boldsymbol{A} = \begin{bmatrix} a & b \\ c & d \end{bmatrix}$ の固有多項式を $f(x)$ とする. 以下の問いに答えよ.

a) ケイレイ・ハミルトンの定理 $f(\boldsymbol{A}) = \boldsymbol{A}^2 - (a+d)\boldsymbol{A} + (ad-bc)\boldsymbol{1} = \boldsymbol{0}$ を示せ.

b) $\det \boldsymbol{A} \neq 0$ のとき, $\boldsymbol{A}^{-1} = \dfrac{1}{ad-bc}\{(a+d)\boldsymbol{1} - \boldsymbol{A}\}$ となることを示せ.

c) $ad - bc = 2$ のとき, $\boldsymbol{A}^3$ を $\boldsymbol{A}$ と $\boldsymbol{1}$ で表せ.

7

スカラー積と二次形式

この章では，n 次の実ベクトルと複素ベクトルのスカラー積を定義し，それを用いて電気回路の電力をエネルギー関数として定義する．複素ベクトルの場合，エネルギー関数は交流回路が対象になる．

続いて，ベクトルを直交するベクトルに分解する方法，逆に複数個の一次独立なベクトルから直交ベクトルを作り出すグラム・シュミットの方法を説明する．また，直交行列およびユニタリ行列の列ベクトルが正規直交系をなすことを示し，直交変換とユニタリ変換がノルム不変，スカラー積不変の変換であることを導く．これにより $0\alpha\beta$ 変換と対称座標変換は三相回路の電力を不変に保つ変換であることを明らかにする．

そして，電気回路のエネルギー関数を二次形式とエルミート形式で表現してその違いを明確にするとともに，この形式の標準形を導き二次形式の分類についても簡単に触れる．

7.1 実ベクトルおよび複素ベクトルのスカラー積

これまで，2 次，3 次の実ベクトル $\boldsymbol{x}$ と $\boldsymbol{y}$ のスカラー積 (内積) をドット記号 $\boldsymbol{x}\cdot\boldsymbol{y}$ で表してきたが，この章では実ベクトルが時間関数になる場合や複素ベクトルも扱うので，三角括弧によりスカラー積を $\langle\boldsymbol{x},\boldsymbol{y}\rangle$ と表示する．

7.1.1 実ベクトルのスカラー積

n 次の実ベクトル $\boldsymbol{x}=[x_1\ x_2\ \cdots\ x_n]^{\mathrm{T}}$, $\boldsymbol{y}=[y_1\ y_2\ \cdots\ y_n]^{\mathrm{T}}$ に対して，$\boldsymbol{x}$ と $\boldsymbol{y}$ とのスカラー積を

$$\langle\boldsymbol{x},\ \boldsymbol{y}\rangle=\boldsymbol{x}^{\mathrm{T}}\boldsymbol{y}=\boldsymbol{y}^{\mathrm{T}}\boldsymbol{x}=x_1y_1+x_2y_2+\cdots+x_ny_n \tag{7.1}$$

によって定義する．明らかに，

$$\langle \boldsymbol{x}, \boldsymbol{y} \rangle = \langle \boldsymbol{y},\ \boldsymbol{x} \rangle \tag{7.2}$$

が成り立つ．

7.1.2 複素ベクトルのスカラー積

複素ベクトルのスカラー積は実ベクトルの場合と類似した性質をもつように定義される．複素ベクトルのスカラー積を実ベクトルのスカラー積とまったく同じように定義するとどのようなことになるか．いま，$\boldsymbol{x} = \begin{bmatrix} \mathrm{j} \\ 0 \end{bmatrix}$ とすると，

$$\langle \boldsymbol{x}, \boldsymbol{x} \rangle = \boldsymbol{x}^{\mathrm{T}} \boldsymbol{x} = \mathrm{j} \times \mathrm{j} + 0 \times 0 = -1 < 0$$

となって，同じベクトルのスカラー積は正または0であるという 1.2.3 項で述べたスカラー積の性質 (iii) の正値性が成り立たない．

そこで，1 次元の複素ベクトルを $\boldsymbol{x} = [x] = [u + \mathrm{j}v]$，複素共役値を $\overline{\boldsymbol{x}}$ で表し，スカラー積を $\langle \boldsymbol{x},\ \boldsymbol{x} \rangle = x\overline{x} = u^2 + v^2$ と定義すれば $\langle \boldsymbol{x},\ \boldsymbol{x} \rangle \geq 0$ となるから，正値性が成り立つ．このことから，複素ベクトルのスカラー積に正値性をもたせるために，スカラー積を

$$\langle \boldsymbol{x},\ \boldsymbol{y} \rangle = \boldsymbol{x}^{\mathrm{T}} \overline{\boldsymbol{y}} = \overline{\boldsymbol{y}}^{\mathrm{T}} \boldsymbol{x} = x_1 \overline{y_1} + x_2 \overline{y_2} + \cdots + x_n \overline{y_n} \tag{7.3}$$

によって定義する．この記法では複素ベクトル $\boldsymbol{x}$ と $\boldsymbol{y}$ の順序に注意しよう．すなわち

$$\langle \boldsymbol{x}, \boldsymbol{y} \rangle \neq \langle \boldsymbol{y}, \boldsymbol{x} \rangle, \quad \langle \boldsymbol{x}, \boldsymbol{y} \rangle = \langle \overline{\boldsymbol{y}}, \boldsymbol{x} \rangle \tag{7.4}$$

である．

このように定義した複素ベクトルのスカラー積には実ベクトルの場合に似た次の性質がある．c は複素数である．

(i) $\overline{\langle \boldsymbol{x},\ \boldsymbol{y} \rangle} = \langle \boldsymbol{y},\ \boldsymbol{x} \rangle$

(ii) $\langle \boldsymbol{x},\ \boldsymbol{y} + \boldsymbol{z} \rangle = \langle \boldsymbol{x},\ \boldsymbol{y} \rangle + \langle \boldsymbol{x},\ \boldsymbol{z} \rangle$

(iii) $\langle \boldsymbol{y} + \boldsymbol{z},\ \boldsymbol{x} \rangle = \langle \boldsymbol{y},\ \boldsymbol{x} \rangle + \langle \boldsymbol{z},\ \boldsymbol{x} \rangle$

(iv) $\langle\ c\boldsymbol{x},\ \boldsymbol{y} \rangle =\ c\langle \boldsymbol{x},\ \boldsymbol{y} \rangle$

(iv') $\langle \boldsymbol{x},\ c\boldsymbol{y}\rangle = \bar{c}\langle \boldsymbol{x},\ \boldsymbol{y}\rangle$

スカラー積の定義式 (7.1) あるいは式 (7.3) で $\boldsymbol{y} = \boldsymbol{x}$ とおいて得られる $\sqrt{\langle \boldsymbol{x},\ \boldsymbol{x}\rangle}$ を $\boldsymbol{x}$ のユークリッドノルム (Euclidian norm), 以下単にノルム (norm) という．ベクトル $\boldsymbol{x}$ のノルムは長さ (length) ともよばれ，$\|\boldsymbol{x}\|$ で表す．すなわち，

$$\|\boldsymbol{x}\| = \sqrt{\langle \boldsymbol{x},\ \boldsymbol{x}\rangle} = \sqrt{\boldsymbol{x}^{\mathrm{T}}\overline{\boldsymbol{x}}} = \sqrt{|x_1|^2 + |x_2|^2 + \cdots + |x_n|^2} \tag{7.5}$$

である．ノルムの定義から次の (1), (2) が成り立つ．

(1)　$\|\boldsymbol{x}\| \geq 0$. つまり，ノルムは負でない実数である．

(2)　$\|p\boldsymbol{x}\| = |p|\|\boldsymbol{x}\|$. p は複素数で $p\bar{p} = |p|^2$ である．

また，複素ベクトルの場合，そのなす角は定義されないことに注意しよう．

ノルムを用いれば，複素ベクトル $\boldsymbol{x}$ と $\boldsymbol{y}$ の距離は

$$d(\boldsymbol{x},\ \boldsymbol{y}) = \|\boldsymbol{x} - \boldsymbol{y}\| \tag{7.6}$$

によって定義される．実ベクトルの場合，n 次元ユークリッド空間内の点の座標を $(x_1,\ x_2, \cdots,\ x_n)$ とすれば，この点と原点 O との距離は式 (7.5) で与えられる．これは 3 次元ユークリッド空間における距離の概念の拡張である．

ノルムに関して，次の不等式が成り立つ．

(定理 7.1)　(1) $|\langle \boldsymbol{x},\ \boldsymbol{y}\rangle| \leq \|\boldsymbol{x}\|\|\boldsymbol{y}\|$　　シュバルツの不等式 (Schwarz inequality)

(2) $\|\boldsymbol{x} + \boldsymbol{y}\| \leq \|\boldsymbol{x}\| + \|\boldsymbol{y}\|$　　三角不等式 (triangle inequality)

(例 7.1)　複素ベクトル $\boldsymbol{x} = \begin{bmatrix} 1-\mathrm{j} \\ 2+\mathrm{j}3 \end{bmatrix}$, $\boldsymbol{y} = \begin{bmatrix} \mathrm{j} \\ 2-\mathrm{j} \end{bmatrix}$ とする．ノルム $\|\boldsymbol{x}\|$, 距離 $d(\boldsymbol{x}, \boldsymbol{y})$ を求めよ．また，スカラー積の性質 (i) を確かめよ．

〈解と説明〉　$\boldsymbol{x}^{\mathrm{T}}\overline{\boldsymbol{x}} = [1-\mathrm{j}\quad 2+\mathrm{j}3]\begin{bmatrix} 1+\mathrm{j} \\ 2-\mathrm{j}3 \end{bmatrix} = 1^2 + 1^2 + 2^2 + 3^2 = 15$. よって，ノルムは $\|\boldsymbol{x}\| = \sqrt{\boldsymbol{x}^{\mathrm{T}}\overline{\boldsymbol{x}}} = \sqrt{15}$ である．次に，$d(\boldsymbol{x}, \boldsymbol{y}) = \|\boldsymbol{x} - \boldsymbol{y}\| = \sqrt{\langle \boldsymbol{x} - \boldsymbol{y}, \boldsymbol{x} - \boldsymbol{y}\rangle} = \sqrt{(\boldsymbol{x} - \boldsymbol{y})^{\mathrm{T}}\overline{(\boldsymbol{x} - \boldsymbol{y})}}$ であるから，$\boldsymbol{x} - \boldsymbol{y} = \begin{bmatrix} 1-\mathrm{j}2 \\ \mathrm{j}4 \end{bmatrix}$, $\overline{\boldsymbol{x} - \boldsymbol{y}} = \begin{bmatrix} 1+\mathrm{j}2 \\ -\mathrm{j}4 \end{bmatrix}$, $[1-\mathrm{j}2\quad \mathrm{j}4]\begin{bmatrix} 1+\mathrm{j}2 \\ -\mathrm{j}4 \end{bmatrix} = 21$. よって，$d(\boldsymbol{x}, \boldsymbol{y}) = \sqrt{21}$ である．

性質 (i) の左辺は $\langle \boldsymbol{x},\ \boldsymbol{y}\rangle = -\mathrm{j}(1-\mathrm{j}) + (2+\mathrm{j}3)(2+\mathrm{j}) = \mathrm{j}7$. よって，

$\overline{\langle \boldsymbol{x},\ \boldsymbol{y}\rangle} = -\mathrm{j}7$ である．一方，右辺は $\langle \boldsymbol{y},\ \boldsymbol{x}\rangle = \mathrm{j}(1+\mathrm{j}) + (2-\mathrm{j})(2-\mathrm{j}3) = -\mathrm{j}7$ となるから，性質 (i) が成り立つことがわかる．

7.2　電気回路の電力

実ベクトルのスカラー積は電気回路の瞬時電力を表示し，また複素ベクトルのスカラー積は交流電力を表示する．

7.2.1　電力とスカラー積

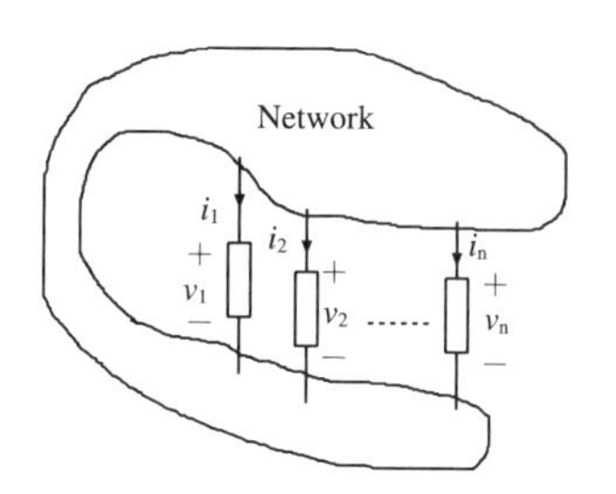

図 7.1　素子の電圧と電流

いま，図 7.1 のように，電気回路 N の n 個の素子それぞれの電圧と電流をまとめて，(枝) 電圧ベクトルと (枝) 電流ベクトルで実数の列ベクトルで

$$\boldsymbol{v} = [v_1\ v_2\ \cdots\ v_n]^{\mathrm{T}}, \quad \boldsymbol{i} = [i_1\ i_2\ \cdots\ i_n]^{\mathrm{T}} \tag{7.7}$$

と表せば，$\boldsymbol{v}$ と $\boldsymbol{i}$ とのスカラー積は

$$\langle \boldsymbol{v},\ \boldsymbol{i}\rangle = \langle \boldsymbol{i},\ \boldsymbol{v}\rangle = v_1 i_1 + v_2 i_2 + \cdots + v_n i_n \tag{7.8}$$

となる．電圧 v と電流 i が時刻 t の関数 $v(t)$, $i(t)$ とすれば，この式は時刻 t における n 個の回路素子全体の**瞬時電力** (instantaneous power) を表す．いま，図 7.2 のように，回路素子を抵抗，インダクタ，キャパシタ，電圧源，電流源に分け，以下のようにそれぞれのベクトルを定めよう．とくに，電圧源と電流源の電流の向きはそれ以外の素子の電流と逆になっていることに注意しよう．

①　抵抗の電圧ベクトルと電流ベクトル：$\boldsymbol{v}_R$ と $\boldsymbol{i}_R$

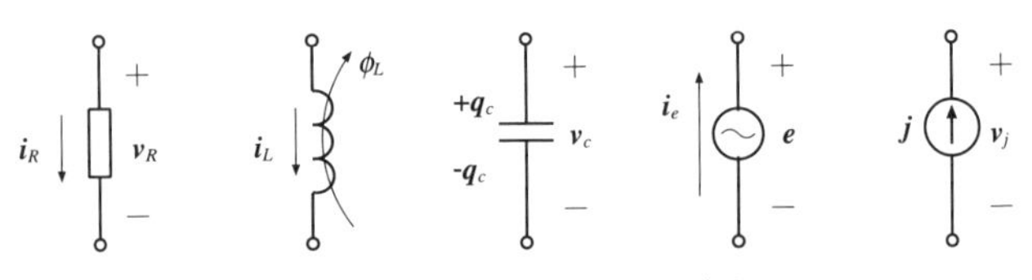

図 7.2　各素子の電圧，電流の向き

② インダクタの鎖交磁束ベクトルと電流ベクトル： $\boldsymbol{\phi}_L$ と $\boldsymbol{i}_L$

③ キャパシタの枝電圧ベクトルと電荷ベクトル： $\boldsymbol{v}_C$ と $\boldsymbol{q}_C$

④ 電圧源の電圧ベクトルと電流ベクトル： $\boldsymbol{e}$ と $\boldsymbol{i}_e$

⑤ 電流源の電圧ベクトルと電流ベクトル： $\boldsymbol{v}_J$ と $\boldsymbol{j}$

これらのベクトルによって，次のスカラー積を求めることができる．

$$2F = \langle \boldsymbol{v}_R,\ \boldsymbol{i}_R \rangle = \langle \boldsymbol{i}_R,\ \boldsymbol{v}_R \rangle$$
$$2W_m = \langle \boldsymbol{\phi}_L,\ \boldsymbol{i}_L \rangle = \langle \boldsymbol{i}_L,\ \boldsymbol{\phi}_L \rangle$$
$$2W_e = \langle \boldsymbol{v}_C,\ \boldsymbol{q}_C \rangle = \langle \boldsymbol{q}_C,\ \boldsymbol{v}_C \rangle$$

スカラー積から定まる F, W_m, W_e をそれぞれ回路の**損失関数** (loss function), **電磁エネルギー** (magnetic energy), **静電エネルギー** (electric energy) とよぶ．とくに $2F$ が回路全体の**オーム損失** (Ohmic loss) を示すことに注意しよう．また，電源について

$\langle \boldsymbol{e},\ \boldsymbol{i}_e \rangle = \langle \boldsymbol{i}_e,\ \boldsymbol{e} \rangle$ は電圧源が供給する電力

$\langle \boldsymbol{v}_J,\ \boldsymbol{j} \rangle = \langle \boldsymbol{j},\ \boldsymbol{v}_J \rangle$ は電流源が供給する電力

を表す．

(例 7.2)　図 7.3 の回路において，$R_1 = 1\,\Omega$, $R_2 = 2\,\Omega$, $R_3 = 4\,\Omega$, $E = 7\,V$ とする．この回路の損失関数 F の値を求めよ．それを用いて，電源 E が供給する電力が抵抗で消費する電力とバランスすることを確かめよ．

〈解と説明〉　同図の電流 i_1, i_2, i_3 の電流ベクトルを $\boldsymbol{i}_R = [i_1\ i_2\ i_3]^{\mathrm{T}}$，電圧ベクトルを $\boldsymbol{v}_R = [v_1\ v_2\ v_3]^{\mathrm{T}}$ とする．各電流は $i_1 = 3\,\mathrm{A}$, $i_2 = 2\,\mathrm{A}$, $i_3 = 1\,\mathrm{A}$ で

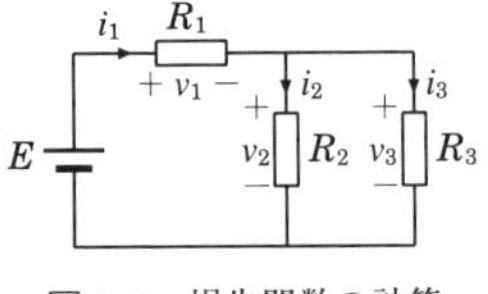

図 7.3　損失関数の計算

あるから，オームの法則により各電圧は $v_1 = 3\,\mathrm{V}$, $v_2 = 4\,\mathrm{V}$, $v_3 = 4\,\mathrm{V}$ となる．よって，電圧ベクトルは $\boldsymbol{v}_R = [3\ \ 4\ \ 4]^{\mathrm{T}}$ となるから

$$
\begin{aligned}
2F &= \langle \boldsymbol{i}_R,\ \boldsymbol{v}_R \rangle = \boldsymbol{i}_R^{\mathrm{T}} \boldsymbol{v}_R \\
&= i_1 v_1 + i_2 v_2 + i_3 v_3 = 3 \times 3 + 2 \times 4 + 1 \times 4 = 21\,W
\end{aligned}
$$

となる．よって，損失関数の値は $F = 21/2 = 10.5\,W$ となる．また，電圧源が供給する電力は $\langle \boldsymbol{e}, \boldsymbol{i}_e \rangle = \langle E, i_1 \rangle = Ei_1 = 7 \times 3 = 21\,W$ となり，$2F$ の値に一致する．

7.2.2 交流電力とスカラー積

交流回路を考えるときは, 電圧・電流ベクトルの成分を**実効値** (effective value) とする．n 個の素子の電圧ベクトルと電流ベクトルをそれぞれ複素数 (フェーザ) の列ベクトル

$$
\boldsymbol{V} = [V_1\ V_2\ \cdots\ V_n]^{\mathrm{T}}, \quad \boldsymbol{I} = [I_1\ I_2\ \cdots\ I_n]^{\mathrm{T}} \tag{7.9}
$$

で表す．**複素電力** (complex power) は式 (7.3) によって定義されるスカラー積となる．複素電力は 2 つの表示形式がある．すなわち，

(i) 複素電力を $V\overline{I}$ によって定義する場合，$\langle \boldsymbol{V},\ \boldsymbol{I} \rangle = P + \mathrm{j}Q$ と置く．

(ii) 複素電力を $\overline{V}I$ によって定義する場合，$\langle \boldsymbol{I},\ \boldsymbol{V} \rangle = P + \mathrm{j}Q$ と置く．

となる．ここに, P を**有効電力** (effective power), Q を**無効電力** (reactive power) という．有効電力 P はどちらの定義を用いても同じであるが，無効電力 Q のほうは符号が異なるので，複素電力を計算するときには定義を確認する必要がある．次の例によって確かめておこう．

(例 7.3) 図 7.4 の交流回路の有効電力 P と無効電力 Q を求めてみよう．

電圧ベクトルを $\boldsymbol{V} = [V_R\ \ V_L\ \ V_C]^{\mathrm{T}}$, 電流ベクトルを $\boldsymbol{I} = [I_R\ \ I_L\ \ I_C]^{\mathrm{T}}$ とす

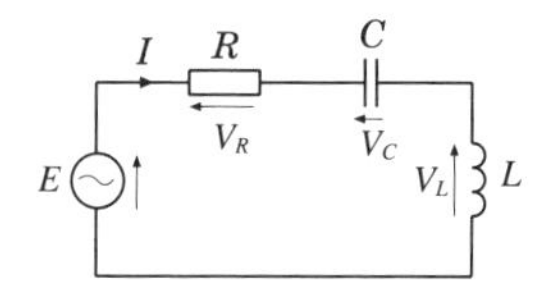

図 7.4 有効電力，無効電力の計算のための回路

る．各素子の電圧と電流の関係は $V_R = RI_R,\ V_L = \mathrm{j}\omega L I_L,\ V_C = (1/\mathrm{j}\omega C)I_C$ である．

(i)　複素電力を $V\overline{I}$ によって定義する場合：キルヒホフの電流則により $I = I_R = I_L = I_C$ と置くことができるから，

$$P + \mathrm{j}Q = \langle \boldsymbol{V},\ \boldsymbol{I} \rangle = [V_R\ \ V_L\ \ V_C] \begin{bmatrix} \overline{I_R} \\ \overline{I_L} \\ \overline{I_C} \end{bmatrix} = R\,|I|^2 + \mathrm{j}\left(\omega L - \frac{1}{\omega C}\right)|I|^2$$

となり，$P = R\,|I|^2,\ Q = (\omega L - 1/\omega C)\,|I|^2$ が得られる．

(ii)　複素電力を $\overline{V}I$ によって定義する場合：同様の計算によって

$$\begin{aligned} P + \mathrm{j}Q = \langle \boldsymbol{I},\ \boldsymbol{V} \rangle &= [I_R\ \ I_L\ \ I_C] \begin{bmatrix} \overline{V_R} \\ \overline{V_L} \\ \overline{V_C} \end{bmatrix} = [I\ \ I\ \ I] \begin{bmatrix} R\overline{I} \\ -\mathrm{j}\omega L\overline{I} \\ \mathrm{j}\dfrac{1}{\omega C}\overline{I} \end{bmatrix} \\ &= R\,|I|^2 - \mathrm{j}\left(\omega L - \frac{1}{\omega C}\right)|I|^2 \end{aligned}$$

よって，$P = R\,|I|^2,\ Q = -(\omega L - 1/(\omega C))\,|I|^2$ が得られる．

このように有効電力はどちらの定義でも一致するが，無効電力のほうは定義の違いによって符号が変わることに注意しよう．

(例 7.4)　図 7.5 の 2 端子対回路の電圧ベクトルを $\boldsymbol{V} = \begin{bmatrix} V_1 \\ V_2 \end{bmatrix}$，電流ベクトルを $\boldsymbol{I} = \begin{bmatrix} I_1 \\ I_2 \end{bmatrix}$，インピーダンス行列を $\boldsymbol{Z} = \begin{bmatrix} Z_{11} & Z_{12} \\ Z_{21} & Z_{22} \end{bmatrix}$ とする．インピーダンス行列は対称行列であるから $\boldsymbol{Z} = \boldsymbol{Z}^{\mathrm{T}}$（$Z_{21} = Z_{12}$）である．電圧ベクトルと電流ベクトルには $\boldsymbol{V} = \boldsymbol{Z}\boldsymbol{I}$ の関係があるから，定義 (i) の複素電力は

$$\begin{aligned} P + \mathrm{j}Q = \langle \boldsymbol{V},\ \boldsymbol{I} \rangle = \langle \boldsymbol{Z}\boldsymbol{I},\ \boldsymbol{I} \rangle &= (\boldsymbol{Z}\boldsymbol{I})^{\mathrm{T}}\overline{\boldsymbol{I}} = \boldsymbol{I}^{\mathrm{T}}\boldsymbol{Z}^{\mathrm{T}}\overline{\boldsymbol{I}} = \boldsymbol{I}^{\mathrm{T}}\boldsymbol{Z}\overline{\boldsymbol{I}} \\ &= Z_{11}|I_1|^2 + Z_{12}(I_1\overline{I_2} + \overline{I_1}I_2) + Z_{22}|I_2|^2 \end{aligned}$$

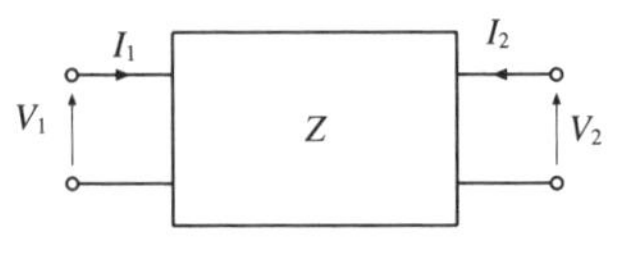

図 7.5　2 端子対回路

となる．さらに，$\boldsymbol{Z}$ の成分を抵抗分とリアクタンス分に分けて，$Z_{11} = R_{11}+\mathrm{j}X_{11}$，$Z_{22} = R_{22} + \mathrm{j}X_{22}$，$Z_{12} = R_{12} + \mathrm{j}X_{12}$ と表すと

$$
\begin{aligned}
P + \mathrm{j}Q = &(R_{11}|I_1|^2 + R_{12}(I_1\overline{I_2} + \overline{I_1}I_2) + R_{22}|I_2|^2) \\
&+ \mathrm{j}(X_{11}|I_1|^2 + X_{12}(I_1\overline{I_2} + \overline{I_1}I_2) + X_{22}|I_2|^2)
\end{aligned}
$$

となる．この式の両辺を比較して

$$
\begin{aligned}
P &= R_{11}|I_1|^2 + R_{12}(I_1\overline{I_2} + \overline{I_1}I_2) + R_{22}|I_2|^2 \\
Q &= X_{11}|I_1|^2 + X_{12}(I_1\overline{I_2} + \overline{I_1}I_2) + X_{22}|I_2|^2
\end{aligned}
$$

となる．つまり，2 端子対回路内の抵抗分は有効電力 P となり，リアクタンス分が無効電力 Q を生成することがわかる．

以上のように，複素電圧ベクトルと複素電流ベクトルのスカラー積により交流回路の電力を表すことができる．

7.3 ベクトルの直交性と分解

7.3.1 直交性と電力保存則

3 次元の実ベクトル空間で，2 つのベクトルのなす角を定義した．これを n 次元の実ベクトルに拡張して，列ベクトルを $\boldsymbol{x} = [x_1\ x_2\ \cdots\ x_n]^{\mathrm{T}}$，$\boldsymbol{y} = [y_1\ y_2\ \cdots\ y_n]^{\mathrm{T}}$ とする．実ベクトル $\boldsymbol{x}$ と $\boldsymbol{y}$ のなす角 θ を

$$
\cos\theta = \frac{\langle \boldsymbol{x},\ \boldsymbol{y} \rangle}{\sqrt{\langle \boldsymbol{x},\ \boldsymbol{x} \rangle \langle \boldsymbol{y},\ \boldsymbol{y} \rangle}} \quad (0 \leq \theta \leq \pi) \tag{7.10}
$$

によって定義する．この式の右辺は $\boldsymbol{x} \neq \boldsymbol{0}$, $\boldsymbol{y} \neq \boldsymbol{0}$ のときシュワルツの不等式により -1 以上 1 以下の値をとることに注意する．この定義によれば，3 次元のときと同様に，2 つの n 次元ベクトル $\boldsymbol{x}$ と $\boldsymbol{y}$ が

$$
\langle \boldsymbol{x},\ \boldsymbol{y} \rangle = 0 \tag{7.11}
$$

を満たすとき $\theta = \pi/2$ であるから，$\boldsymbol{x}$ と $\boldsymbol{y}$ は直交するという．

(例 7.5) 以下に示す図 7.6 の回路において，素子の電圧ベクトルを $\boldsymbol{v} = [v_1\ v_2\ v_3\ v_4]^{\mathrm{T}}$，電流ベクトルを $\boldsymbol{i} = [i_1\ i_2\ i_3\ i_4]^{\mathrm{T}}$ とする．このとき，電圧

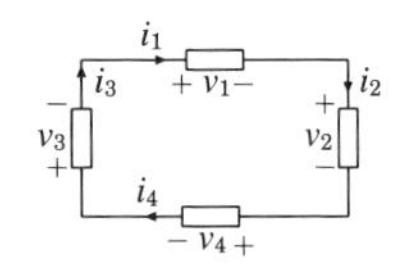

図 7.6　電圧ベクトルと電流ベクトルの直交

ベクトルと電流ベクトルは直交することを示せ．

〈解と説明〉　同図の回路において，素子の全電力は $\langle \boldsymbol{v},\ \boldsymbol{i} \rangle$ である．キルヒホフの電圧則により $v_1 + v_2 + v_3 + v_4 = 0$，電流則により $i_1 = i_2 = i_3 = i_4$ が成り立つ．よって $\langle \boldsymbol{v},\ \boldsymbol{i} \rangle = \boldsymbol{v}^{\mathrm{T}}\boldsymbol{i} = v_1 i_1 + \cdots + v_4 i_4 = (v_1 + \cdots + v_4) i_1 = 0$ となるから，電圧ベクトルと電流ベクトルは直交する．この直交性は素子のうちいくつかがエネルギーを供給する電源であり，残りの素子がそれを消費することを意味する．つまり，$\langle \boldsymbol{v},\ \boldsymbol{i} \rangle = 0$ は**電力保存則** (power conservation law) を示している．

7.3.2　ベクトルの分解と最短距離

ここでスカラー積を用いて，任意のベクトルを 2 つの直交するベクトルに分解する方法を説明する．

いま，図 7.7 のように，2 次元平面上の直線 ℓ 上に原点 O を始点とするベクトル $\boldsymbol{u}$ があり，零でない任意のベクトル $\boldsymbol{y}$ を $\boldsymbol{u}$ に平行なベクトルとそれに直交するベクトル $\boldsymbol{v}$ とに分解することを考える．

ベクトル $\boldsymbol{u}$ に平行なベクトルは $c\boldsymbol{u}$ (c : 実数) で与えられるから，問題は

$$\boldsymbol{y} = c\boldsymbol{u} + \boldsymbol{v} \tag{7.12}$$

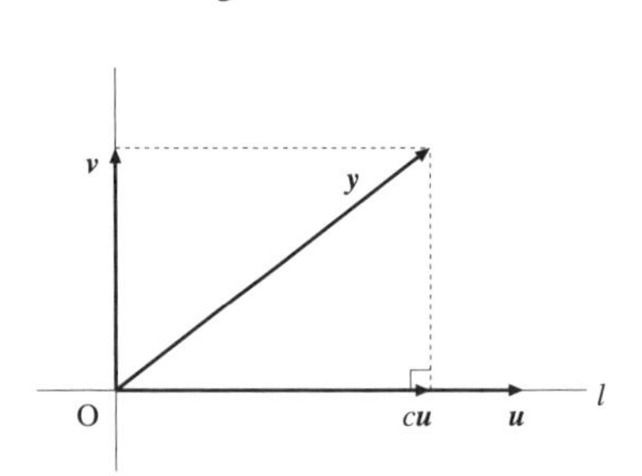

図 7.7　$\boldsymbol{u} \perp \boldsymbol{v}$ となる係数 c と $\boldsymbol{v}$ の決定

が成り立つような c と $\boldsymbol{v}$ を定めることである．ベクトル $\boldsymbol{u}$ と $\boldsymbol{v}$ が直交するから

$$\langle \boldsymbol{y}, \boldsymbol{u} \rangle = \langle c\boldsymbol{u} + \boldsymbol{v}, \boldsymbol{u} \rangle = \langle c\boldsymbol{u}, \boldsymbol{u} \rangle + \langle \boldsymbol{u}, \boldsymbol{v} \rangle = c\langle \boldsymbol{u}, \boldsymbol{u} \rangle \quad (\because\ \boldsymbol{u} \perp \boldsymbol{v})$$

となる．よって

$$c = \frac{\langle \boldsymbol{y}, \boldsymbol{u} \rangle}{\langle \boldsymbol{u}, \boldsymbol{u} \rangle} \tag{7.13}$$

となって c を定めることができる．この c を使って $\boldsymbol{u}$ に垂直なベクトル $\boldsymbol{v}$ が

$$\boldsymbol{v} = \boldsymbol{y} - c\boldsymbol{u} = \boldsymbol{y} - \frac{\langle \boldsymbol{y}, \boldsymbol{u} \rangle}{\langle \boldsymbol{u}, \boldsymbol{u} \rangle}\boldsymbol{y} \tag{7.14}$$

によって求められる．ベクトル $c\boldsymbol{u}$ は $\boldsymbol{y}$ の $\boldsymbol{u}$ 上への正射影である．ベクトル $\boldsymbol{v}$ を $\boldsymbol{y}$ の $\boldsymbol{u}$ に直交する成分という．

(例 7.6)　図 7.8 のように，ベクトル $\boldsymbol{y} = \begin{bmatrix} 6 \\ 2 \end{bmatrix}$ を $\boldsymbol{u} = \begin{bmatrix} 4 \\ 8 \end{bmatrix}$ に平行なベクトルとそれに直交するベクトルに分解せよ．

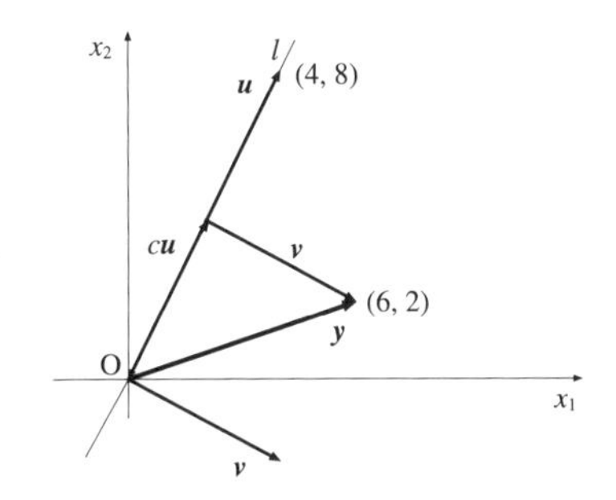

図 7.8　ベクトルの分解と最短距離

〈解と説明〉　スカラー積 $\langle \boldsymbol{y}, \boldsymbol{u} \rangle = 6 \times 4 + 2 \times 8 = 40$, $\langle \boldsymbol{u}, \boldsymbol{u} \rangle = 4^2 + 8^2 = 80$ である．よって，$c = \dfrac{\langle \boldsymbol{y}, \boldsymbol{u} \rangle}{\langle \boldsymbol{u}, \boldsymbol{u} \rangle} = \dfrac{40}{80} = \dfrac{1}{2}$ であるから $\boldsymbol{u}$ に平行なベクトルは $c\boldsymbol{u} = \dfrac{1}{2}\begin{bmatrix} 4 \\ 8 \end{bmatrix} = \begin{bmatrix} 2 \\ 4 \end{bmatrix}$ となる．また，直交するベクトルは $\boldsymbol{v} = \boldsymbol{y} - c\boldsymbol{u} = \begin{bmatrix} 6 \\ 2 \end{bmatrix} - \begin{bmatrix} 2 \\ 4 \end{bmatrix} = \begin{bmatrix} 4 \\ -2 \end{bmatrix}$ となる．こうして求めた $\boldsymbol{v}$ と $\boldsymbol{u}$ とが直交することは $\langle \boldsymbol{v}, \boldsymbol{u} \rangle = [4 \quad -2]\begin{bmatrix} 4 \\ 8 \end{bmatrix} = 16 - 16 = 0$ によって確認できる．点 $(6, 2)$ から直線 ℓ への最短距離は $\|\boldsymbol{v}\| = \sqrt{4^2 + (-2)^2} = 2\sqrt{5}$ となる．

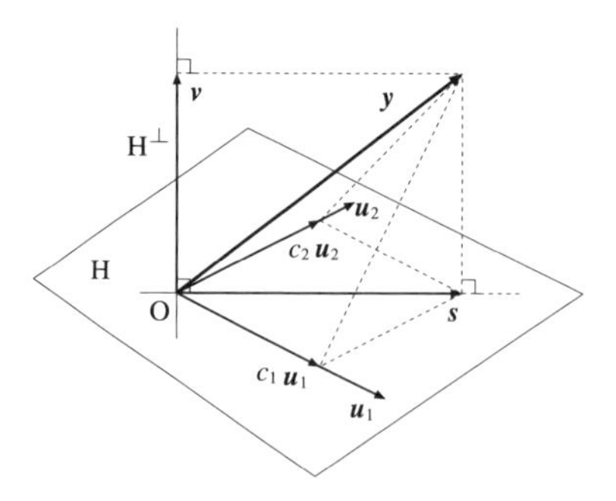

図 7.9　$\boldsymbol{s} \perp \boldsymbol{v}$ となる係数 c_1，c_2 と $\boldsymbol{v}$ の決定

次に，図 7.9 のように，3 次元空間でのベクトル $\boldsymbol{y}$ を 2 次元平面 H への正射影 $\boldsymbol{s}$ とそれと直交する平面 $\mathrm{H}^{\perp}$ 上のベクトル $\boldsymbol{v}$ に分解することを考える．平面 H とベクトル $\boldsymbol{v}$ はともに原点 O を通るものとする．

いま，平面 H の基底を $\boldsymbol{u}_1$, $\boldsymbol{u}_2$ とすれば，平面上のベクトルは

$$\boldsymbol{s} = c_1\boldsymbol{u}_1 + c_2\boldsymbol{u}_2 \tag{7.15}$$

と表すことができる．係数 c_1, c_2 は，$\boldsymbol{v} = \boldsymbol{y} - \boldsymbol{s}$ が $\boldsymbol{u}_1$ および $\boldsymbol{u}_2$ と直交するという条件から定めることができる．すなわち，直交条件は

$$\begin{aligned} \langle \boldsymbol{y} - \boldsymbol{s}, \boldsymbol{u}_1 \rangle &= 0 \\ \langle \boldsymbol{y} - \boldsymbol{s}, \boldsymbol{u}_2 \rangle &= 0 \end{aligned} \tag{7.16}$$

となる．この式は

$$\begin{aligned} \langle \boldsymbol{y}, \boldsymbol{u}_1 \rangle - c_1\langle \boldsymbol{u}_1, \boldsymbol{u}_1 \rangle - c_2\langle \boldsymbol{u}_2, \boldsymbol{u}_1 \rangle &= 0 \\ \langle \boldsymbol{y}, \boldsymbol{u}_2 \rangle - c_1\langle \boldsymbol{u}_1, \boldsymbol{u}_2 \rangle - c_2\langle \boldsymbol{u}_2, \boldsymbol{u}_2 \rangle &= 0 \end{aligned} \tag{7.17}$$

となり，係数 c_1, c_2 を未知数とする連立一次方程式である．ここでは，簡単のため基底 $\boldsymbol{u}_1$ と $\boldsymbol{u}_2$ とは直交すると仮定しよう．よって，$\langle \boldsymbol{u}_1, \boldsymbol{u}_2 \rangle = 0$ となるから，式 (7.17) は

$$\begin{aligned} \langle \boldsymbol{y}, \boldsymbol{u}_1 \rangle - c_1\langle \boldsymbol{u}_1, \boldsymbol{u}_1 \rangle &= 0 \\ \langle \boldsymbol{y}, \boldsymbol{u}_2 \rangle - c_2\langle \boldsymbol{u}_2, \boldsymbol{u}_2 \rangle &= 0 \end{aligned} \tag{7.18}$$

となり，係数は

$$c_1 = \frac{\langle \boldsymbol{y}, \boldsymbol{u}_1 \rangle}{\langle \boldsymbol{u}_1, \boldsymbol{u}_1 \rangle}, \quad c_2 = \frac{\langle \boldsymbol{y}, \boldsymbol{u}_2 \rangle}{\langle \boldsymbol{u}_2, \boldsymbol{u}_2 \rangle} \tag{7.19}$$

と直ちに計算できる．このように，基底に直交性をもたせて，計算の簡略化をはかるという考え方はいろいろな分野で見られる*1)．

求めた係数 c_1, c_2 を用いると，$\boldsymbol{y}$ の正射影は

$$\boldsymbol{s} = \frac{\langle \boldsymbol{y}, \boldsymbol{u}_1 \rangle}{\langle \boldsymbol{u}_1, \boldsymbol{u}_1 \rangle}\boldsymbol{u}_1 + \frac{\langle \boldsymbol{y}, \boldsymbol{u}_2 \rangle}{\langle \boldsymbol{u}_2, \boldsymbol{u}_2 \rangle}\boldsymbol{u}_2 \tag{7.20}$$

と表すことができる．このようにして，正射影が決まれば

$$\boldsymbol{v} = \boldsymbol{y} - \boldsymbol{s} \tag{7.21}$$

によって，平面 H に直交するベクトル $\boldsymbol{v}$ を決めることができる．また，$\|\boldsymbol{v}\|$ はベクトル $\boldsymbol{y}$ から平面 H への最短距離である．

(例 7.7) ベクトル $\boldsymbol{u}_1 = \begin{bmatrix} 1 \\ -2 \\ 5 \end{bmatrix}, \boldsymbol{u}_2 = \begin{bmatrix} 1 \\ -2 \\ -1 \end{bmatrix}$ が直交基底になることを示し，ベクトル $\boldsymbol{y} = \begin{bmatrix} 3 \\ 2 \\ 1 \end{bmatrix}$ の $\boldsymbol{u}_1, \boldsymbol{u}_2$ が生成する空間 H への正射影を求め，$\boldsymbol{y}$ を分解せよ．また，$\boldsymbol{y}$ から H への最短距離を求めよ．

〈解と説明〉 まず，$\boldsymbol{u}_1$ と $\boldsymbol{u}_2$ は一次独立であることは容易にわかる．次に $\langle \boldsymbol{u}_1, \boldsymbol{u}_2 \rangle = 1 \times 1 + (-2) \times (-2) + 5 \times (-1) = 0$ となるから $\boldsymbol{u}_1$ と $\boldsymbol{u}_2$ は直交する．よって，$\boldsymbol{u}_1$ と $\boldsymbol{u}_2$ は直交基底である．スカラー積については $\langle \boldsymbol{y}, \boldsymbol{u}_1 \rangle = 4$, $\langle \boldsymbol{y}, \boldsymbol{u}_2 \rangle = -2$, $\langle \boldsymbol{u}_1, \boldsymbol{u}_1 \rangle = 30$, $\langle \boldsymbol{u}_2, \boldsymbol{u}_2 \rangle = 6$ となるから，$c_1 = 2/15, \quad c_2 = -1/3$．よって，正射影は

$$\boldsymbol{s} = \frac{2}{15}\boldsymbol{u}_1 - \frac{1}{3}\boldsymbol{u}_2 = \frac{2}{15}\begin{bmatrix} 1 \\ -2 \\ 5 \end{bmatrix} - \frac{1}{3}\begin{bmatrix} 1 \\ -2 \\ -1 \end{bmatrix} = \begin{bmatrix} -1/5 \\ 2/5 \\ 1 \end{bmatrix}$$

---

*1) ♠ ひと言コーナー ♠ 区間 $[-\pi, \pi]$ で連続な関数 $f(t)$, $g(t)$ に対し，スカラー積を $\langle f(t), g(t) \rangle = \int_{-\pi}^{\pi} f(t)g(t)\mathrm{d}t$ で定義し，$\langle f(t), g(t) \rangle = 0$ が成り立つとき，$f(t)$ と $g(t)$ は互いに直交しているという．この定義によれば，三角関数系 $\{1, \cos t, \sin t, \cdots, \cos(nt), \sin(nt), \cdots\}$ の任意の 2 つの関数は直交している．信号の解析で用いられるフーリエ級数展開はこの性質を使っている．

と求められる．これにより，$\boldsymbol{v} = \boldsymbol{y} - \boldsymbol{s} = \begin{bmatrix} 16/5 \\ 8/5 \\ 0 \end{bmatrix}$ となる．$\boldsymbol{s}$ と $\boldsymbol{v}$ のスカラー積は $\langle \boldsymbol{s}, \boldsymbol{v} \rangle = -16/25 + 16/25 = 0$ となり，たしかに両者は直交する．最短距離は $\|\boldsymbol{v}\| = \sqrt{(16/5)^2 + (8/5)^2} = 8\sqrt{5}/5$ となる．

(定理 7.2)　n 次元ベクトル空間において，k 個の直交基底を $\{\boldsymbol{u}_1, \cdots, \boldsymbol{u}_k\}$ とし，これらによって生成される空間を部分空間といい H で表す．また，H と直交する空間を直交補空間といい $\mathrm{H}^{\perp}$ で表す[*2]．n 次元ベクトル $\boldsymbol{y}$ は H に属するベクトル $\boldsymbol{s}$ と $\mathrm{H}^{\perp}$ に属するベクトル $\boldsymbol{v}$ に分解され

$$\boldsymbol{y} = \boldsymbol{s} + \boldsymbol{v}$$

と書くことができる．ここに，

$$\boldsymbol{s} = \frac{\langle \boldsymbol{y}, \boldsymbol{u}_1 \rangle}{\langle \boldsymbol{u}_1, \boldsymbol{u}_1 \rangle}\boldsymbol{u}_1 + \cdots + \frac{\langle \boldsymbol{y}, \boldsymbol{u}_k \rangle}{\langle \boldsymbol{u}_k, \boldsymbol{u}_k \rangle}\boldsymbol{u}_k \tag{7.22}$$

である．

7.3.3　正規直交系

実ベクトル空間において正規化されたベクトル $\{\boldsymbol{x}_1,\ \boldsymbol{x}_2,\ \cdots,\ \boldsymbol{x}_n\}$ が互いに直交するとき，ベクトル $\{\boldsymbol{x}_1,\ \boldsymbol{x}_2,\ \cdots,\ \boldsymbol{x}_n\}$ を正規直交系 (orthonormal system) という．すなわち，正規直交系は

$$\langle \boldsymbol{x}_i,\ \boldsymbol{x}_j \rangle = \begin{cases} 1 & (i = j) \\ 0 & (i \neq j) \end{cases} \quad (i, j = 1, 2, \cdots, n) \tag{7.23}$$

と書くことができる．n 次元の基本ベクトル

[*2] ♠ ひと言コーナー ♠　3 次元ベクトル空間での部分空間は平面や直線をイメージすればよいが，大切なことはそれが原点を通ることである．一般には n 次元ベクトル空間 V（ベクトルの集合）において，次の 3 つの条件を満たすベクトル空間 H を V の部分空間という．

(i)　零ベクトルが H に含まれる．

(ii)　任意のベクトル $\boldsymbol{a}$，$\boldsymbol{b}$ が H に含まれるとき，和 $\boldsymbol{a} + \boldsymbol{b}$ も H に含まれる．

(iii) 任意のスカラー c と H の任意のベクトル $\boldsymbol{a}$ に対し，ベクトル $c\boldsymbol{a}$ も H に含まれる．

条件 (i) は (iii) に含まれるから不要であるが，強調するため記しておいた．また，たとえば $\boldsymbol{a}$ と $\boldsymbol{b}$ の張る空間 (生成する空間ともいう) を $\mathrm{Span}\{\boldsymbol{a},\ \boldsymbol{b}\}$ と記すこともある．これは $\boldsymbol{a}$ と $\boldsymbol{b}$ の一次結合 $\alpha\boldsymbol{a} + \beta\boldsymbol{b}$ 全体を表す．

$$\boldsymbol{e}_1 = \begin{bmatrix} 1 \\ 0 \\ \vdots \\ 0 \end{bmatrix}, \quad \boldsymbol{e}_2 = \begin{bmatrix} 0 \\ 1 \\ \vdots \\ 0 \end{bmatrix}, \quad \cdots, \quad \boldsymbol{e}_n = \begin{bmatrix} 0 \\ 0 \\ \vdots \\ 1 \end{bmatrix}$$

には

$$\langle \boldsymbol{e}_i,\ \boldsymbol{e}_j \rangle = \begin{cases} 1 & (i = j) \\ 0 & (i \neq j) \end{cases} \quad (i, j = 1, 2, \cdots, n)$$

の関係が成り立つから，基本ベクトルは正規直交系である．さらに，次の定理が成り立つ．

(定理 7.3)　n 次元ベクトル $\boldsymbol{x}_1,\ \boldsymbol{x}_2, \cdots,\ \boldsymbol{x}_k$ が正規直交系であるとき，これらのベクトルは一次独立である．

7.3.4　グラム・シュミットの直交化法

これまで述べた実ベクトルを分解する方法を応用して，k 個のベクトル $\{\boldsymbol{x}_1,\ \boldsymbol{x}_2,\ \cdots,\ \boldsymbol{x}_k\}$ が一次独立のとき，これらのベクトルから正規直交系 $\{\boldsymbol{y}_1,\ \boldsymbol{y}_2,\ \cdots,\ \boldsymbol{y}_k\}$ をつくることができる．この方法をグラム・シュミット (Gram-Schmidt) の直交化法という．その手順を以下に示す．

ステップ **1**　$\boldsymbol{v}_1 = \boldsymbol{x}_1$

ステップ **2**　$\boldsymbol{v}_2 = \boldsymbol{x}_2 - \dfrac{\langle \boldsymbol{x}_2,\ \boldsymbol{v}_1 \rangle}{\langle \boldsymbol{v}_1,\ \boldsymbol{v}_1 \rangle} \boldsymbol{v}_1$

ステップ **3**　$\boldsymbol{v}_3 = \boldsymbol{x}_3 - \dfrac{\langle \boldsymbol{x}_3,\ \boldsymbol{v}_1 \rangle}{\langle \boldsymbol{v}_1,\ \boldsymbol{v}_1 \rangle} \boldsymbol{v}_1 - \dfrac{\langle \boldsymbol{x}_3,\ \boldsymbol{v}_2 \rangle}{\langle \boldsymbol{v}_2,\ \boldsymbol{v}_2 \rangle} \boldsymbol{v}_2$

$\vdots$

ステップ $\boldsymbol{k}$　$\boldsymbol{v}_k = \boldsymbol{x}_k - \dfrac{\langle \boldsymbol{x}_k,\ \boldsymbol{v}_1 \rangle}{\langle \boldsymbol{v}_1,\ \boldsymbol{v}_1 \rangle} \boldsymbol{v}_1 - \cdots - \dfrac{\langle \boldsymbol{x}_k,\ \boldsymbol{v}_{k-1} \rangle}{\langle \boldsymbol{v}_{k-1},\ \boldsymbol{v}_{k-1} \rangle} \boldsymbol{v}_{k-1}$

こうして得られたベクトル $\{\boldsymbol{v}_1,\ \boldsymbol{v}_2,\ \cdots,\ \boldsymbol{v}_k\}$ は互いに直交する．正規化するために，$\boldsymbol{v}_p$ $(p = 1, \cdots,\ k)$ をそれ自体の長さ $\|\boldsymbol{v}_p\|$ で割れば，正規直交系

$$\boldsymbol{y}_1 = \frac{\boldsymbol{v}_1}{\|\boldsymbol{v}_1\|}, \quad \boldsymbol{y}_2 = \frac{\boldsymbol{v}_2}{\|\boldsymbol{v}_2\|}, \quad \cdots, \quad \boldsymbol{y}_k = \frac{\boldsymbol{v}_k}{\|\boldsymbol{v}_k\|}$$

が得られる．

(例 7.8) ベクトル $\boldsymbol{x}_1 = \begin{bmatrix} 1 \\ 2 \\ 1 \end{bmatrix}$, $\boldsymbol{x}_2 = \begin{bmatrix} -1 \\ -1 \\ -1 \end{bmatrix}$, $\boldsymbol{x}_3 = \begin{bmatrix} 2 \\ 7 \\ 3 \end{bmatrix}$ の正規直交系を求めよう.

〈解と説明〉 まず, 直交化しよう.

ステップ 1 $\boldsymbol{v}_1 = \boldsymbol{x}_1 = \begin{bmatrix} 1 \\ 2 \\ 1 \end{bmatrix}$

ステップ 2 $\langle \boldsymbol{x}_2,\ \boldsymbol{v}_1 \rangle = -4,\ \langle \boldsymbol{v}_1,\ \boldsymbol{v}_1 \rangle = 6$ であるから

$$\boldsymbol{v}_2 = \begin{bmatrix} -1 \\ -1 \\ -1 \end{bmatrix} - \frac{-4}{6} \begin{bmatrix} 1 \\ 2 \\ 1 \end{bmatrix} = \begin{bmatrix} -1/3 \\ 1/3 \\ -1/3 \end{bmatrix}$$

ステップ 3 $\langle \boldsymbol{x}_3,\ \boldsymbol{v}_2 \rangle = 2/3,\ \langle \boldsymbol{v}_2,\ \boldsymbol{v}_2 \rangle = 1/3,\ \langle \boldsymbol{x}_3,\ \boldsymbol{v}_1 \rangle = 19$ であるから

$$\boldsymbol{v}_3 = \begin{bmatrix} 2 \\ 7 \\ 3 \end{bmatrix} - \frac{19}{6} \begin{bmatrix} 1 \\ 2 \\ 1 \end{bmatrix} - \frac{2/3}{1/3} \begin{bmatrix} -1/3 \\ 1/3 \\ -1/3 \end{bmatrix} = \begin{bmatrix} -1/2 \\ 0 \\ 1/2 \end{bmatrix}$$

となる. 直交性が $\langle \boldsymbol{v}_1, \boldsymbol{v}_2 \rangle = 0,\ \langle \boldsymbol{v}_2, \boldsymbol{v}_3 \rangle = 0,\ \langle \boldsymbol{v}_1, \boldsymbol{v}_3 \rangle = 0$ により確認できる. ついで, $\boldsymbol{v}_i$, $\boldsymbol{v}_2$, $\boldsymbol{v}_3$ を正規化すれば, 正規直交系は

$$\boldsymbol{y}_1 = \begin{bmatrix} 1/\sqrt{6} \\ 2/\sqrt{6} \\ 1/\sqrt{6} \end{bmatrix},\ \boldsymbol{y}_2 = \begin{bmatrix} -1/\sqrt{3} \\ 1/\sqrt{3} \\ -1/\sqrt{3} \end{bmatrix},\ \boldsymbol{y}_3 = \begin{bmatrix} -1/\sqrt{2} \\ 0 \\ 1/\sqrt{2} \end{bmatrix}$$

となる.

7.3.5 直交行列と合同変換

a. 列ベクトルの直交性

n 次の直交行列 $\boldsymbol{A}$ は

$$\boldsymbol{A}^{\mathrm{T}}\boldsymbol{A} = \boldsymbol{A}\boldsymbol{A}^{\mathrm{T}} = \boldsymbol{1}$$

によって定義された. 直交行列を列ベクトルで表して, その特徴を調べてみよう.

いま簡単のため，直交行列を $\boldsymbol{A} = \begin{bmatrix} a & b \\ c & d \end{bmatrix}$ で表すと，その転置行列は $\boldsymbol{A}^{\mathrm{T}} = \begin{bmatrix} a & c \\ b & d \end{bmatrix}$ である．行列 $\boldsymbol{A}$ の列ベクトルを $\boldsymbol{a}_1 = \begin{bmatrix} a \\ c \end{bmatrix}$, $\boldsymbol{a}_2 = \begin{bmatrix} b \\ d \end{bmatrix}$ で表すと

$$\boldsymbol{A} = [\boldsymbol{a}_1\ \boldsymbol{a}_2], \quad \boldsymbol{A}^{\mathrm{T}} = \begin{bmatrix} \boldsymbol{a}_1^{\mathrm{T}} \\ \boldsymbol{a}_2^{\mathrm{T}} \end{bmatrix} \tag{7.24}$$

と表すことができる．直交行列の条件 $(\boldsymbol{A}^{\mathrm{T}}\boldsymbol{A} = \mathbf{1})$ は

$$\begin{bmatrix} a & c \\ b & d \end{bmatrix}\begin{bmatrix} a & b \\ c & d \end{bmatrix} = \begin{bmatrix} a^2 + c^2 & ab + cd \\ ab + cd & b^2 + d^2 \end{bmatrix} = \begin{bmatrix} 1 & 0 \\ 0 & 1 \end{bmatrix}$$

すなわち

$$a^2 + c^2 = 1, \quad b^2 + d^2 = 1, \quad ab + cd = 0 \tag{7.25}$$

となる．はじめの2つの式は $\boldsymbol{a}_1, \boldsymbol{a}_2$ の長さが1であることを示し，3つ目の式は2つの列ベクトル $\boldsymbol{a}_1, \boldsymbol{a}_2$ のスカラー積が0，すなわち，異なる2つの列ベクトルが直交することを示している．このことは同じ添え字の列ベクトルのスカラー積は1，異なる添え字の列ベクトルのスカラー積は0，すなわち

$$\boldsymbol{a}_1^{\mathrm{T}}\boldsymbol{a}_1 = 1, \quad \boldsymbol{a}_2^{\mathrm{T}}\boldsymbol{a}_2 = 1 \quad \text{および} \quad \boldsymbol{a}_1^{\mathrm{T}}\boldsymbol{a}_2 = \boldsymbol{a}_2^{\mathrm{T}}\boldsymbol{a}_1 = 0$$

と書くことができる．

同様に，n 次の直交行列 $\boldsymbol{A}$ の列ベクトル $\boldsymbol{a}_1, \boldsymbol{a}_2, \cdots, \boldsymbol{a}_n$ についても同様に

$$\boldsymbol{a}_i^{\mathrm{T}}\boldsymbol{a}_j = \langle \boldsymbol{a}_i,\ \boldsymbol{a}_j \rangle = \begin{cases} 1 & (i = j) \\ 0 & (i \neq j) \end{cases} \quad (i,\ j = 1, 2, \cdots, n) \tag{7.26}$$

が成り立つ．つまり，直交行列の列ベクトルは正規直交系である．同様に直交行列の行ベクトルも正規直交系である．

(例 7.9)　行列 $\boldsymbol{P} = \begin{bmatrix} 1/\sqrt{2} & 1/\sqrt{2} \\ 1/\sqrt{2} & -1/\sqrt{2} \end{bmatrix}$ の列ベクトルが正規直交系であることを確かめよ．

〈解と説明〉　列ベクトルは $\boldsymbol{p}_1 = \begin{bmatrix} 1/\sqrt{2} \\ 1/\sqrt{2} \end{bmatrix}$, $\boldsymbol{p}_2 = \begin{bmatrix} 1/\sqrt{2} \\ -1/\sqrt{2} \end{bmatrix}$ であるから，

$\langle \boldsymbol{p}_1, \boldsymbol{p}_1 \rangle = \boldsymbol{p}_1^{\mathrm{T}} \boldsymbol{p}_1 = (1/\sqrt{2})^2 + (1/\sqrt{2})^2 = 1$, $\langle \boldsymbol{p}_2, \boldsymbol{p}_2 \rangle = \boldsymbol{p}_2^{\mathrm{T}} \boldsymbol{p}_2 = (1/\sqrt{2})^2 + (-1/\sqrt{2})^2 = 1$, $\langle \boldsymbol{p}_1, \boldsymbol{p}_2 \rangle = \boldsymbol{p}_1^{\mathrm{T}} \boldsymbol{p}_2 = (1/\sqrt{2})^2 + (1/\sqrt{2})(-1/\sqrt{2}) = 0$ となる．よって，この列ベクトルは正規直交系であることが確かめられた．

(例 7.10)　三相回路の $0\alpha\beta$ 変換の行列 $\boldsymbol{Q} = \sqrt{\dfrac{2}{3}} \begin{bmatrix} \dfrac{1}{\sqrt{2}} & \dfrac{1}{\sqrt{2}} & \dfrac{1}{\sqrt{2}} \\ 1 & -\dfrac{1}{2} & -\dfrac{1}{2} \\ 0 & \dfrac{\sqrt{3}}{2} & -\dfrac{\sqrt{3}}{2} \end{bmatrix}$ について，列ベクトルが正規直交系であることを確かめよ．

〈解と説明〉　行列 $\boldsymbol{Q}$ の列ベクトルは

$$\boldsymbol{q}_1 = \sqrt{\frac{2}{3}} \begin{bmatrix} \dfrac{1}{\sqrt{2}} \\ 1 \\ 0 \end{bmatrix}, \quad \boldsymbol{q}_2 = \sqrt{\frac{2}{3}} \begin{bmatrix} \dfrac{1}{\sqrt{2}} \\ -\dfrac{1}{2} \\ \dfrac{\sqrt{3}}{2} \end{bmatrix}, \quad \boldsymbol{q}_3 = \sqrt{\frac{2}{3}} \begin{bmatrix} \dfrac{1}{\sqrt{2}} \\ -\dfrac{1}{2} \\ -\dfrac{\sqrt{3}}{2} \end{bmatrix}$$

である．よって

$$\langle \boldsymbol{q}_1, \boldsymbol{q}_2 \rangle = \frac{2}{3}\left(\frac{1}{2} - \frac{1}{2}\right) = 0, \quad \langle \boldsymbol{q}_2, \boldsymbol{q}_3 \rangle = \frac{2}{3}\left(\frac{1}{2} + \frac{1}{4} - \frac{3}{4}\right) = 0,$$
$$\langle \boldsymbol{q}_3, \boldsymbol{q}_1 \rangle = \frac{2}{3}\left(\frac{1}{2} - \frac{1}{2}\right) = 0$$

そして

$$\langle \boldsymbol{q}_1, \boldsymbol{q}_1 \rangle = \frac{2}{3} \times \frac{1}{2} + \frac{2}{3} = 1, \quad \langle \boldsymbol{q}_2, \boldsymbol{q}_2 \rangle = \frac{2}{3} \times \frac{1}{2} + \frac{2}{3} \times \frac{1}{4} + \frac{2}{3} \times \frac{3}{4} = 1,$$
$$\langle \boldsymbol{q}_3, \boldsymbol{q}_3 \rangle = \frac{2}{3} \times \frac{1}{2} + \frac{2}{3} \times \frac{1}{4} + \frac{2}{3} \times \frac{3}{4} = 1$$

となるから，$\boldsymbol{Q}$ の列ベクトルは正規直交系である．

b. 合 同 変 換

直交変換 $\boldsymbol{y} = \boldsymbol{A}\boldsymbol{x}$ によりベクトルのノルム (長さ) がどう変わるか見てみよう．ノルムについて

$$\|\boldsymbol{y}\|^2 = \langle \boldsymbol{y}, \boldsymbol{y} \rangle = \langle \boldsymbol{A}\boldsymbol{x}, \boldsymbol{A}\boldsymbol{x} \rangle = (\boldsymbol{A}\boldsymbol{x})^{\mathrm{T}} \boldsymbol{A}\boldsymbol{x}$$
$$= \boldsymbol{x}^{\mathrm{T}} (\boldsymbol{A}^{\mathrm{T}} \boldsymbol{A}) \boldsymbol{x} = \boldsymbol{x}^{\mathrm{T}} \boldsymbol{x} = \langle \boldsymbol{x}, \boldsymbol{x} \rangle = \|\boldsymbol{x}\|^2$$

となるから，$\|\boldsymbol{y}\| = \|\boldsymbol{x}\|$ が成り立つ．よって，直交変換はノルムを変えない変

換である．このことを「ノルムは直交変換に対して不変である」という．

また，2つのベクトル $\boldsymbol{x}_1$，$\boldsymbol{x}_2$ を同じ直交行列 $\boldsymbol{A}$ でそれぞれ直交変換して $\boldsymbol{y}_1$，$\boldsymbol{y}_2$ とすると，$\boldsymbol{y}_1$ と $\boldsymbol{y}_2$ のスカラー積は

$$\begin{aligned}\langle \boldsymbol{y}_1, \boldsymbol{y}_2 \rangle &= \langle \boldsymbol{A}\boldsymbol{x}_1, \boldsymbol{A}\boldsymbol{x}_2 \rangle = (\boldsymbol{A}\boldsymbol{x}_1)^{\mathrm{T}} \boldsymbol{A}\boldsymbol{x}_2 \\ &= \boldsymbol{x}_1^{\mathrm{T}} (\boldsymbol{A}^{\mathrm{T}} \boldsymbol{A}) \boldsymbol{x}_2 = \boldsymbol{x}_1^{\mathrm{T}} \boldsymbol{x}_2 = \langle \boldsymbol{x}_1, \boldsymbol{x}_2 \rangle\end{aligned}$$

となるから，直交変換してもスカラー積は不変である．

ベクトル $\boldsymbol{x}_1$ と $\boldsymbol{x}_2$ のスカラー積は $\langle \boldsymbol{x}_1, \boldsymbol{x}_2 \rangle = \|\boldsymbol{x}_1\| \|\boldsymbol{x}_2\| \cos\alpha$, $\langle \boldsymbol{y}_1, \boldsymbol{y}_2 \rangle = \|\boldsymbol{y}_1\| \|\boldsymbol{y}_2\| \cos\beta$ であるが，ノルムは直交変換に対して不変，つまり $\|\boldsymbol{y}_1\| = \|\boldsymbol{x}_1\|$, $\|\boldsymbol{y}_2\| = \|\boldsymbol{x}_2\|$ であるから，$\alpha = \beta$ が成り立つ．このことを図 7.10 に示す．この図は直交変換ではすべての図形がそれと合同な図形に移されることを示している．このことから，直交変換は**合同変換** (congruent transformation) とよばれる．

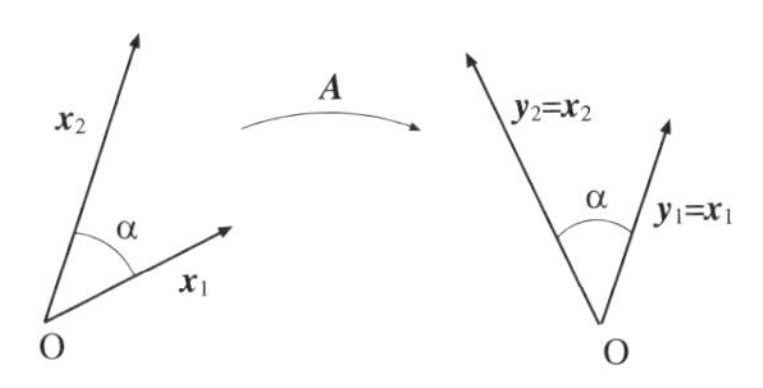

図 7.10　合同変換

以上のことを定理として述べておこう．

(定理 7.4)　直交変換 $\boldsymbol{y} = \boldsymbol{A}\boldsymbol{x}$ に対し，次のことが成り立つ．

(i)　$\|\boldsymbol{y}\| = \|\boldsymbol{A}\boldsymbol{x}\| = \|\boldsymbol{x}\|$　ノルム不変

(ii)　$\langle \boldsymbol{y}_1, \boldsymbol{y}_2 \rangle = \langle \boldsymbol{A}\boldsymbol{x}_1, \boldsymbol{A}\boldsymbol{x}_2 \rangle = \langle \boldsymbol{x}_1, \boldsymbol{x}_2 \rangle$　スカラー積不変

7.3.6　ユニタリ行列とユニタリ変換

直交行列の成分は実数であるが，これを複素数に拡張したユニタリ行列 $\boldsymbol{U}$ についても，その列ベクトル $\boldsymbol{u}_1$，$\boldsymbol{u}_2, \cdots$，$\boldsymbol{u}_n$ は正規直交系をつくり，

$$\boldsymbol{u}_i^{\mathrm{T}} \boldsymbol{u}_j = \langle \boldsymbol{u}_i,\ \boldsymbol{u}_j \rangle = \begin{cases} 1 & (i = j) \\ 0 & (i \neq j) \end{cases} \quad (i,\ j = 1, 2, \cdots, n) \qquad (7.27)$$

が成り立つ．一次変換の行列がユニタリ行列であるとき，その一次変換を**ユニタリ変換** (unitary transformation) という．ユニタリ変換でも直交変換と同じように，(1) ノルム不変，(2) スカラー積不変が成り立つ．

すでに述べたように，対称座標変換の行列 $\boldsymbol{U}$ はユニタリ行列であるから，対称座標変換はユニタリ変換である．便利のため，そのユニタリ行列を再記しておこう．

$$\boldsymbol{U} = \frac{1}{\sqrt{3}} \begin{bmatrix} 1 & 1 & 1 \\ 1 & a^2 & a \\ 1 & a & a^2 \end{bmatrix}, \quad \boldsymbol{U}^* = \frac{1}{\sqrt{3}} \begin{bmatrix} 1 & 1 & 1 \\ 1 & a & a^2 \\ 1 & a^2 & a \end{bmatrix}$$

行列 $\boldsymbol{U}$ の列ベクトルが正規直交系であることは容易に確かめられる．

7.3.7　三相回路の変換に対する不変な量

変換によって変わらないものが何であるかを知っておくことは大切なことである．座標変換により物理量や式の形が変わらないとき，その物理量や式の形は座標変換に対して不変 (invariant) であるという．たとえば，電力 1 kW は座標系によらない不変な物理量 (不変量) である．つまり座標系が変わっても 1 kW は 1 kW である．円や球の半径も座標系のとり方によって変わらない不変な量である．それでは三相回路における $0\alpha\beta$ 変換や対称座標変換の不変な式や量は何であるのかを調べてみよう．

a.　$0\alpha\beta$ 変換に対する不変な量

もとの三相回路の電圧ベクトルを $\boldsymbol{v} = \begin{bmatrix} v_a \\ v_b \\ v_c \end{bmatrix}$，電流ベクトルを $\boldsymbol{i} = \begin{bmatrix} i_a \\ i_b \\ i_c \end{bmatrix}$，$0\alpha\beta$ 変換後の電圧ベクトルを $\boldsymbol{v}' = \begin{bmatrix} v_0 \\ v_\alpha \\ v_\beta \end{bmatrix}$，電流ベクトルを $\boldsymbol{i}' = \begin{bmatrix} i_0 \\ i_\alpha \\ i_\beta \end{bmatrix}$ とする．$0\alpha\beta$ 変換の直交行列 $\boldsymbol{Q}$ により，$\boldsymbol{v}' = \boldsymbol{Q}\boldsymbol{v}$，$\boldsymbol{i}' = \boldsymbol{Q}\boldsymbol{i}$ となる．よって，変換前と変換後の電力の関係は

$$\langle \boldsymbol{v}', \boldsymbol{i}' \rangle = \langle \boldsymbol{Q}\boldsymbol{v}, \boldsymbol{Q}\boldsymbol{i} \rangle = (\boldsymbol{Q}\boldsymbol{v})^{\mathrm{T}}\boldsymbol{Q}\boldsymbol{i} = \boldsymbol{v}^{\mathrm{T}}(\boldsymbol{Q}^{\mathrm{T}}\boldsymbol{Q})\boldsymbol{i} = \boldsymbol{v}^{\mathrm{T}}\boldsymbol{i} = \langle \boldsymbol{v}, \boldsymbol{i} \rangle$$

と表される．すなわち，

$$\langle \boldsymbol{v}, \boldsymbol{i} \rangle = \langle \boldsymbol{v}', \boldsymbol{i}' \rangle$$

成分で表せば

$$v_a i_a + v_b i_b + v_c i_c = v_0 i_0 + v_\alpha i_\alpha + v_\beta i_\beta$$

となる．これはスカラー積不変を示し，変換前と変換後の電力が同じ式の形で，座標系によらず電力は不変であることを示している．つまり，$0\alpha\beta$ 変換は電力不変の変換である．

b. 対称座標変換に対する不変な量

三相交流回路の複素電圧ベクトルを $\boldsymbol{V} = \begin{bmatrix} V_a \\ V_b \\ V_c \end{bmatrix}$，複素電流ベクトルを $\boldsymbol{I} = \begin{bmatrix} I_a \\ I_b \\ I_c \end{bmatrix}$，対称座標変換したものを $\boldsymbol{V}' = \begin{bmatrix} V_0 \\ V_1 \\ V_2 \end{bmatrix}, \boldsymbol{I}' = \begin{bmatrix} I_0 \\ I_1 \\ I_2 \end{bmatrix}$ とする．

対称座標変換の式は $\boldsymbol{V} = \boldsymbol{U}\boldsymbol{V}'$, $\boldsymbol{I} = \boldsymbol{U}\boldsymbol{I}'$ となるから，複素電力はベクトル $\boldsymbol{V}$ と $\boldsymbol{I}$ とのスカラー積により

$$\begin{aligned} \langle \boldsymbol{V},\ \boldsymbol{I} \rangle &= \langle \boldsymbol{U}\boldsymbol{V}',\ \boldsymbol{U}\boldsymbol{I}' \rangle = (\boldsymbol{U}\boldsymbol{V}')^{\mathrm{T}}\overline{\boldsymbol{U}\boldsymbol{I}'} \\ &= \boldsymbol{V}'^{\mathrm{T}}(\boldsymbol{U}^{\mathrm{T}}\overline{\boldsymbol{U}})\ \overline{\boldsymbol{I}'} = \boldsymbol{V}'^{\mathrm{T}}\overline{\boldsymbol{I}'} = \langle \boldsymbol{V}',\ \boldsymbol{I}' \rangle \end{aligned}$$

となり，スカラー積不変である．つまり，

$$\langle \boldsymbol{V},\ \boldsymbol{I} \rangle = \langle \boldsymbol{V}',\ \boldsymbol{I}' \rangle$$

成分で表せば

$$V_a I_a + V_b I_b + V_c I_c = V_0 I_0 + V_1 I_1 + V_2 I_2$$

となるから，三相交流回路の場合も電力は対称座標変換に関して不変であることがわかる．

これに対し従来からよく用いられている対称座標変換の行列 $\widetilde{\boldsymbol{U}}$ は

$$\widetilde{\boldsymbol{U}} = \begin{bmatrix} 1 & 1 & 1 \\ 1 & a^2 & a \\ 1 & a & a^2 \end{bmatrix}, \quad \widetilde{\boldsymbol{U}}^{-1} = \frac{1}{3}\begin{bmatrix} 1 & 1 & 1 \\ 1 & a & a^2 \\ 1 & a^2 & a \end{bmatrix} \tag{7.28}$$

である．これを用いると $\boldsymbol{V} = \widetilde{\boldsymbol{U}}\boldsymbol{V}'$, $\boldsymbol{I} = \widetilde{\boldsymbol{U}}\boldsymbol{I}'$ とし，$\widetilde{\boldsymbol{U}}^{\mathrm{T}}\overline{\widetilde{\boldsymbol{U}}} = 3\mathbf{1}$ に注意して

$$\begin{aligned}\langle \boldsymbol{V},\ \boldsymbol{I}\rangle &= \langle \widetilde{\boldsymbol{U}}\boldsymbol{V}',\ \widetilde{\boldsymbol{U}}\boldsymbol{I}'\rangle = (\widetilde{\boldsymbol{U}}\boldsymbol{V}')^{\mathrm{T}}\overline{\widetilde{\boldsymbol{U}}\boldsymbol{I}'} \\ &= \boldsymbol{V}'^{\mathrm{T}}(\widetilde{\boldsymbol{U}}^{\mathrm{T}}\overline{\widetilde{\boldsymbol{U}}})\overline{\boldsymbol{I}'} = 3\boldsymbol{V}'^{\mathrm{T}}\overline{\boldsymbol{I}'} = 3\langle \boldsymbol{V}',\ \boldsymbol{I}'\rangle\end{aligned}$$

すなわち

$$V_aI_a + V_bI_b + V_cI_c = 3(V_0I_0 + V_1I_1 + V_2I_2)$$

となり，対称座標系と元の三相座標系でエネルギー表現が異なる．これは，行列 $\widetilde{\boldsymbol{U}}$ がユニタリ行列でないことに起因している*3)．

7.4 二次形式とエネルギー関数

行列 $\boldsymbol{A} = [a_{ij}]$ を n 次の実対称行列とするとき，変数 $x_1,\ x_2,\ \cdots,\ x_n$ の多項式

$$\begin{aligned}Q &= \boldsymbol{x}^{\mathrm{T}}\boldsymbol{A}\boldsymbol{x} = \langle \boldsymbol{x},\ \boldsymbol{A}\boldsymbol{x}\rangle \\ &= a_{11}x_1^2 + a_{22}x_2^2 + \cdots + a_{nn}x_n^2 \\ &\quad + 2(a_{12}x_1x_2 + \cdots + a_{n-1,n}x_{n-1}x_n)\end{aligned} \tag{7.29}$$

を行列 $\boldsymbol{A}$ に関する二次形式 (quadratic form) という．また，実対称行列 $\boldsymbol{A}$ を二次形式の行列とよぶ．このように二次形式は次数 2 の斉次多項式 (すべての項が同じ次数の多項式) で表される．スカラー積の定義と $\boldsymbol{A}$ の対称性 ($\boldsymbol{A} = \boldsymbol{A}^{\mathrm{T}}$) により

$$\langle \boldsymbol{x},\ \boldsymbol{A}\boldsymbol{x}\rangle = \boldsymbol{x}^{\mathrm{T}}\boldsymbol{A}\boldsymbol{x} = \boldsymbol{x}^{\mathrm{T}}\boldsymbol{A}^{\mathrm{T}}\boldsymbol{x} = (\boldsymbol{A}\boldsymbol{x})^{\mathrm{T}}\boldsymbol{x} = \langle \boldsymbol{A}\boldsymbol{x},\ \boldsymbol{x}\rangle \tag{7.30}$$

が成り立つ．

---

*3) ♠ ひと言コーナー ♠ 不変量と対称座標変換：電力 (エネルギー) は座標系を変えても変化しない量，つまり不変量である．この意味からは式 (7.28) による従来の対称座標変換は不変量という概念を明確に意識していない変換のように思われる．この変換では，零相，正相，逆相の各相の電力を加えてから 3 倍するという余計な計算操作をして，変換後の電力を計算しなければならないことに注意しよう．しかしながら，従来の対称座標変換による零相電流の計算などは三相各相の電流を加えて 3 で割る方が計算しやすく，ユニタリ変換による対称座標変換では $\sqrt{3}$ という無理数で割るというやりにくい面もある．いずれの対称座標法をとるにしろ，定義に基づいて計算すればよい．

(例 7.11)　$3x_1^2+4x_1x_2+5x_2^2$ を $\boldsymbol{x}^{\mathrm{T}}\boldsymbol{A}\boldsymbol{x}$ の形で表すと，$[x_1\ x_2]\begin{bmatrix} 3 & 2 \\ 2 & 5 \end{bmatrix}\begin{bmatrix} x_1 \\ x_2 \end{bmatrix}$ となる．x_1x_2 の係数の 1/2 倍が $\boldsymbol{A}$ の非対角成分になる．

(例 7.12)　次の行列 $\boldsymbol{A}$ の二次形式を求めよ．

(i) $\boldsymbol{A} = \begin{bmatrix} 3 & 0 \\ 0 & 4 \end{bmatrix}$　(ii) $\boldsymbol{A} = \begin{bmatrix} 2 & -3 \\ -3 & 4 \end{bmatrix}$

〈解と説明〉　2 次の列ベクトルを $\boldsymbol{x}^{\mathrm{T}} = [x_1,\ x_2]$ として，

(i) の場合：

$$\boldsymbol{x}^{\mathrm{T}}\boldsymbol{A}\boldsymbol{x} = [x_1,\ x_2]\begin{bmatrix} 3 & 0 \\ 0 & 4 \end{bmatrix}\begin{bmatrix} x_1 \\ x_2 \end{bmatrix} = [x_1,\ x_2]\begin{bmatrix} 3x_1 \\ 4x_2 \end{bmatrix} = 3x_1^2 + 4x_2^2$$

対角成分が 2 次の項の係数になっている．

(ii) の場合：

$$\boldsymbol{x}^{\mathrm{T}}\boldsymbol{A}\boldsymbol{x} = [x_1,\ x_2]\begin{bmatrix} 2 & -3 \\ -3 & 4 \end{bmatrix}\begin{bmatrix} x_1 \\ x_2 \end{bmatrix} = [x_1,\ x_2]\begin{bmatrix} 2x_1 - 3x_2 \\ -3x_1 + 4x_2 \end{bmatrix}$$
$$= 2x_1^2 - 3x_1x_2 - 3x_2x_1 + 4x_2^2 = 2x_1^2 - 6x_1x_2 + 4x_2^2$$

このように行列に 0 でない非対角成分があると，x_1x_2 のような異なる添え字をもつ変数の積が現れる．この積の項を**クロス項** (cross term)，あるいは交差項という．クロス項の係数の 1/2 倍が非対角要素である．(i) では非対角成分が 0 であるから，クロス項は現れない．

先に述べたベクトル $\boldsymbol{v}_R$ と $\boldsymbol{i}_R$，$\boldsymbol{\phi}_L$ と $\boldsymbol{i}_L$ および $\boldsymbol{v}_C$ と $\boldsymbol{q}_C$ との間には

$$\boldsymbol{v}_R = \boldsymbol{R}\boldsymbol{i}_R, \quad \boldsymbol{\phi}_L = \boldsymbol{L}\boldsymbol{i}_L, \quad \boldsymbol{v}_C = \boldsymbol{S}\boldsymbol{q}_C$$

の関係がある．行列 $\boldsymbol{R}$, $\boldsymbol{L}$, $\boldsymbol{S}$ はそれぞれ (枝) 抵抗行列，(枝) インダクタンス行列，(枝) エラスタンス行列とよばれる．これらの行列は

$$\boldsymbol{R} = \begin{bmatrix} R_1 & 0 & \cdots & 0 \\ 0 & R_2 & \cdots & 0 \\ \vdots & \vdots & \ddots & \vdots \\ 0 & 0 & \cdots & R_l \end{bmatrix}, \quad \boldsymbol{L} = \begin{bmatrix} L_{11} & L_{12} & \cdots & L_{1n} \\ L_{21} & L_{22} & \cdots & L_{2n} \\ \vdots & \vdots & \ddots & \vdots \\ L_{n1} & L_{n2} & \cdots & L_{nn} \end{bmatrix},$$

$$\boldsymbol{S} = \begin{bmatrix} S_1 & 0 & \cdots & 0 \\ 0 & S_2 & \cdots & 0 \\ \vdots & \vdots & \ddots & \vdots \\ 0 & 0 & \cdots & S_m \end{bmatrix}$$

と記すことができ，すべて実対称行列であり，

$$\boldsymbol{R}^{\mathrm{T}} = \boldsymbol{R}, \quad \boldsymbol{L}^{\mathrm{T}} = \boldsymbol{L}, \quad \boldsymbol{S}^{\mathrm{T}} = \boldsymbol{S}$$

が成り立つ．成分 R_1，R_2，$\cdots$，R_l は抵抗，S_1，S_2，$\cdots$，S_m はエラスタンス (キャパシタンスの逆数)，L_{ii} $(i = 1, \cdots, n)$ は自己インダクタンス，$L_{ij} = L_{ji}$ $(i \neq j)(i,\ j = 1, \cdots, n)$ は相互インダクタンスである．便宜上，素子相互の影響はインダクタンス素子のみとする．

たとえば，3 つのコイルのインダクタンスと磁束と電流の関係を図 7.11 に示す．

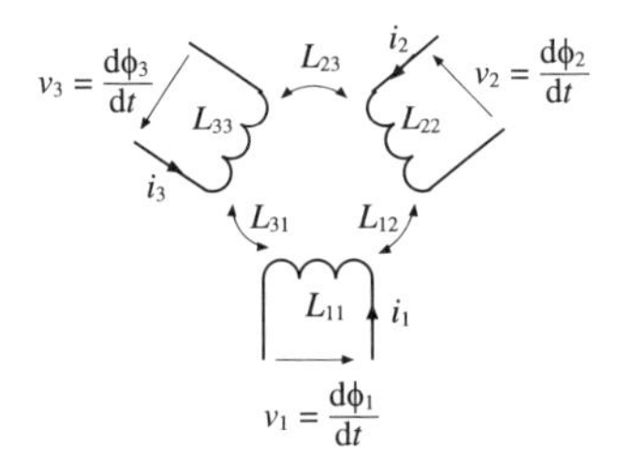

図 **7.11**　3 つのコイルとインダクタンス

磁束と電流の関係は

$$\begin{bmatrix} \phi_1 \\ \phi_2 \\ \phi_3 \end{bmatrix} = \begin{bmatrix} L_{11} & L_{12} & L_{13} \\ L_{21} & L_{22} & L_{23} \\ L_{31} & L_{32} & L_{33} \end{bmatrix} \begin{bmatrix} i_1 \\ i_2 \\ i_3 \end{bmatrix} \tag{7.31}$$

となる．インダクタンス行列は対称行列で $L_{12}=L_{21}$, $L_{13}=L_{31}$, $L_{23}=L_{32}$ が成り立つ．

これらの行列を用いると，先に述べたエネルギー関数 F, W_m, W_e はそれぞれ $\boldsymbol{i}_R, \boldsymbol{i}_L, \boldsymbol{q}_C$ の二次形式で

$$2F=\langle \boldsymbol{i}_R,\ \boldsymbol{v}_R\rangle=\langle \boldsymbol{i}_R,\ \boldsymbol{R}\boldsymbol{i}_R\rangle=\boldsymbol{i}_R^{\mathrm{T}}\boldsymbol{R}\boldsymbol{i}_R$$
$$2W_m=\langle \boldsymbol{i}_L,\ \boldsymbol{\phi}_L\rangle=\langle \boldsymbol{i}_L,\ \boldsymbol{L}\boldsymbol{i}_L\rangle=\boldsymbol{i}_L^{\mathrm{T}}\boldsymbol{L}\boldsymbol{i}_L$$
$$2W_e=\langle \boldsymbol{q}_C,\ \boldsymbol{v}_C\rangle=\langle \boldsymbol{q}_C,\ \boldsymbol{S}\boldsymbol{q}_C\rangle=\boldsymbol{q}_C^{\mathrm{T}}\boldsymbol{S}\boldsymbol{q}_C$$

と表すことができる．

(例 7.13)　図 7.3 の抵抗回路では $\boldsymbol{R}=\begin{bmatrix} R_1 & 0 & 0 \\ 0 & R_2 & 0 \\ 0 & 0 & R_3 \end{bmatrix}$, $\boldsymbol{i}_R=\begin{bmatrix} i_1 \\ i_2 \\ i_3 \end{bmatrix}$ であるから，

$$2F=\boldsymbol{i}_R^{\mathrm{T}}\boldsymbol{R}\boldsymbol{i}_R=[i_1\ \ i_2\ \ i_3]\begin{bmatrix} R_1 & 0 & 0 \\ 0 & R_2 & 0 \\ 0 & 0 & R_3 \end{bmatrix}\begin{bmatrix} i_1 \\ i_2 \\ i_3 \end{bmatrix}=R_1 i_1^2+R_2 i_2^2+R_3 i_3^2$$

よって，損失関数は $F=(1/2)\left(R_1 i_1^2+R_2 i_2^2+R_3 i_3^2\right)$ となる．電流 i_1, i_2, i_3 が求められれば F が計算できる．実際の損失は $2F$ であることに注意する．

(例 7.14)　図 7.12 に示す相互誘導係数 M の変成器のエネルギー関数を求めよ．

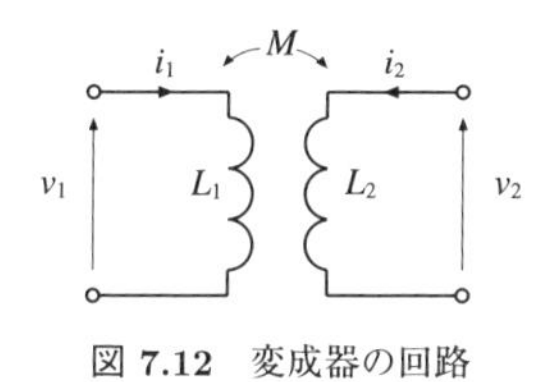

図 7.12　変成器の回路

〈解と説明〉　$\boldsymbol{i}_L=\begin{bmatrix} i_1 \\ i_2 \end{bmatrix}$, $\boldsymbol{L}=\begin{bmatrix} L_1 & M \\ M & L_2 \end{bmatrix}$ であるから，

$$W_m=\frac{1}{2}\boldsymbol{i}_L^{\mathrm{T}}\boldsymbol{L}\boldsymbol{i}_L=[i_1\ \ i_2]\begin{bmatrix} L_1 & M \\ M & L_2 \end{bmatrix}\begin{bmatrix} i_1 \\ i_2 \end{bmatrix}=\frac{1}{2}(L_1 i_1^2+2Mi_1 i_2+L_2 i_2^2)$$

となり，相互誘導係数 M が $\boldsymbol{L}$ の非対角成分であるからクロス項 $i_1 i_2$ が現れる．

7.4.1 複素領域への拡張

a. エルミート形式

二次形式を複素領域に拡張することができる．いま，n 次のエルミート行列 $\boldsymbol{A}$ と n 次の複素列ベクトル $\boldsymbol{x}$ が与えられたとき

$$H = \langle \boldsymbol{x},\ \boldsymbol{A}\boldsymbol{x} \rangle = \boldsymbol{x}^* \boldsymbol{A}\boldsymbol{x} = \sum_{i=1}^{n}\sum_{j=1}^{n} a_{ij}\overline{x_i}x_j, \quad \text{ただし，} a_{ij} = \overline{a_{ji}} \tag{7.32}$$

を行列 $\boldsymbol{A}$ に対するエルミート形式 (Hermite form) という[*4]．ここに，$\boldsymbol{x}^*$ は $\boldsymbol{x}$ の共役転置ベクトル $\boldsymbol{x}^* = \overline{\boldsymbol{x}}^{\mathrm{T}}$ であって，複素行ベクトルである．

また，スカラー積 $\langle \boldsymbol{x}, \boldsymbol{y} \rangle = \boldsymbol{x}^{\mathrm{T}}\overline{\boldsymbol{y}}$ により，

$$\langle \boldsymbol{A}\boldsymbol{x},\ \boldsymbol{x} \rangle = (\boldsymbol{A}\boldsymbol{x})^{\mathrm{T}}\overline{\boldsymbol{x}} = \boldsymbol{x}^{\mathrm{T}}\boldsymbol{A}^{\mathrm{T}}\overline{\boldsymbol{x}} = \boldsymbol{x}^{\mathrm{T}}\overline{\boldsymbol{A}}\overline{\boldsymbol{x}} = \boldsymbol{x}^{\mathrm{T}}(\overline{\boldsymbol{A}\boldsymbol{x}}) = \langle \boldsymbol{x},\ \boldsymbol{A}\boldsymbol{x} \rangle$$

であるから，行列 $\boldsymbol{A}$ が実対称行列のときと同じ式

$$\langle \boldsymbol{x},\ \boldsymbol{A}\boldsymbol{x} \rangle = \langle \boldsymbol{A}\boldsymbol{x},\ \boldsymbol{x} \rangle \tag{7.33}$$

が成り立つ．このようにエルミート形式は二次形式を拡張したものであり，両者にはよく似た性質がある．エルミート形式の複素共役値は

$$\overline{H} = \overline{\boldsymbol{x}^*\boldsymbol{A}\boldsymbol{x}} = \overline{\boldsymbol{x}^*}\,\overline{\boldsymbol{A}}\overline{\boldsymbol{x}} = \boldsymbol{x}^{\mathrm{T}}\boldsymbol{A}^{\mathrm{T}}\overline{\boldsymbol{x}} = (\boldsymbol{A}\boldsymbol{x})^{\mathrm{T}}\overline{\boldsymbol{x}} = \langle \boldsymbol{A}\boldsymbol{x},\ \boldsymbol{x} \rangle = H$$

となるから，エルミート形式 H は実数である．したがって，エルミート形式を交流電力の計算に応用した場合は有効電力のみが計算される．

(例 7.15) $\boldsymbol{A} = \begin{bmatrix} 2 & 3-\mathrm{j}2 \\ 3+\mathrm{j}2 & 1 \end{bmatrix}$ は $\boldsymbol{A}^* = \boldsymbol{A}$ が成り立つからエルミート行列である．このエルミート形式は実数であることを確かめよ．

〈解と説明〉

$$H = \langle \boldsymbol{x},\ \boldsymbol{A}\boldsymbol{x} \rangle = [\overline{x_1}\ \ \overline{x_2}] \begin{bmatrix} 2 & 3-\mathrm{j}2 \\ 3+\mathrm{j}2 & 1 \end{bmatrix} \begin{bmatrix} x_1 \\ x_2 \end{bmatrix}$$

$$= [\overline{x_1}\ \ \overline{x_2}] \begin{bmatrix} 2x_1 + (3-\mathrm{j}2)x_2 \\ (3+\mathrm{j}2)x_1 + x_2 \end{bmatrix}$$

$$= 2|x_1|^2 + (3-\mathrm{j}2)\overline{x_1}x_2 + (3+\mathrm{j}2)x_1\overline{x_2} + |x_2|^2$$

[*4] ♠ ひと言コーナー ♠ $\langle \boldsymbol{x},\ \boldsymbol{A}\boldsymbol{x} \rangle = \boldsymbol{x}^*\boldsymbol{A}\boldsymbol{x}$ は次のようにして導けばよい．複素ベクトルのスカラー積の定義 $\langle \boldsymbol{x}, \boldsymbol{y} \rangle = \overline{\boldsymbol{y}}^{\mathrm{T}}\boldsymbol{x}$ により，$\langle \boldsymbol{x}, \boldsymbol{A}\boldsymbol{x} \rangle = (\overline{\boldsymbol{A}\boldsymbol{x}})^{\mathrm{T}}\boldsymbol{x} = (\overline{\boldsymbol{A}}\overline{\boldsymbol{x}})^{\mathrm{T}}\boldsymbol{x} = \overline{\boldsymbol{x}}^{\mathrm{T}}\overline{\boldsymbol{A}}^{\mathrm{T}}\boldsymbol{x} = \boldsymbol{x}^*\boldsymbol{A}^*\boldsymbol{x} = \boldsymbol{x}^*\boldsymbol{A}\boldsymbol{x}$ となる．

となり，第 2 項と第 3 項が互いに複素共役だからその和は実数である．よって，H は実数である．

交流回路で抵抗の複素電流ベクトルを $\boldsymbol{I}_R$，インダクタの複素電流ベクトルを $\boldsymbol{I}_L$ とする．抵抗行列 $\boldsymbol{R}$，インダクタンス行列 $\boldsymbol{L}$ は実対称行列であるからエルミート行列である．よって，それぞれの行列に対するエルミート形式は

$$
\begin{aligned}
2(F)_{av} &= \langle \boldsymbol{I}_R,\ \boldsymbol{v}_R \rangle = \langle \boldsymbol{I}_R,\ \boldsymbol{R}\boldsymbol{I}_R \rangle = \boldsymbol{I}_R^* \boldsymbol{R}\boldsymbol{I}_R \\
2(W_m)_{av} &= \langle \boldsymbol{I}_L,\ \boldsymbol{\phi}_L \rangle = \langle \boldsymbol{I}_L,\ \boldsymbol{L}\boldsymbol{I}_L \rangle = \boldsymbol{I}_L^* \boldsymbol{L}\boldsymbol{I}_L
\end{aligned}
$$

となる．ここに，$(F)_{av}$, $(W_m)_{av}$ はそれぞれ損失関数，静磁エネルギーの平均値を表す．

(例 7.16)　図 7.13 に示す交流回路の損失関数の平均値を求めよ．

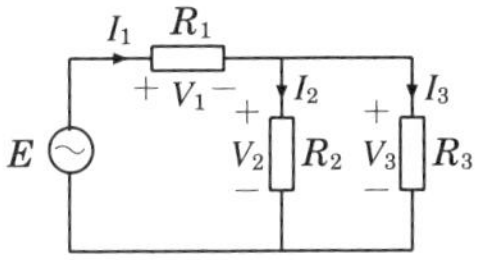

図 **7.13**　交流の抵抗回路

〈解と説明〉　電流ベクトルを $\boldsymbol{I} = \begin{bmatrix} I_1 \\ I_2 \\ I_3 \end{bmatrix}$，抵抗行列を $\boldsymbol{R} = \begin{bmatrix} R_1 & 0 & 0 \\ 0 & R_2 & 0 \\ 0 & 0 & R_3 \end{bmatrix}$

で表すと

$$
\begin{aligned}
2(F)_{av} &= [\overline{I_1}\ \ \overline{I_2}\ \ \overline{I_3}] \begin{bmatrix} R_1 & 0 & 0 \\ 0 & R_2 & 0 \\ 0 & 0 & R_3 \end{bmatrix} \begin{bmatrix} I_1 \\ I_2 \\ I_3 \end{bmatrix} \\
&= R_1 \overline{I_1} I_1 + R_2 \overline{I_2} I_2 + R_3 \overline{I_3} I_3 = R_1 |I_1|^2 + R_2 |I_2|^2 + R_3 |I_3|^2
\end{aligned}
$$

となる．よって，

$$
(F)_{av} = \frac{1}{2}(R_1 |I_1|^2 + R_2 |I_2|^2 + R_3 |I_3|^2)
$$

となる．

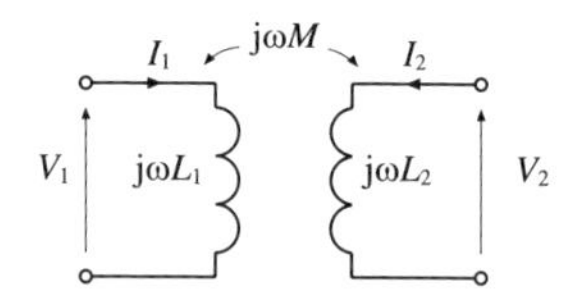

図 7.14　変圧器の回路—交流の場合

(例 7.17)　図 7.14 は角周波数 ω の交流変圧器の回路である.

電流ベクトルを $\boldsymbol{I}=\begin{bmatrix} I_1 \\ I_2 \end{bmatrix}$, インダクタンス行列を $\boldsymbol{L}=\begin{bmatrix} L_1 & M \\ M & L_2 \end{bmatrix}$ で表すと

$$2(W_m)_{av}=\langle \boldsymbol{I},\ \boldsymbol{L}\boldsymbol{I}\rangle=\boldsymbol{I}^*\boldsymbol{L}\boldsymbol{I}=L_1\,|I_1|^2+M(\overline{I_1}I_2+I_1\overline{I_2})+L_2\,|I_2|^2$$

となる. 2 つのクロス項は互いに複素共役であるから, その和は実数である. したがって, 変圧器に貯えられる静磁エネルギーの平均値は

$$(W_m)_{av}=\frac{1}{2}(L_1\,|I_1|^2+M(\overline{I_1}I_2+I_1\overline{I_2})+L_2\,|I_2|^2)$$

となる.

(例 7.18)　交流回路が図 7.15(a) のような T 型インピーダンス回路のインピーダンス行列 $\boldsymbol{Z}$ がエルミート行列であるための条件を考えよ. そして, 同図 (b) の回路のエルミート形式を求めよ.

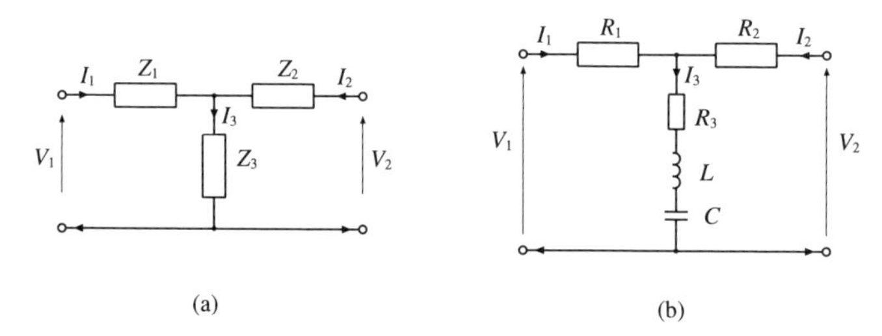

図 7.15　T 型インピーダンス回路

〈解と説明〉　同図 (a) のインピーダンス行列は $\boldsymbol{Z}=\begin{bmatrix} Z_1+Z_3 & Z_3 \\ Z_3 & Z_2+Z_3 \end{bmatrix}$ であるから, これがエルミート行列であるための条件は $\boldsymbol{Z}^*=\boldsymbol{Z}$, すなわち

$$\begin{bmatrix} \overline{Z_1+Z_3} & \overline{Z_3} \\ \overline{Z_3} & \overline{Z_2+Z_3} \end{bmatrix}=\begin{bmatrix} Z_1+Z_3 & Z_3 \\ Z_3 & Z_2+Z_3 \end{bmatrix}$$

となる．これより，$\overline{Z_3} = Z_3$, $\overline{Z_1 + Z_3} = Z_1 + Z_3$, $\overline{Z_2 + Z_3} = Z_2 + Z_3$ が得られる．よって，$\overline{Z_1} = Z_1$, $\overline{Z_2} = Z_2$ となるから，Z_1，Z_2，Z_3 は実数，すなわち抵抗素子である．

ここで簡単のため，同図 (b) のように $Z_1 = R_1$, $Z_2 = R_2$ は抵抗素子とし，また，インピーダンス Z_3 は抵抗 R_3，インダクタ L，キャパシタ C の直列素子として，$Z_3 = R_3 + \mathrm{j}\omega L + 1/\mathrm{j}\omega C$ とする．この場合，Z_3 が実数である条件は $\mathrm{j}\omega L - 1/\mathrm{j}\omega C = 0$ である．よって，交流の角周波数が $\omega = 1/\sqrt{LC}$ のとき，インピーダンス行列はエルミート行列になる．

また，インピーダンス Z_3 が実数 R_3 の場合，電流ベクトルを $\boldsymbol{I} = \begin{bmatrix} I_1 \\ I_2 \end{bmatrix}$，電圧ベクトルを $\boldsymbol{V} = \begin{bmatrix} V_1 \\ V_2 \end{bmatrix}$，インピーダンス行列を $\boldsymbol{Z} = \begin{bmatrix} R_1 + R_3 & R_3 \\ R_3 & R_2 + R_3 \end{bmatrix}$ と書くと，エルミート形式は

$$\begin{aligned} H &= \langle \boldsymbol{I},\ \boldsymbol{V} \rangle = \langle \boldsymbol{I},\ \boldsymbol{ZI} \rangle = \boldsymbol{I}^* \boldsymbol{ZI} \\ &= (R_1 + R_3)|I_1|^2 + R_3(\overline{I_1} I_2 + I_1 \overline{I_2}) + (R_2 + R_3)|I_2|^2 \end{aligned}$$

となり，この回路の抵抗全体で消費される平均電力になる．

7.4.2 二次形式の標準形

a. 二次形式の変数変換

行列 $\boldsymbol{A}$ を実対称行列とし，二次形式を

$$Q = \langle \boldsymbol{x},\ \boldsymbol{Ax} \rangle \tag{7.34}$$

とする．一次変換

$$\boldsymbol{x} = \boldsymbol{Py} \tag{7.35}$$

により変数を $\boldsymbol{x}$ から $\boldsymbol{y}$ に変えることを考えよう．式 (7.34) に式 (7.35) を代入すれば

$$Q = \langle \boldsymbol{Py},\ \boldsymbol{APy} \rangle = (\boldsymbol{Py})^{\mathrm{T}} \boldsymbol{APy} = \boldsymbol{y}^{\mathrm{T}} (\boldsymbol{P}^{\mathrm{T}} \boldsymbol{AP}) \boldsymbol{y} = \boldsymbol{y}^{\mathrm{T}} \boldsymbol{By} = \langle \boldsymbol{y}, \boldsymbol{By} \rangle$$

ただし，

$$\boldsymbol{B} = \boldsymbol{P}^{\mathrm{T}}\boldsymbol{A}\boldsymbol{P} \tag{7.36}$$

である．行列 $\boldsymbol{A}$ が対称であるか否かにかかわらず，単に式 (7.36) の関係があるとき，$\boldsymbol{A}$ と $\boldsymbol{B}$ とは互いに合同 (congruent) であるという．いまの場合，行列 $\boldsymbol{A}$ が対称行列であるから $\boldsymbol{B}$ も対称行列である．式 (7.35) と式 (7.36) により

$$Q = \langle \boldsymbol{x},\ \boldsymbol{A}\boldsymbol{x} \rangle = \langle \boldsymbol{y},\ \boldsymbol{B}\boldsymbol{y} \rangle \tag{7.37}$$

が成り立つ．これはスカラー量 Q は一次変換に対して不変であることを示している．

(例 7.19)　行列 $\boldsymbol{P} = \begin{bmatrix} 1 & 4 \\ 0 & 1 \end{bmatrix}$ に対して $\boldsymbol{P}^{\mathrm{T}} = \begin{bmatrix} 1 & 0 \\ 4 & 1 \end{bmatrix}$ である．行列 $\boldsymbol{A} = \begin{bmatrix} 3 & 1 \\ 1 & 3 \end{bmatrix}$ と $\boldsymbol{B} = \boldsymbol{P}^{\mathrm{T}}\boldsymbol{A}\boldsymbol{P} = \begin{bmatrix} 1 & 0 \\ 4 & 1 \end{bmatrix}\begin{bmatrix} 3 & 1 \\ 1 & 3 \end{bmatrix}\begin{bmatrix} 1 & 4 \\ 0 & 1 \end{bmatrix} = \begin{bmatrix} 3 & 13 \\ 13 & 59 \end{bmatrix}$ とは互いに合同である．

いま，$\boldsymbol{x} = \begin{bmatrix} x_1 \\ x_2 \end{bmatrix} = \begin{bmatrix} 1 \\ -1 \end{bmatrix}$ に対して，

$$Q = \langle \boldsymbol{x},\ \boldsymbol{A}\boldsymbol{x} \rangle = \boldsymbol{x}^{\mathrm{T}}\boldsymbol{A}\boldsymbol{x} = 3x_1^2 + 2x_1x_2 + 3x_2^2 = 4$$

となる．一方，$\boldsymbol{y} = \begin{bmatrix} y_1 \\ y_2 \end{bmatrix} = \boldsymbol{P}^{-1}\boldsymbol{x} = \begin{bmatrix} 5 \\ -1 \end{bmatrix}$ であるから，

$$Q = \langle \boldsymbol{y},\ \boldsymbol{B}\boldsymbol{y} \rangle = \boldsymbol{y}^{\mathrm{T}}\boldsymbol{B}\boldsymbol{y} = 3y_1^2 + 26y_1y_2 + 59y_2^2 = 4$$

となりスカラー量 Q は一次変換に対して不変であることがわかる．行列 $\boldsymbol{B}$ が対角行列でないから，新しい変数のクロス項 y_1y_2 が現れている．図 7.16 は $\boldsymbol{x}$ による Q の値が $\boldsymbol{y}$ による Q の値に等しいことを示している．

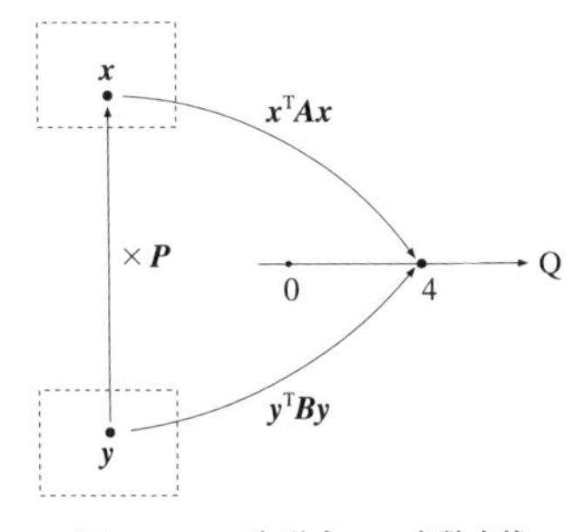

図 7.16　二次形式での変数変換

b. クロス項が現れない変換

二次形式の行列 $\boldsymbol{A}$ が対角行列であれば，クロス項が現れない．それでは通常の二次形式の場合，どのような一次変換をすればクロス項が現れないのか考えてみよう．すでに第 6 章で学んだように，対称行列 $\boldsymbol{A}$ は対角化されるものとし，$\boldsymbol{A}$ のモード行列を $\boldsymbol{P}$，$\boldsymbol{A}$ の固有値を対角成分とする対角行列を $\boldsymbol{D}$ とすれば

$$\boldsymbol{D} = \boldsymbol{P}^{-1}\boldsymbol{A}\boldsymbol{P} \tag{7.38}$$

と表すことができる．一方，一次変換 $\boldsymbol{x} = \boldsymbol{P}\boldsymbol{y}$ によって二次形式 Q を変数変換すれば，すでに示したように

$$Q = \langle \boldsymbol{x},\ \boldsymbol{A}\boldsymbol{x} \rangle = \langle \boldsymbol{P}\boldsymbol{y},\ \boldsymbol{A}\boldsymbol{P}\boldsymbol{y} \rangle = \boldsymbol{y}^{\mathrm{T}}(\boldsymbol{P}^{\mathrm{T}}\boldsymbol{A}\boldsymbol{P})\boldsymbol{y}$$

である．よって

$$\boldsymbol{D} = \boldsymbol{P}^{\mathrm{T}}\boldsymbol{A}\boldsymbol{P} \tag{7.39}$$

が成り立てばクロス項が現れない．式 (7.39) と式 (7.38) と比較して

$$\boldsymbol{P}^{\mathrm{T}} = \boldsymbol{P}^{-1} \tag{7.40}$$

ならばクロス項は現れない．すなわち，行列 $\boldsymbol{P}$ が直交行列であればよい．したがって，モード行列の列ベクトルを正規直交化して直交行列 $\boldsymbol{P}$ をつくり，それを一次変換の行列にとれば新しい変数のクロス項は生じない．

一次変換 $\boldsymbol{x} = \boldsymbol{P}\boldsymbol{y}$ を座標系の変換と見なせば，モード行列 $\boldsymbol{P}$ の列ベクトル (固有ベクトル) の方向は新しい座標軸を示す．変換後の新しい座標軸を**主軸** (principal axes) とよび，二次形式 $\boldsymbol{y}^{\mathrm{T}}\boldsymbol{D}\boldsymbol{y}$ を**標準形** (standard form) という．

(例 7.20) $Q = \boldsymbol{x}^{\mathrm{T}}\boldsymbol{A}\boldsymbol{x} = 3x_1^2 + 2x_1x_2 + 3x_2^2$ に対する行列 $\boldsymbol{A} = \begin{bmatrix} 3 & 1 \\ 1 & 3 \end{bmatrix}$ の固有値は $\lambda_1 = 2$ と $\lambda_2 = 4$ である．正規化した固有ベクトルを次のように定める．

$$\lambda_1 = 2 \text{ のとき } \begin{bmatrix} 1/\sqrt{2} \\ -1/\sqrt{2} \end{bmatrix}, \quad \lambda_2 = 4 \text{ のとき } \begin{bmatrix} 1/\sqrt{2} \\ 1/\sqrt{2} \end{bmatrix}$$

この 2 つのベクトルは正規直交系である．したがって，これらの固有ベクトルを横に並べてつくられるモード行列

$$\boldsymbol{P} = \begin{bmatrix} 1/\sqrt{2} & 1/\sqrt{2} \\ -1/\sqrt{2} & 1/\sqrt{2} \end{bmatrix}$$

は直交行列である．このとき，$\boldsymbol{D} = \begin{bmatrix} 2 & 0 \\ 0 & 4 \end{bmatrix}$ である．ここで，$\boldsymbol{x} = \begin{bmatrix} x_1 \\ x_2 \end{bmatrix}$，$\boldsymbol{y} = \begin{bmatrix} y_1 \\ y_2 \end{bmatrix}$ として，直交変換 $\boldsymbol{x} = \boldsymbol{P}\boldsymbol{y}$ によって，変数を $\boldsymbol{x}$ から $\boldsymbol{y}$ に変えれば

$$\begin{aligned} Q = \boldsymbol{x}^{\mathrm{T}}\boldsymbol{A}\boldsymbol{x} &= 3x_1^2 + 2x_1x_2 + 3x_2^2 \\ &= \boldsymbol{y}^{\mathrm{T}}\boldsymbol{D}\boldsymbol{y} = 2y_1^2 + 4y_2^2 \end{aligned}$$

となって，係数が $\boldsymbol{A}$ の固有値のみで与えられ，クロス項は現れない．先の例の $x_1 = 1$, $x_2 = -1$ に対して $y_1 = \sqrt{2}$, $y_2 = 0$ となり，どちらの変数に対しても $Q = 4$ となる[*5)]．

以上のことを定理として述べておこう．

(定理 7.5)　n 次の実対称行列 $\boldsymbol{A}$ に対する二次形式 $\boldsymbol{x}^{\mathrm{T}}\boldsymbol{A}\boldsymbol{x}$ を，直交変換 $\boldsymbol{x} = \boldsymbol{P}\boldsymbol{y}$ によって，クロス項がない二次形式 $\boldsymbol{y}^{\mathrm{T}}\boldsymbol{D}\boldsymbol{y}$ に変換できる．ここに，$\boldsymbol{D} = \boldsymbol{P}^{\mathrm{T}}\boldsymbol{A}\boldsymbol{P}$ は対角行列である．

(例 7.21)　図 7.17 の楕円 $5x_1^2 - 6x_1x_2 + 5x_2^2 = 4$ の主軸を求めよ．

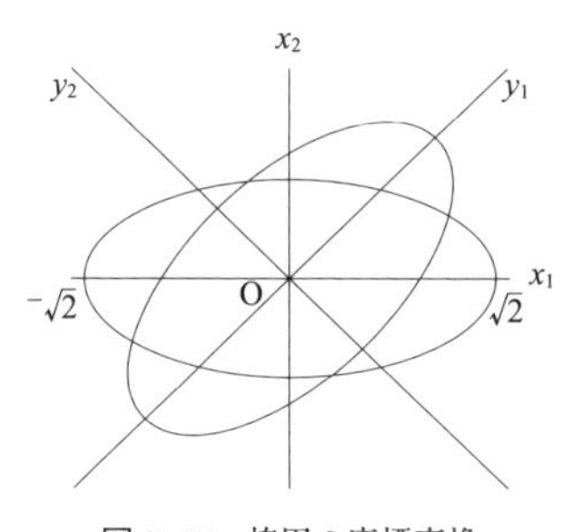

図 **7.17**　楕円の座標変換

〈解と説明〉　この式は $[x_1\ x_2]\begin{bmatrix} 5 & -3 \\ -3 & 5 \end{bmatrix}\begin{bmatrix} x_1 \\ x_2 \end{bmatrix} = 4$ と表すことができる．

---

*5)　♠ ひと言コーナー ♠　主軸は二次曲線の対称軸である．図 7.17 の回転していない楕円の主軸は x_1 と x_2，回転した楕円の主軸は y_1 と y_2 である．

また行列 $\begin{bmatrix} 5 & -3 \\ -3 & 5 \end{bmatrix}$ の固有値は 2 と 8，モード行列から直交行列を $\boldsymbol{P} = \dfrac{1}{\sqrt{2}}\begin{bmatrix} 1 & 1 \\ 1 & -1 \end{bmatrix}$ と定められる．したがって，主軸は同図 y_1 と y_2 であり，その方向 (勾配) は x_1 軸に対して 1 と -1 であり，楕円の方程式は $y_1^2 + 4y_2^2 = 2$ である．比較のため，$x_1^2 + 4x_2^2 = 2$ の楕円を示す．

7.4.3 エルミート形式とユニタリ変換

この項ではエルミート形式を変換するユニタリ変換を主に説明する．

a. クロス項の現れるエルミート形式

行列 $\boldsymbol{A}$ をエルミート行列とする．複素ベクトル $\boldsymbol{x}$ に対し，エルミート形式を

$$H = \langle \boldsymbol{x},\ \boldsymbol{A}\boldsymbol{x} \rangle = \boldsymbol{x}^* \boldsymbol{A}\boldsymbol{x} \tag{7.41}$$

で表す．複素行列を $\boldsymbol{S}$ とし，一次変換 $\boldsymbol{x} = \boldsymbol{S}\boldsymbol{y}$ で変数変換すると

$$H = \langle \boldsymbol{S}\boldsymbol{y},\ \boldsymbol{A}\boldsymbol{S}\boldsymbol{y} \rangle = (\boldsymbol{S}\boldsymbol{y})^* \boldsymbol{A}\boldsymbol{S}\boldsymbol{y} = \boldsymbol{y}^* \boldsymbol{S}^* \boldsymbol{A}\boldsymbol{S}\boldsymbol{y} = \boldsymbol{y}^* \boldsymbol{B}\boldsymbol{y} = \langle \boldsymbol{y},\ \boldsymbol{B}\boldsymbol{y} \rangle$$

となる．ただし

$$\boldsymbol{B} = \boldsymbol{S}^* \boldsymbol{A}\boldsymbol{S} \tag{7.42}$$

である．$\boldsymbol{A}$ がエルミート行列であるから，$\boldsymbol{B}$ もエルミート行列である[*6)]．このとき，$\boldsymbol{A}$ と $\boldsymbol{B}$ とは共役変換 (conjunctive transformation) で結ばれているという．

(例 7.22) 行列 $\boldsymbol{A} = \begin{bmatrix} 2 & 1+\mathrm{j} \\ 1-\mathrm{j} & 3 \end{bmatrix}$ は $\boldsymbol{A}^* = \begin{bmatrix} 2 & 1-\mathrm{j} \\ 1+\mathrm{j} & 3 \end{bmatrix}^{\mathrm{T}} = \boldsymbol{A}$ であるから，$\boldsymbol{A}$ はエルミート行列である．エルミート形式は

$$H = \boldsymbol{x}^* \boldsymbol{A}\boldsymbol{x} = 2\,|x_1|^2 + (1+\mathrm{j})\overline{x_1}x_2 + (1-\mathrm{j})x_1\overline{x_2} + 2\,|x_2|^2$$

となる．いま，一次変換の行列を $\boldsymbol{S} = \begin{bmatrix} \mathrm{j} & 2 \\ 4 & -\mathrm{j} \end{bmatrix}$ とすると，$\boldsymbol{S}^* = \begin{bmatrix} -\mathrm{j} & 4 \\ 2 & \mathrm{j} \end{bmatrix}$ であるから，$\boldsymbol{B} = \boldsymbol{S}^* \boldsymbol{A}\boldsymbol{S} = \begin{bmatrix} 58 & 7-\mathrm{j}25 \\ 7+\mathrm{j}25 & 15 \end{bmatrix} = \boldsymbol{B}^*$ となり，$\boldsymbol{B} = \boldsymbol{B}^*$

---

*6) ♠ ひと言コーナー ♠　$\boldsymbol{B}^* = (\boldsymbol{S}^* \boldsymbol{A}\boldsymbol{S})^* = \boldsymbol{S}^* \boldsymbol{A}^* \boldsymbol{S} = \boldsymbol{S}^* \boldsymbol{A}\boldsymbol{S} = \boldsymbol{B}$

が確かめられ，$\boldsymbol{A}$ と $\boldsymbol{B}$ とは共役変換で結ばれていることがわかる．一次変換 $\boldsymbol{x} = \boldsymbol{S}\boldsymbol{y}$ を施して

$$H = (\boldsymbol{S}\boldsymbol{y})^* \boldsymbol{A}\boldsymbol{S}\boldsymbol{y} = \boldsymbol{y}^* \boldsymbol{B}\boldsymbol{y} = 58\,|y_1|^2 + (7-\mathrm{j}25)\overline{y_1}y_2 + (7+\mathrm{j}25)y_1\overline{y_2} + 15\,|y_2|^2$$

となる．二次形式と同様に，$\boldsymbol{B}$ に非対角成分があるときクロス項が現れる．

b.　クロス項の現れないエルミート形式

エルミート形式をクロス項が現れないようにしてみよう．対称行列の固有値は実数であった．エルミート行列に関しても次の定理が成り立つ．

(定理 7.6)　エルミート行列の固有値は実数である．

この定理を確認し，クロス項の現れないエルミート形式の求め方を示そう．

例として，エルミート行列 $\boldsymbol{A} = \begin{bmatrix} 2 & 1+\mathrm{j} \\ 1-\mathrm{j} & 3 \end{bmatrix}$ を考える．固有値は実数で $\lambda_1 = 1,\ \lambda_2 = 4$ である．それぞれの固有値に対する正規化した固有ベクトルから作られるモード行列は，$\boldsymbol{U} = \dfrac{1}{\sqrt{3}}\begin{bmatrix} 1+\mathrm{j} & 1 \\ -1 & 1-\mathrm{j} \end{bmatrix}$ となり，$\boldsymbol{U}^*\boldsymbol{U} = \boldsymbol{1}$ が成り立つから，$\boldsymbol{U}$ はユニタリ行列である．よって，行列 $\boldsymbol{A}$ は

$$\boldsymbol{U}^*\boldsymbol{A}\boldsymbol{U} = \left(\frac{1}{\sqrt{3}}\right)^2 \begin{bmatrix} 1-\mathrm{j} & -1 \\ 1 & 1+\mathrm{j} \end{bmatrix} \begin{bmatrix} 2 & 1+\mathrm{j} \\ 1-\mathrm{j} & 3 \end{bmatrix} \begin{bmatrix} 1+\mathrm{j} & 1 \\ -1 & 1-\mathrm{j} \end{bmatrix}$$
$$= \begin{bmatrix} 1 & 0 \\ 0 & 4 \end{bmatrix} = \boldsymbol{D}$$

と対角化される．ユニタリ変換 $\boldsymbol{x} = \boldsymbol{U}\boldsymbol{y}$ によりエルミート形式は

$$H = \boldsymbol{x}^*\boldsymbol{A}\boldsymbol{x} = (\boldsymbol{U}\boldsymbol{y})^*\boldsymbol{A}\boldsymbol{U}\boldsymbol{y} = \boldsymbol{y}^*\boldsymbol{U}^*\boldsymbol{A}\boldsymbol{U}\boldsymbol{y} = \boldsymbol{y}^*\boldsymbol{D}\boldsymbol{y} = |y_1|^2 + 4\,|y_2|^2$$

となりクロス項は現れない．このことを定理として示しておこう．

(定理 7.7)　n 次のエルミート行列 $\boldsymbol{A}$ の固有値 $\lambda_1,\ \lambda_2,\ \cdots,\ \lambda_n$ はすべて相異なるものとする．行列 $\boldsymbol{A}$ はユニタリ行列によって実対角行列 $\boldsymbol{D}$ に対角化可能である．このとき，エルミート形式は $\lambda_1\,|y_1|^2 + \lambda_2\,|y_2|^2 + \cdots + \lambda_n\,|y_n|^2$ で与えられる．

c.　エルミート形式の応用—対称三相回路の漏れ電流—

エルミート形式を応用して，対称三相交流回路の漏れ電流を計算してみよう．

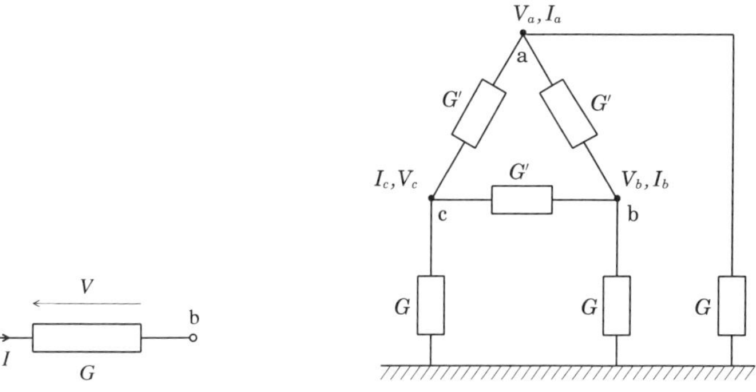

図 **7.18**　漏れ電流　　図 **7.19**　漏れコンダクタンスと三相の漏れ電流

図 7.18 のように絶縁体 (コンダクタンス G) の端子対 a–b に電圧 V をかけたとき，電流 $I = GV$ が a から b に電流が流れる．この電流を漏れ電流という*7)．

図 7.19 に示すように，端子 a, b, c に三相対称交流電圧 (大地を基準とする) V_a, V_b, V_c がかかっているとき，各端子の漏れ電流の合計を I_a, I_b, I_c とする．本来，これらの電流は流れてはならないから，0 であるべきである．コンダクタンス G' は端子相互間の漏れコンダクタンス，G は端子と大地間の漏れコンダクタンスである．この漏れ電流による電力損失を求めてみよう．

各相の漏れ電流の合計はそれぞれ

$$\begin{aligned} I_a &= GV_a + G'(V_a - V_b) + G'(V_a - V_c) \\ I_b &= GV_b + G'(V_b - V_c) + G'(V_b - V_a) \\ I_c &= GV_c + G'(V_c - V_a) + G'(V_c - V_a) \end{aligned}$$

である．これを行列で表すと

$$\boldsymbol{I} = \boldsymbol{G}\boldsymbol{V} \tag{7.43}$$

ただし，

*7) ♠ ひと言コーナー ♠　本来この電流は流れてはならないが，水分や経年変化などが原因で絶縁体の性能が悪くなり，漏れ電流が流れる．この現象は漏電といわれ，感電事故や火災の原因になる．一般家庭では 0.03 A 程度流れるとブレーカが作動するようになっている．この場合，絶縁体のコンダクタンスは漏れコンダクタンスとよばれる．

$$\boldsymbol{I} = \begin{bmatrix} I_a \\ I_b \\ I_c \end{bmatrix}, \boldsymbol{V} = \begin{bmatrix} V_a \\ V_b \\ V_c \end{bmatrix} = \begin{bmatrix} V_m \\ V_m e^{-\mathrm{j}\frac{2\pi}{3}} \\ V_m e^{-\mathrm{j}\frac{4\pi}{3}} \end{bmatrix},$$

$$\boldsymbol{G} = \begin{bmatrix} G+2G' & -G' & -G' \\ -G' & G+2G' & -G' \\ -G' & -G' & G+2G' \end{bmatrix}$$

となる．行列 $\boldsymbol{G}$ は実対称行列であるからエルミート行列である．零相，正相および逆相成分の電流と電圧ベクトルをそれぞれ $\boldsymbol{I}' = \begin{bmatrix} I_0 \\ I_1 \\ I_2 \end{bmatrix}, \boldsymbol{V}' = \begin{bmatrix} V_0 \\ V_1 \\ V_2 \end{bmatrix}$ で表す．対称座標変換 (ユニタリ変換) は式 (6.53) のユニタリ行列 $\boldsymbol{U}$ により

$$\boldsymbol{I} = \boldsymbol{U}\boldsymbol{I}', \quad \boldsymbol{V} = \boldsymbol{U}\boldsymbol{V}' \tag{7.44}$$

と表すことができるから，これを式 (7.43) に代入して

$$\boldsymbol{I}' = \boldsymbol{U}^*\boldsymbol{G}\boldsymbol{U}\boldsymbol{V}' \tag{7.45}$$

となる．ここに，$\boldsymbol{V}' = \boldsymbol{U}\boldsymbol{V} = \begin{bmatrix} 0 \\ \sqrt{3}V_m \\ 0 \end{bmatrix}$ である．よって

$$\begin{aligned} H &= \langle \boldsymbol{I},\ \boldsymbol{V} \rangle = \langle \boldsymbol{G}\boldsymbol{V},\ \boldsymbol{V} \rangle = \langle \boldsymbol{G}\boldsymbol{U}\boldsymbol{V}',\ \boldsymbol{U}\boldsymbol{V}' \rangle \\ &= (\boldsymbol{G}\boldsymbol{U}\boldsymbol{V}')^*\boldsymbol{U}\boldsymbol{V}' = \boldsymbol{V}'^*(\boldsymbol{U}^*\boldsymbol{G}\boldsymbol{U})\boldsymbol{V}' = \boldsymbol{V}'^*\boldsymbol{G}'\boldsymbol{V}' \end{aligned}$$

コンダクタンス行列 $\boldsymbol{G}$ は

$$\boldsymbol{G}' = \boldsymbol{U}^*\boldsymbol{G}\boldsymbol{U} = \begin{bmatrix} G & 0 & 0 \\ 0 & G+3G' & 0 \\ 0 & 0 & G+3G' \end{bmatrix}$$

と対角化される．ここに，G, $G+3G'$, $G+3G'$ は $\boldsymbol{G}$ の固有値である．よって，$V_0 = 0$, $V_1 = \sqrt{3}V_m$，$V_2 = 0$ であるから

$$H = G|V_0|^2 + (G+3G')|V_1|^2 + (G+3G')|V_2|^2 = 3(G+3G')|V_m|^2$$

となる．この式は $3(G+3G')|V_m|^2$ だけの電力が漏れ電流により失われることを示している．つまり，これだけの電力が漏れコンダクタンス分 (抵抗分) で消費されていることになる．

7.4.4　二次形式の分類

二次形式をその符号によって分類しよう．行列 $\boldsymbol{A}$ を n 次の実対称行列，$\boldsymbol{x}$ を n 次のベクトルとして，二次形式 $Q = \langle \boldsymbol{x}, \boldsymbol{A}\boldsymbol{x} \rangle$ を考える．

a.　正定値・負定値・不定符号

(1)　$\boldsymbol{x} = \boldsymbol{0}$ 以外のすべての $\boldsymbol{x}$ に対して $Q > 0$ のとき，Q および $\boldsymbol{A}$ は**正定値** (positive definite) という．

たとえば，$Q = 2x_1^2 + 5x_2^2$ は正定値である．単位行列 $\mathbf{1}$ は正定値である．しかし，$\boldsymbol{A} = \begin{bmatrix} 1 & 1 \\ 1 & 1 \end{bmatrix}$ に対して，$Q = (x_1 + x_2)^2$ であるから，$x_1 = -x_2$ のとき $Q = 0$ となる．よって，この場合，Q および $\boldsymbol{A}$ は正定値ではない．

(2)　$\boldsymbol{x} = \boldsymbol{0}$ 以外のすべての $\boldsymbol{x}$ に対して $Q(\boldsymbol{x}) < 0$ のとき，$Q(\boldsymbol{x})$ および $\boldsymbol{A}$ は**負定値** (negative definite) という．たとえば，$Q = -(2x_1^2 + 5x_2^2)$ は負定値である．

(3)　Q が正にも負にもなるとき　Q は**不定符号** (indefinite) という．

たとえば，行列 $\boldsymbol{A} = \begin{bmatrix} 1 & 2 \\ 2 & 1 \end{bmatrix}$ は不定符号である．なぜなら，この行列 $\boldsymbol{A}$ に対する二次形式 $Q = (x_1 + x_2)^2 + 2x_1x_2$ は x_1, x_2 の値により正にも負にもなるからである．

図 7.20 に 2 次形式の理解を容易にするため，正定値，負定値，不定符号の二次曲面の例を示す．ただし，どの曲面も原点 O を通っていない．

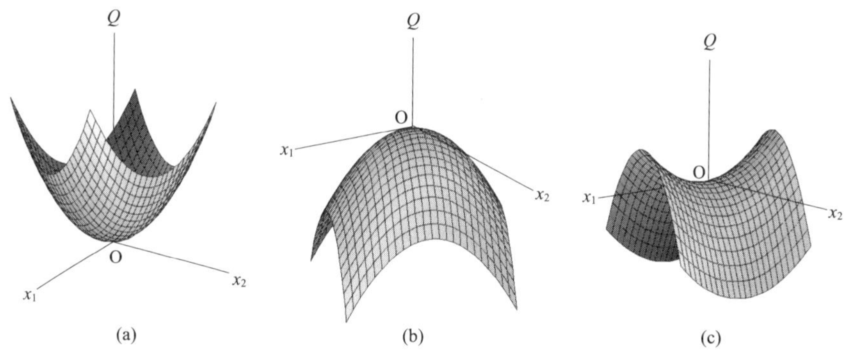

図 7.20　二次形式で表される曲面：(a) 正定値　(b) 負定値　(c) 不定符号

(例 7.23)　これらの定義によれば，一般に (枝) 抵抗行列 $\boldsymbol{R}$，(枝) エラスタンス行列 $\boldsymbol{S}$ は正定値である．なぜなら，$\boldsymbol{R}$，$\boldsymbol{S}$ が対角行列であり，かつ，オーム損，静電エネルギーが正の値をとるからである．

b.　首座小行列式による判定

n 次の正方行列 $\boldsymbol{A} = [a_{ij}]$ の $a_{11}, a_{22}, \cdots, a_{nn}$ をその主対角成分という．主対角成分 $a_{11}, a_{22}, \cdots, a_{kk}$ を含む k 次の正方行列を k 次の**首座小行列** (principal submatrix) といい，その行列式を k 次の**首座小行列式** (leading principal minor) という．たとえば，行列 $\boldsymbol{A} = \begin{bmatrix} 8 & -2 & 0 \\ 1 & 3 & 4 \\ 3 & 1 & 3 \end{bmatrix}$ の 1 次の首座小行列式は $\det[8] = 8$，2 次の首座小行列式は $\det \begin{bmatrix} 8 & -2 \\ 1 & 3 \end{bmatrix} = 26$，3 次の首座小行列式は　$\det \begin{bmatrix} 8 & -2 & 0 \\ 1 & 3 & 4 \\ 3 & 1 & 3 \end{bmatrix} = 22$ である．このように，n 次の正方行列の首座小行列式は n 個できる．

(定理 7.8)　n 次の正方行列が正定値であるための条件は，$k\,(k = 1, \cdots, n)$ 次首座小行列式が正であることである．

インダクタンス行列 $\boldsymbol{L}$ は相互インダクタンスが非対角要素に配置されるから対角行列ではない．インダクタンス行列 $\boldsymbol{L}$ が正定値であるための条件はすべての首座小行列式が正であることである．たとえば，変成器のインダクタンス行列 $\boldsymbol{L} = \begin{bmatrix} L_1 & M \\ M & L_2 \end{bmatrix}$ は $\det[L_1] = L_1 > 0$，かつ $\det \begin{bmatrix} L_1 & M \\ M & L_2 \end{bmatrix} = L_1 L_2 - M^2 > 0$ のとき正定値である．現実に自己インダクタンスは正で，自己インダクタンスのほうが相互インダクタンスより大きいから，この条件は満たされる．

c.　準正定値・準負定値

(1)　すべての $\boldsymbol{x}$ に対して $Q \geq 0$ のとき，Q および $\boldsymbol{A}$ は**準正定値** (positive semidefinite) という．この定義では $\boldsymbol{x} = \boldsymbol{0}$ も含まれ，また $Q = 0$ も含まれる．

たとえば，$\boldsymbol{A} = \begin{bmatrix} 1 & 0 \\ 0 & 3 \end{bmatrix}$ および $Q = x_1^2 + 3x_2^2$ は準正定値である．

(2)　すべての $\boldsymbol{x}$ に対して $Q \leq 0$ のとき，Q および $\boldsymbol{A}$ は**準負定値** (negative semidefinite) という.

たとえば, $\boldsymbol{A} = \begin{bmatrix} -1 & 0 \\ 0 & -3 \end{bmatrix}$ および $Q = -x_1^2 - 3x_2^2$ は準負定値である. $x_1 = x_2 = 0$ のとき, $Q = 0$ が許される.

図 7.20 でいえば, (a), (b) の曲面が原点 O を通るとき, それぞれ準正定値, 準負定値である.

(例 7.24) 密結合変成器のインダクタンス行列は準正定値である. これを示そう.

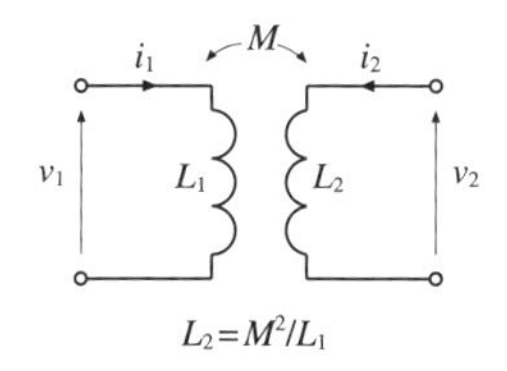

図 7.21 密結合変圧器の回路

図 7.21 のように, 変成器の一次側, 二次側の巻線の自己インダクタンスをそれぞれ L_1, L_2 とし, 相互インダクタンスを M で表す. このとき, インダクタンス行列は $\boldsymbol{L} = \begin{bmatrix} L_1 & M \\ M & L_2 \end{bmatrix}$ となる. 密結合変成器であるから, 条件

$$M^2 = L_1 L_2$$

が成り立つ. この条件により $\mathrm{rank}\, \boldsymbol{L} = 1 < 2$ がいえる.

一次側, 二次側の電流をそれぞれ i_1, i_2 として, 電流ベクトルを $\boldsymbol{i}_L = [i_1 \;\; i_2]^{\mathrm{T}}$ で表せば

$$2W_m = \langle \boldsymbol{i}_L,\ \boldsymbol{L}\boldsymbol{i}_L \rangle = \boldsymbol{i}_L^{\mathrm{T}} \boldsymbol{L} \boldsymbol{i}_L = [i_1 \;\; i_2] \begin{bmatrix} L_1 & M \\ M & L_2 \end{bmatrix} \begin{bmatrix} i_1 \\ i_2 \end{bmatrix}$$

$$= [i_1 \;\; i_2] \begin{bmatrix} L_1 i_1 + M i_2 \\ M i_1 + L_2 i_2 \end{bmatrix} = L_1 i_1^2 + 2M i_1 i_2 + L_2 i_2^2$$

となる. 密結合の条件を上の式に代入すると

$$2W_m = L_1 i_1^2 + 2\sqrt{L_1 L_2}\, i_1 i_2 + L_2 i_2^2 = (\sqrt{L_1}\, i_1 + \sqrt{L_2}\, i_2)^2 \geq 0$$

となるから, 密結合変成器のインダクタンス行列は準正定値である.

首座小行列によって準正定値の判定はできないことに注意しよう．行列 $\boldsymbol{A}$ が準正定値ならば，すべての首座小行列式は正または零である．たとえば，$\begin{bmatrix} 0 & 0 \\ 0 & 2 \end{bmatrix}$ はその例である．しかし，逆にすべての首座小行列式が正または零ならば，行列 $\boldsymbol{A}$ が準正定値とはいえない．たとえば，$\begin{bmatrix} 0 & 0 \\ 0 & -2 \end{bmatrix}$ はその例である．

d. 固有値を用いた正定値，負定値の表現

二次形式 Q の正定値，負定値などは行列 $\boldsymbol{A}$ の固有値を用いて次のように言い換えることができる．

(1) 行列 $\boldsymbol{A}$ のすべての固有値が正ならば，Q および $\boldsymbol{A}$ は正定値である．

たとえば，$\boldsymbol{A} = \begin{bmatrix} 2 & 0 \\ 0 & 5 \end{bmatrix}$ の固有値は 2, 5 で正，よって $\boldsymbol{A}$ は正定値，$Q = 2x_1^2 + 5x_2^2$ も正定値である．行列 $\boldsymbol{A} = \begin{bmatrix} 1 & 1 \\ 1 & 1 \end{bmatrix}$ の固有値は 0 と 2 であるから $\boldsymbol{A}$ は正定値ではない．

(2) 行列 $\boldsymbol{A}$ のすべての固有値が負ならば，Q および $\boldsymbol{A}$ は負定値である．

(3) 行列 $\boldsymbol{A}$ の固有値が正の固有値と負の固有値をもつならば，$\boldsymbol{A}$ および Q は不定符号である．

たとえば，$\boldsymbol{A} = \begin{bmatrix} 1 & 2 \\ 2 & 1 \end{bmatrix}$ の固有値は -1 と 3，二次形式は $Q = x_1^2 + 4x_1x_2 + x_2^2$ で，不定符号である．たとえば，$x_1 = 1, x_2 = -1$ では $Q = -2$，$x_1 = 1, x_2 = 1$ では $Q = 6$ である．

演 習 問 題

7.1 次の 2 個のベクトルのなす角 θ と距離 d を求めよ．

$$\boldsymbol{x} = \begin{bmatrix} 2 \\ 2 \\ 2 \\ 2 \end{bmatrix}, \quad \boldsymbol{y} = \begin{bmatrix} -2 \\ -2 \\ 0 \\ -2 \end{bmatrix}$$

7.2 図の交流回路の電源 E の角周波数が ω のとき，この回路の有効電力と無効電力を求めよ．また，無効電力が 0 になる角周波数 ω を求めよ．

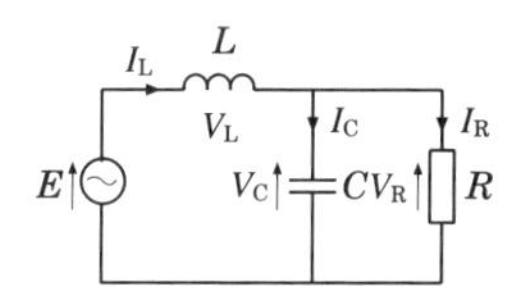

7.3 ベクトル $\boldsymbol{y} = \begin{bmatrix} 13 \\ 1 \end{bmatrix}$ のベクトル $\boldsymbol{u} = \begin{bmatrix} 3 \\ 1 \end{bmatrix}$ 上への正射影 $\boldsymbol{s}$ を求めよ．さらに，$\boldsymbol{y}$ を $\boldsymbol{s}$ とそれに垂直なベクトル $\boldsymbol{v}$ とに分解せよ．

7.4 3つの一次独立なベクトル $\boldsymbol{x}_1 = [1\ 0\ 2]^{\mathrm{T}}$，$\boldsymbol{x}_2 = [-1\ 1\ 0]^{\mathrm{T}}$，$\boldsymbol{x}_3 = [0\ 1\ 1]^{\mathrm{T}}$ から，正規直交系を求めよ．

7.5 二次形式 $Q = 3x_1^2 + 2x_2^2 + x_3^2 + 4x_1x_2 + 4x_2x_3$ は正定値であるかどうかを判定せよ．

7.6 次の行列は正定値であることを示せ．

$$\begin{bmatrix} 9 & 1 & 4 \\ 1 & 3 & 4 \\ 4 & 4 & 7 \end{bmatrix}$$

7.7 次の二次形式を直交行列により標準形にせよ．

(a) $x_1^2 + 4x_1x_2 - 2x_2^2$ (b) $x_1^2 + 10x_1x_2 + x_2^2$

7.8 次の二次形式を直交行列により標準形にせよ．

$$6x_1^2 + 6x_2^2 + 5x_3^2 - 4x_1x_2 - 2x_2x_3 - 2x_3x_1$$

7.9 次のエルミート形式をユニタリ行列により標準形にせよ．

$$|x_1|^2 + (2 - \mathrm{j})x_1\overline{x_2} + (2 + \mathrm{j})x_2\overline{x_1} + 5|x_2|^2$$

演習問題解答

第 1 章

1.1 (1) $\overrightarrow{\mathrm{AG}} = \boldsymbol{a}+\boldsymbol{b}+\boldsymbol{c}$, (2) $\overrightarrow{\mathrm{BH}} = -\boldsymbol{a}+\boldsymbol{b}+\boldsymbol{c}$, (3) $\overrightarrow{\mathrm{HM}} = \dfrac{1}{2}(\boldsymbol{a}-\boldsymbol{b})$, (4) $\overrightarrow{\mathrm{AM}} = \dfrac{1}{2}(\boldsymbol{a}+\boldsymbol{b})+\boldsymbol{c}$, (5) $\overrightarrow{\mathrm{MN}} = -\boldsymbol{c}$

1.2 各ベクトルの図を描いて重なるものがあれば，それらは平行で一次従属.

1.3 $\boldsymbol{c} = 3\boldsymbol{a}-2\boldsymbol{b}$

1.4 $\|\boldsymbol{a}\| = 3\sqrt{2}$, $\|\boldsymbol{b}\| = 3$. $\boldsymbol{a}\cdot\boldsymbol{b} = -9$. $\theta = 135^\circ$. $\boldsymbol{a}\times\boldsymbol{b} = [-6 \ \ -6 \ \ -3]^{\mathrm{T}}$

1.5 $\theta = 120^\circ$，$3\sqrt{39}$

1.6 ベクトル積をとればよい. $[\ 4 \ \ 14 \ \ -10\ ]^{\mathrm{T}}$ と $[\ -4 \ \ -14 \ \ 10\ ]^{\mathrm{T}}$

1.7 $\boldsymbol{u} = \boldsymbol{b}-\boldsymbol{a} = [\ -4 \ \ -6 \ \ -2\ ]^{\mathrm{T}}$, $\boldsymbol{v} = \boldsymbol{c}-\boldsymbol{a} = [\ -1 \ \ 4 \ \ 3\ ]^{\mathrm{T}}$, $\boldsymbol{w} = \boldsymbol{d}-\boldsymbol{a} = [\ a-4 \ \ -1 \ \ 3\ ]^{\mathrm{T}}$ である. ベクトル積 $\boldsymbol{u}\times\boldsymbol{v}$ は $\boldsymbol{u}$, $\boldsymbol{v}$ に垂直. $\boldsymbol{u}$, $\boldsymbol{v}$, $\boldsymbol{w}$ が同一平面上にあるから，ベクトル積 $\boldsymbol{u}\times\boldsymbol{v}$ は $\boldsymbol{w}$ に垂直である. よって，$(\boldsymbol{u}\times\boldsymbol{v})\boldsymbol{\cdot}\boldsymbol{w} = 0$ により，$a = -4$ である.

1.8 $\boldsymbol{F} = \boldsymbol{F}_1+\boldsymbol{F}_2 = 7\boldsymbol{i}-2\boldsymbol{j}+3\boldsymbol{k}$，変位 $\Delta\boldsymbol{r} = \boldsymbol{r}_2-\boldsymbol{r}_1 = 2\boldsymbol{i}+2\boldsymbol{j}+0\boldsymbol{k}$. よって，仕事は $\Delta\boldsymbol{r}\boldsymbol{\cdot}\boldsymbol{F} = 10\,\mathrm{Nm}$

1.9 1 個の電子に働くローレンツ力は $(-e)\boldsymbol{v}\times\boldsymbol{B}$ $(e>0)$. 長さ l の中には nl 個の電子があるから，長さ l の導線に働く力は $nl(-e)\boldsymbol{v}\times\boldsymbol{B}$ である. 電流は (電荷)×(速度) であるから，電流ベクトルは $\boldsymbol{I} = n(-e)\boldsymbol{v}$ である. よって，導線に働くローレンツ力は $l\boldsymbol{I}\times\boldsymbol{B} = -nle\boldsymbol{v}\times\boldsymbol{B}$ となる.

第 2 章

2.1 (a) $\begin{bmatrix} 2 & -1 \\ 2 & 5 \end{bmatrix}$ (b) $\begin{bmatrix} 1 & 6 \\ -4 & 5 \end{bmatrix}$ (c) $\begin{bmatrix} 3 & 0 & 6 \\ 9 & -12 & 6 \end{bmatrix}$ (d) $\begin{bmatrix} 1 & 1 & 3 \\ 8 & 1 & 4 \end{bmatrix}$

2.2 (a) $\begin{bmatrix} 5 \\ -7 \end{bmatrix}$ (b) $\begin{bmatrix} -13 \\ 24 \\ -9 \end{bmatrix}$ (c) $\begin{bmatrix} p \\ q \\ r \end{bmatrix}$ (d) $\begin{bmatrix} 5 & 11 & 1 \\ -11 & 8 & 16 \end{bmatrix}$

(e) $\begin{bmatrix} -2 & 9 \\ -18 & 8 \end{bmatrix}$ (f) $\begin{bmatrix} 5 & 11 & 1 \\ -11 & 8 & 16 \\ 4 & -5 & -7 \end{bmatrix}$ (g) $\begin{bmatrix} 16 & -1 & 18 \\ 29 & -7 & 21 \\ 6 & -18 & 30 \end{bmatrix}$

2.3 $p = -6$

2.4 $\boldsymbol{B} = \begin{bmatrix} 1 & 1 & 1 \\ 3 & -1 & 1 \end{bmatrix}$

2.5 $\boldsymbol{B} = \begin{bmatrix} 2p & 2q \\ p & q \end{bmatrix}$, p, q は任意の数

2.6 b と c

2.7 (a) $\begin{bmatrix} 2 & -1 \\ -5/2 & 3/2 \end{bmatrix}$ (b) $\begin{bmatrix} -6 & 5/2 \\ -1 & 1/2 \end{bmatrix}$ (c) $\begin{bmatrix} -5 & -4 \\ -2 & -3/2 \end{bmatrix}$

2.8 $\boldsymbol{x}^{\mathrm{T}}\boldsymbol{y} = 2a - 3b + 4c$, $\boldsymbol{y}^{\mathrm{T}}\boldsymbol{x} = 2a - 3b + 4c$,

$$\boldsymbol{x}\boldsymbol{y}^{\mathrm{T}} = \begin{bmatrix} 2a & 2b & 2c \\ -3a & -3b & -3c \\ 4a & 4b & 4c \end{bmatrix}, \quad \boldsymbol{y}\boldsymbol{x}^{\mathrm{T}} = \begin{bmatrix} 2a & -3a & 4a \\ 2b & -3b & 4b \\ 2c & -3c & 4c \end{bmatrix}$$

2.9 $(\boldsymbol{A}\boldsymbol{x})^{\mathrm{T}} = [\ -7\ \ 11\ ]$, $\boldsymbol{x}^{\mathrm{T}}\boldsymbol{A}^{\mathrm{T}} = [\ -7\ \ 11\ ]$, $\boldsymbol{x}\boldsymbol{x}^{\mathrm{T}} = \begin{bmatrix} 9 & 15 \\ 15 & 25 \end{bmatrix}$, $\boldsymbol{x}^{\mathrm{T}}\boldsymbol{x}$ $= [\ 34\ ] = 34$. (1, 1) 行列はスカラーであるが，行列として扱うときは括弧をつけるほうがわかりやすい．

2.10 $\boldsymbol{A}^2 = \begin{bmatrix} a^2 & 2a & 1 \\ 0 & a^2 & 2a \\ 0 & 0 & a^2 \end{bmatrix}$, $\boldsymbol{A}^3 = \begin{bmatrix} a^3 & 3a^2 & 3a \\ 0 & a^3 & 3a^2 \\ 0 & 0 & a^3 \end{bmatrix}$

2.11 $\begin{bmatrix} 1 & 7 & 4 \\ 7 & -3 & 1 \\ 4 & 1 & 3 \end{bmatrix} + \begin{bmatrix} 0 & -1 & -1 \\ 1 & 0 & -1 \\ 1 & 1 & 0 \end{bmatrix}$

2.12 $\boldsymbol{A} = -\boldsymbol{A}^{\mathrm{T}}$ であるから，$\boldsymbol{A}^2 = (-\boldsymbol{A}^{\mathrm{T}})(-\boldsymbol{A}^{\mathrm{T}}) = (\boldsymbol{A}^{\mathrm{T}})^2 = (\boldsymbol{A}^2)^{\mathrm{T}}$

2.13 $\begin{bmatrix} 0 & 0 \\ 0 & 0 \end{bmatrix}$, $\begin{bmatrix} 1 & 0 \\ -1 & 0 \end{bmatrix}$, $\begin{bmatrix} 1 & 0 \\ 0 & 1 \end{bmatrix}$, $\begin{bmatrix} 0 & 0 \\ 1 & 1 \end{bmatrix}$

2.14 $\boldsymbol{T}_a = \begin{bmatrix} 2 & R \\ 1/R & 1 \end{bmatrix}$, $\boldsymbol{T}_b = \begin{bmatrix} 1 & R \\ 1/R & 2 \end{bmatrix}$, $\boldsymbol{T}_a\boldsymbol{T}_b = \begin{bmatrix} 3 & 4R \\ 2/R & 3 \end{bmatrix}$

2.15 $\boldsymbol{Z} = \begin{bmatrix} 2R_1 + R_3 & R_3 \\ R_3 & 2R_2 + R_3 \end{bmatrix}$

第 3 章

3.1 (a) -2 (b) -2 (c) 0 (d) -2 (e) 10 と $10a$ (f) -6 と -6

3.2 (a) -96 (b) -2

3.3 (a) 0 (b) 1 (c) 0. サラスの公式によらず，行列式の性質によって求めよう．(d) $a^3+b^3+c^3-3abc$

3.4 $\mathrm{adj}\,\boldsymbol{A} = \begin{bmatrix} 30 & 21 & -3 \\ -59 & -34 & 57 \\ 55 & 2 & -42 \end{bmatrix}$

3.5 $\mathrm{adj}\,\boldsymbol{A} = \begin{bmatrix} 9 & 0 & 9 \\ 0 & 9 & 9 \\ -36 & -36 & 9 \end{bmatrix}$, $\det \boldsymbol{A} = 81$, $\boldsymbol{A}^{-1} = \dfrac{1}{9}\begin{bmatrix} 1 & 0 & 1 \\ 0 & 1 & 1 \\ -4 & -4 & 1 \end{bmatrix}$

3.6 (a) $x=8,\ y=-3$ (b) $x=2,\ y=4,\ z=6$

3.7 $\begin{bmatrix} x_1 \\ x_2 \end{bmatrix} = \begin{bmatrix} 3 & 4 \\ 5 & 6 \end{bmatrix}^{-1} \begin{bmatrix} 1 \\ 2 \end{bmatrix} = \begin{bmatrix} -3 & 2 \\ 5/2 & -3/2 \end{bmatrix} \begin{bmatrix} 1 \\ 2 \end{bmatrix} = \begin{bmatrix} 1 \\ -1/2 \end{bmatrix}$

3.8 $\mathrm{adj}\,\boldsymbol{A} = \begin{bmatrix} 1 & 2 & 2 \\ -16 & 7 & -6 \\ -22 & 8 & -5 \end{bmatrix}$, $\det \boldsymbol{A} = 13$, $x=3,\ y=-1,\ z=-1$

3.9 $\det \boldsymbol{A} = 5\cdot(-1)^{1+1}\begin{vmatrix} -1 & 2 \\ 0 & 0 \end{vmatrix} + 0\cdot(-1)^{1+2}\begin{vmatrix} 4 & 2 \\ -2 & 0 \end{vmatrix}$

$+1\cdot(-1)^{1+3}\begin{vmatrix} 4 & -1 \\ -2 & 0 \end{vmatrix} = 5\cdot 0 + 0\cdot 4 + 1\cdot(-2) = -2$

3.10 (a) 1 (b) 1 (c) -1

3.11 行列の積の行列式はそれぞれの行列の行列式の積に等しいから，

$\begin{vmatrix} 2 & -4 & 3 \\ 3 & 1 & 2 \\ 1 & 4 & -1 \end{vmatrix} = -5$, $\begin{vmatrix} 1 & 3 & 5 \\ 2 & 1 & 1 \\ 3 & 4 & 2 \end{vmatrix} = 20$ である．よって，-100 である．

3.12 回路の方程式は I_1, I_2, I_3 を未知数とする連立一次方程式

$$\begin{aligned} (R_1+R_3)I_1 - R_3I_2 - R_1I_3 &= E_1 \\ -R_3I_1 + (R_2+R_3)I_2 - R_2I_3 &= -E_2 \\ -R_1I_1 - R_2I_2 + (R_1+R_2+R_4)I_3 &= 0 \end{aligned}$$

となる．それぞれのパラメータの値を代入すると，この式は

$$\begin{bmatrix} 3 & -2 & -1 \\ -2 & 4 & -2 \\ -1 & -2 & 7 \end{bmatrix} \begin{bmatrix} I_1 \\ I_2 \\ I_3 \end{bmatrix} = \begin{bmatrix} 12 \\ -8 \\ 0 \end{bmatrix}$$

と書くことができる．クラーメルの公式により

$$I_3 = \begin{vmatrix} 3 & -2 & 12 \\ -2 & 4 & -8 \\ -1 & -2 & 0 \end{vmatrix} \Bigg/ \begin{vmatrix} 3 & -2 & -1 \\ -2 & 4 & -2 \\ -1 & -2 & 7 \end{vmatrix} = 1\text{A}$$

を得る.

第 4 章

4.1 $\operatorname{rank} \boldsymbol{A} = 2$

4.2 $x = -1,\ y = 2$. 係数行列と拡大係数行列の階数は等しく 2.

4.3 (i) 係数行列 $\boldsymbol{A}$ は $\boldsymbol{A} = \begin{bmatrix} 4 & 2 & 1 \\ 2 & -1 & 4 \\ 1 & 1 & -1 \end{bmatrix}$ は簡約化して 3 次の単位行列になる.

よって, $\operatorname{rank} \boldsymbol{A} = 3$.

(ii) 拡大係数行列は $[\,\boldsymbol{A}\ \ \boldsymbol{b}\,] = \begin{bmatrix} 4 & 2 & 1 & 2 \\ 2 & -1 & 4 & 1 \\ 1 & 1 & -1 & 2 \end{bmatrix}$. 簡約化して $\operatorname{rank}[\,\boldsymbol{A}\ \ \boldsymbol{b}\,] = 3$ がわかる.

(iii)

$$\begin{bmatrix} 4 & 2 & 1 & 2 \\ 2 & -1 & 4 & 1 \\ 1 & 1 & -1 & 2 \end{bmatrix} \xrightarrow{r_1 \leftrightarrow r_3} \begin{bmatrix} 1 & 1 & -1 & 2 \\ 2 & -1 & 4 & 1 \\ 4 & 2 & 1 & 2 \end{bmatrix} \xrightarrow{-2r_1 + r_2,\, -4r_1 + r_3}$$

$$\begin{bmatrix} 1 & 1 & -1 & 2 \\ 0 & -3 & 6 & -3 \\ 0 & -2 & 5 & -6 \end{bmatrix} \xrightarrow{(-1/3)r_2} \begin{bmatrix} 1 & 1 & -1 & 2 \\ 0 & 1 & -2 & 1 \\ 0 & -2 & 5 & -6 \end{bmatrix} \xrightarrow{-1r_2 + r_1,\, 2r_2 + r_3}$$

$$\begin{bmatrix} 1 & 0 & 1 & 1 \\ 0 & 1 & -2 & 1 \\ 0 & 0 & 1 & -4 \end{bmatrix} \xrightarrow{-1r_3 + r_1,\, 2r_3 + r_2} \begin{bmatrix} 1 & 0 & 0 & 5 \\ 0 & 1 & 0 & -7 \\ 0 & 0 & 1 & -4 \end{bmatrix}$$

求める解は $x = 5,\ y = -7,\ z = -4$ である. (iv), (v) は省略.

4.4 $x = 2s - 3t + 2,\ \ y = s,\ \ z = t$ ($s,\ t$ は任意の数)

4.5 $\begin{bmatrix} 1 & 1 & 1 & 1 & 0 & 0 \\ 1 & 2 & 2 & 0 & 1 & 0 \\ 1 & 2 & 3 & 0 & 0 & 1 \end{bmatrix}$ を簡約化して $\begin{bmatrix} 1 & 0 & 0 & 2 & -1 & 0 \\ 0 & 1 & 0 & -1 & 2 & -1 \\ 0 & 0 & 1 & 0 & -1 & 1 \end{bmatrix}$ を導く.

第 4 列目以降が逆行列を与える.

4.6 3 個のベクトルから行列 $\boldsymbol{A} = \begin{bmatrix} 8 & 4 & 0 \\ 2 & -1 & 1 \\ 1 & 0 & 5 \end{bmatrix}$ をつくれば, $\det \boldsymbol{A} = -84 \neq 0$.

よって, 方程式 $\boldsymbol{Ax} = \boldsymbol{0}$ の解は $\boldsymbol{x} = \boldsymbol{0}$. 3 個のベクトルは一次独立.

4.7 $\omega = \sqrt{\dfrac{C_1+C_2}{C_1C_2L}}$. 電圧 V_1, V_2, ループ電流 I に関する連立一次方程式

$$\begin{bmatrix} 1 & -1 & -\mathrm{j}\omega L \\ \mathrm{j}\omega C_1 & 0 & 1 \\ 0 & \mathrm{j}\omega C_2 & 1 \end{bmatrix}\begin{bmatrix} V_1 \\ V_2 \\ I \end{bmatrix} = \begin{bmatrix} 0 \\ 0 \\ 0 \end{bmatrix}$$

が自明でない解をもつ条件から求める.

4.8 $\boldsymbol{A}$ と $\boldsymbol{L}$ を掛け算可能な型，すなわち，どちらかを転置して積をとる.

4.9 W は部分ベクトル空間．基底の 1 つは $\left\{\begin{bmatrix} 1 \\ 0 \\ 2 \end{bmatrix}, \begin{bmatrix} 0 \\ 1 \\ 1 \end{bmatrix}\right\}$. $\dim W = 2$

第 5 章

5.1 (a) $7x - 6y = 10$ (b) $x^2 + 4y^2 = 4$ (c) $x = -\dfrac{1}{4}y^2$

5.2 $\psi_d = \Psi_m \sin 2\omega t$, $\psi_q = \Psi_m \cos 2\omega t$

5.3 一次変換前の座標をベクトルで $\boldsymbol{x} = x_1\boldsymbol{i} + x_2\boldsymbol{j}$ と表せば，一次変換は

$$\boldsymbol{y} = \boldsymbol{A}\boldsymbol{x} = \boldsymbol{A}(x_1\boldsymbol{i} + x_2\boldsymbol{j}) = x_1\boldsymbol{A}\boldsymbol{i} + x_2\boldsymbol{A}\boldsymbol{j} = x_1\boldsymbol{i}' + x_2\boldsymbol{j}'$$

となる．よって，ベクトル $\boldsymbol{y}$ は基底 $\boldsymbol{i}'$, $\boldsymbol{j}'$ の新しい座標系における座標が $(x_1,\ x_2)$ であることを意味する．与えられた $\boldsymbol{A}$ に対し

$$\begin{bmatrix} y_1 \\ y_2 \end{bmatrix} = \begin{bmatrix} 3 & -1 \\ 1 & 1 \end{bmatrix}\begin{bmatrix} 1 \\ 2 \end{bmatrix}_X = \begin{bmatrix} 3 \\ 1 \end{bmatrix} + 2\begin{bmatrix} -1 \\ 1 \end{bmatrix}, \quad \text{よって} \quad \begin{bmatrix} 1 \\ 2 \end{bmatrix}_Y$$

となる．添え字 X, Y はそれぞれ変換前と後の座標の値を意味し，両者は一致する.

5.4 $[\boldsymbol{v}_1\ \boldsymbol{v}_2] = [\boldsymbol{u}_1\ \boldsymbol{u}_2]\boldsymbol{P}$ より，$\boldsymbol{P} = \begin{bmatrix} -2 & 3 \\ 6 & -5 \end{bmatrix}$, $\boldsymbol{P}^{-1} = \dfrac{1}{8}\begin{bmatrix} 5 & 3 \\ 6 & 2 \end{bmatrix}$. 求める座標は $\boldsymbol{P}^{-1}\begin{bmatrix} 1 \\ 1 \end{bmatrix} = \begin{bmatrix} 1 \\ 1 \end{bmatrix}$ となる.

5.5 $\boldsymbol{v} = \begin{bmatrix} 4 \\ 2 \end{bmatrix}$ は基底 A では $\boldsymbol{v} = 3\begin{bmatrix} 1 \\ 1 \end{bmatrix} + (-1)\begin{bmatrix} -1 \\ 1 \end{bmatrix}$, 座標は $(3, -1)$. 基底 B では $\boldsymbol{v} = 2\begin{bmatrix} 1 \\ 0 \end{bmatrix} + 2\begin{bmatrix} 1 \\ 1 \end{bmatrix}$, 座標は $(2, 2)$.

5.6 転置行列との積が単位行列になることを示せばよい.

第 6 章

6.1 $\boldsymbol{A}\boldsymbol{p} = \begin{bmatrix} 35 \\ 42 \end{bmatrix} = 7\begin{bmatrix} 5 \\ 6 \end{bmatrix}$ と表せるから，$\boldsymbol{p}$ は固有ベクトルであり，固有値は 7 である.

6.2 行列 $2\begin{bmatrix} 1 & 0 \\ 0 & 1 \end{bmatrix} - \begin{bmatrix} 3 & 2 \\ 3 & 8 \end{bmatrix} = \begin{bmatrix} -1 & -2 \\ -3 & -6 \end{bmatrix} \xrightarrow{(-1)r_1 + r_2} \begin{bmatrix} -1 & -2 \\ 0 & 0 \end{bmatrix}$ となる．よって，$\det(2\mathbf{1} - \boldsymbol{A}) = 0$．したがって，方程式 $(2\mathbf{1} - \boldsymbol{A})\boldsymbol{x} = \mathbf{0}$ は 0 でない解をもつから，2 は固有値である．

6.3 簡約化により $\boldsymbol{A} - 1\mathbf{1} \to \begin{bmatrix} 1 & -1 & 3 \\ 0 & 0 & 0 \\ 0 & 0 & 0 \end{bmatrix}$ であるから，これを係数行列とする連立一次方程式は自明でない解をもつから，1 は固有値である．$\mathrm{rank}\,(\boldsymbol{A} - 1\mathbf{1}) = 1$ であるから，$\mu(\boldsymbol{A}) = 3 - 1 = 2$ 個の任意の定数 s，t を与えることができ，方程式 $(\boldsymbol{A} - 1\mathbf{1})\boldsymbol{x} = \mathbf{0}$ の解は $\begin{bmatrix} x_1 \\ x_2 \\ x_3 \end{bmatrix} = s\begin{bmatrix} 1 \\ 1 \\ 0 \end{bmatrix} + t\begin{bmatrix} -3 \\ 0 \\ 1 \end{bmatrix}$ と表すことができる．よって，固有ベクトルは $\begin{bmatrix} 1 \\ 1 \\ 0 \end{bmatrix}$，$\begin{bmatrix} -3 \\ 0 \\ 1 \end{bmatrix}$ である．

6.4 固有値は $\lambda_1 = -1$, $\lambda_2 = 2$．固有ベクトルは $\boldsymbol{p}_1 = \begin{bmatrix} 1 \\ 3 \end{bmatrix}$，$\boldsymbol{p}_2 = \begin{bmatrix} 1 \\ 0 \end{bmatrix}$，

これより $\boldsymbol{P} = [\ \boldsymbol{p}_1,\ \boldsymbol{p}_2\ ] = \begin{bmatrix} 1 & 1 \\ 3 & 0 \end{bmatrix}$，$\boldsymbol{D} = \begin{bmatrix} -1 & 0 \\ 0 & 2 \end{bmatrix}$ となる．

よって，$e^{\boldsymbol{A}} = \boldsymbol{P}e^{\boldsymbol{D}}\boldsymbol{P}^{-1} = \begin{bmatrix} e^2 & (e^{-1} - e^2)/3 \\ 0 & e^{-1} \end{bmatrix}$．

6.5 (a) 固有方程式 $\lambda^2 + 4 = 0$，固有値は j2 と $-$j2．j2 に対する固有ベクトルは，$c_1 \neq 0$ を任意の数として $c_1\begin{bmatrix} 1 \\ -\mathrm{j} \end{bmatrix}$．同様にして，$-$j2 に対する固有ベクトルは $c_2\begin{bmatrix} 1 \\ \mathrm{j} \end{bmatrix}$，$c_2 \neq 0$ は任意の数．対角化可能．

(b) 固有方程式 $(\lambda - 2)^2 = 0$，固有値は 2 のみ．固有ベクトルは $c\begin{bmatrix} 1 \\ 0 \end{bmatrix}$, $c \neq 0$ のみ．退化次数は 1，多重度は 2，よって対角化は不可能．

6.6 (a) 固有値は 1, 2, 3．固有ベクトルはそれぞれ $\begin{bmatrix} 1 \\ 0 \\ 0 \end{bmatrix}$，$\begin{bmatrix} 2 \\ 1 \\ 0 \end{bmatrix}$，$\begin{bmatrix} 3 \\ 2 \\ 1 \end{bmatrix}$．モード行列は $\begin{bmatrix} 1 & 2 & 3 \\ 0 & 1 & 2 \\ 0 & 0 & 1 \end{bmatrix}$ で対角化可能．(b) 固有値は 2 と -1 (2 重根)．固有値 2 に対

する固有ベクトル $\begin{bmatrix} 1 \\ -1 \\ 1 \end{bmatrix}$, 固有値 -1 に対する固有ベクトルは $\begin{bmatrix} -1 \\ 0 \\ 1 \end{bmatrix}$, $\begin{bmatrix} -1 \\ 1 \\ 0 \end{bmatrix}$.

モード行列は $\begin{bmatrix} 1 & -1 & -1 \\ -1 & 0 & 1 \\ 1 & 1 & 0 \end{bmatrix}$. 対角行列は $\begin{bmatrix} 2 & 0 & 0 \\ 0 & -1 & 0 \\ 0 & 0 & -1 \end{bmatrix}$.

(c) 固有値は 1 と -2 (2 重根). 固有値 1 に対する固有ベクトル $\begin{bmatrix} 1 \\ -1 \\ 1 \end{bmatrix}$, 固有値 -2 に対する固有ベクトルは $\begin{bmatrix} 0 \\ -1 \\ 1 \end{bmatrix}$ のみ. 対角化不可能.

6.7 (a) 固有値は -1, -2, 3. 固有ベクトルはそれぞれ $\begin{bmatrix} 1 \\ 0 \\ 1 \end{bmatrix}$, $\begin{bmatrix} 0 \\ 1 \\ 0 \end{bmatrix}$, $\begin{bmatrix} -1 \\ 0 \\ 1 \end{bmatrix}$.

これらは直交するから, 正規化して直交行列 $\begin{bmatrix} 1/\sqrt{2} & 0 & 1/\sqrt{2} \\ 0 & 1 & 0 \\ -1/\sqrt{2} & 0 & 1/\sqrt{2} \end{bmatrix}$ を得る. 対角行列は $\begin{bmatrix} -1 & 0 & 0 \\ 0 & -2 & 0 \\ 0 & 0 & 3 \end{bmatrix}$.

(b) 固有値は 5, -1 (2 重根). 直交行列は $\begin{bmatrix} 1/\sqrt{3} & -1/\sqrt{6} & 1/\sqrt{2} \\ -1/\sqrt{3} & 1/\sqrt{6} & 1/\sqrt{2} \\ 1/\sqrt{3} & 2/\sqrt{6} & 0 \end{bmatrix}$, 対角行列 $\begin{bmatrix} 5 & 0 & 0 \\ 0 & -1 & 0 \\ 0 & 0 & -1 \end{bmatrix}$ を得る.

6.8 $\boldsymbol{A}^* = \boldsymbol{A}$, $\boldsymbol{B}^* = \boldsymbol{B}$ である. 条件 $(\boldsymbol{AB})^* = \boldsymbol{AB}$ から, $(\boldsymbol{A}^*\boldsymbol{B}^*)^* = \boldsymbol{AB}$. この左辺を書き換えると $\boldsymbol{BA} = \boldsymbol{AB}$ となる.

6.9 $\boldsymbol{B} = \frac{1}{\sqrt{2}}\begin{bmatrix} -\mathrm{j} & 1 \\ \mathrm{j} & 1 \end{bmatrix}$, $\boldsymbol{B}^* = \frac{1}{\sqrt{2}}\begin{bmatrix} \mathrm{j} & -\mathrm{j} \\ 1 & 1 \end{bmatrix}$ から $\boldsymbol{BB}^* = \boldsymbol{1}$ が確認できる.

6.10 固有値は -3, 7. ユニタリ行列は $\dfrac{1}{5\sqrt{2}}\begin{bmatrix} 3-\mathrm{j}4 & 3-\mathrm{j}4 \\ -5 & 5 \end{bmatrix}$. 対角行列 $\begin{bmatrix} -3 & 0 \\ 0 & 7 \end{bmatrix}$ を得る.

6.11 a) $\boldsymbol{A} = \begin{bmatrix} 0 & 0 & -1/2 & 0 \\ 0 & 0 & 0 & -1/2 \\ 2/3 & -1/3 & 0 & 0 \\ -1/3 & 2/3 & 0 & 0 \end{bmatrix}$

b) 固有方程式は $\lambda^4 + \frac{2}{3}\lambda^2 + \frac{1}{12} = 0$，固有値は $\pm \mathrm{j}\sqrt{\frac{1}{6}}, \pm \mathrm{j}\sqrt{\frac{1}{2}}$，これより固有周波数は $\frac{1}{2\pi\sqrt{6}}$ Hz, $\frac{1}{2\pi\sqrt{2}}$ Hz である．

6.12 インピーダンス行列は

$$\boldsymbol{Z}_{abc} = \begin{bmatrix} Z & Z_m & Z_m \\ Z_m & Z & Z_m \\ Z_m & Z_m & Z \end{bmatrix}, \quad \boldsymbol{Z}_{012} = \begin{bmatrix} Z + 2Z_m & 0 & 0 \\ 0 & Z - Z_m & 0 \\ 0 & 0 & Z - Z_m \end{bmatrix}$$

$\boldsymbol{Z}_{abc}$ は対称行列，よって回路は相反性をもつ．変換後の成分で表せば

$$V_0 = -(Z + 2Z_m)I_0, \quad V_1 = \sqrt{3}E - (Z - Z_m)I_1, \quad V_2 = -(Z - Z_m)I_2$$

となる．対称三相電源の式では正相インピーダンスと逆相インピーダンスが等しいが，三相同期発電機の基礎式では異なることに注意しよう．

6.13 a) $\boldsymbol{A}$ の成分を代入して，式のとおり計算すればよい．

b) ケイレイ・ハミルトンの定理の式の両辺に $\boldsymbol{A}^{-1}$ を掛ければ導ける．

c) $ad - bc = 2$ のとき，$\boldsymbol{A}^2 = (a+d)\boldsymbol{A} - 2\mathbf{1}$. よって，$\boldsymbol{A}^3 = \boldsymbol{A}\boldsymbol{A}^2 = \{(a+d)^2 - 2\}\boldsymbol{A} - 2(a+d)\mathbf{1}$

第 7 章

7.1 距離 $d = 2\sqrt{13}$，なす角 $\theta = 5\pi/6$

7.2 有効電力 $P = \dfrac{R}{R^2(1-\omega^2 LC)^2 + \omega^2 L^2}|E|^2$,

無効電力 $Q = \left\{ \dfrac{\omega L(1 + \omega^2 C^2 R^2)}{R^2(1-\omega^2 LC)^2 + \omega^2 L^2} - \dfrac{\omega C R^2}{R^2(1-\omega^2 LC)^2 + \omega^2 L^2} \right\} |E|^2$.

$Q = 0$ により，$\omega = \dfrac{1}{CR}\sqrt{\dfrac{CR^2 - L}{L}}$，ただし $CR^2 > L$ である．

7.3 $\langle \boldsymbol{y}, \boldsymbol{u} \rangle = 40$, $\langle \boldsymbol{u}, \boldsymbol{u} \rangle = 10$, $\dfrac{\langle \boldsymbol{y}, \boldsymbol{u} \rangle}{\langle \boldsymbol{u}, \boldsymbol{u} \rangle} = 4$，よって $\boldsymbol{s} = 4\boldsymbol{u} = \begin{bmatrix} 12 \\ 4 \end{bmatrix}$,

$\boldsymbol{v} = \begin{bmatrix} 1 \\ -3 \end{bmatrix}$．$\boldsymbol{u}$ と $\boldsymbol{v}$ とが直交することは容易に確かめられる．

7.4 直交系は $\boldsymbol{v}_1 = \begin{bmatrix} 1 \\ 0 \\ 2 \end{bmatrix}$, $\boldsymbol{v}_2 = \begin{bmatrix} -4/5 \\ 1 \\ 2/5 \end{bmatrix}$, $\boldsymbol{v}_3 = \begin{bmatrix} 2/9 \\ 2/9 \\ -1/9 \end{bmatrix}$. $\|\boldsymbol{v}_1\| = \sqrt{5}$, $\|\boldsymbol{v}_2\| = 3/\sqrt{5}$, $\|\boldsymbol{v}_3\| = 1/3$ であるから，正規直交系は

$$\begin{bmatrix} 1/\sqrt{5} \\ 0 \\ 2/\sqrt{5} \end{bmatrix}, \begin{bmatrix} -4/(3\sqrt{5}) \\ \sqrt{5}/3 \\ 2/(3\sqrt{5}) \end{bmatrix}, \begin{bmatrix} 2/3 \\ 2/3 \\ -1/3 \end{bmatrix}.$$

7.5 二次形式に対応する行列 $\boldsymbol{A} = \begin{bmatrix} 3 & 2 & 0 \\ 2 & 2 & 2 \\ 0 & 2 & 1 \end{bmatrix}$ の首座小行列式あるいは固有値から正定値ではないことがわかる.

7.6 首座小行列式から判定すればよい.

7.7 以下，$\boldsymbol{x} = \boldsymbol{P}\boldsymbol{y}$ とする．(a) $\boldsymbol{P} = \dfrac{1}{\sqrt{5}}\begin{bmatrix} 2 & 1 \\ 1 & -2 \end{bmatrix}$, $\boldsymbol{y}^{\mathrm{T}}\boldsymbol{D}\boldsymbol{y} = 2y_1^2 - 3y_2^2$,

(b) $\boldsymbol{P} = \dfrac{1}{\sqrt{2}}\begin{bmatrix} -1 & 1 \\ 1 & 1 \end{bmatrix}$, $\boldsymbol{y}^{\mathrm{T}}\boldsymbol{D}\boldsymbol{y} = -4y_1^2 + 6y_2^2$

7.8 二次形式に対応する行列 $\boldsymbol{A} = \begin{bmatrix} 6 & -2 & -1 \\ -2 & 6 & -1 \\ -1 & -1 & 5 \end{bmatrix}$. 固有値は 3, 6, 8, $\boldsymbol{P} =$

$\begin{bmatrix} 1/\sqrt{3} & -1/\sqrt{6} & -1/\sqrt{2} \\ 1/\sqrt{3} & -1/\sqrt{6} & 1/\sqrt{2} \\ 1/\sqrt{3} & 2/\sqrt{6} & 0 \end{bmatrix}$, 標準形は $3y_1^2 + 6y_2^2 + 8y_3^2$.

7.9 エルミート形式に対応する行列 $\boldsymbol{A} = \begin{bmatrix} 1 & 2-\mathrm{j} \\ 2+\mathrm{j} & 5 \end{bmatrix}$ はエルミート行列．固有値は 0, 6．ユニタリ行列は $\begin{bmatrix} (-2+\mathrm{j})/\sqrt{6} & 1/\sqrt{6} \\ 1/\sqrt{6} & (2+\mathrm{j})/\sqrt{6} \end{bmatrix}$. 標準形は $6|y_2|^2$.

参考図書

1) 田代嘉宏：工科の数学 線形代数（第2版），森北出版，2004.
2) 横田 壽：線形代数学入門，産図テクスト，2002.
3) 小寺平治：テキスト 線形代数，共立出版，2002.
4) 小寺平治：クイックマスター 線形代数（改訂版），共立出版，2002.
5) 高木隆司：キーポイント ベクトル解析，岩波書店，2010.
6) 岩井斉良：基礎課程 線形代数，学術図書出版社，1996.
7) 郡山 彬，原 正雄，峯崎俊哉：CGのための線形代数，森北出版，2004.
8) 大橋常道，加藤末広，谷口哲也：ミニマム線形代数，コロナ社，2008.
9) 上野健爾：数学の視点，東京図書，2010.
（以下は少し古くなるが，筆者がいまだによく参考にしているもの）
10) 卯本重郎：現代 基礎電気数学（改訂増補版），オーム社，1992.
11) 鈴木 敏：線形代数学通論，学術図書出版社，1983.
12) 古屋 茂：行列と行列式，培風館，1962.
13) 佐武一郎：行列と行列式，裳華房，1962.
14) 藤原松三郎：行列及び行列式（改訂版），岩波書店，1968.
15) 遠山 啓：行列論，共立出版，1970.
16) 服部嘉雄，小沢孝夫：グラフ理論解説，昭晃堂，1974.
17) 平山 博：電気回路論（改訂版），電気学会，1994.
18) 大野克郎，西 哲生：大学課程 電気回路（1）（第3版），オーム社，1999.
19) 山田直平：電気学会大学講座 電磁気学（第二次改訂版），電気学会，1994.
20) 安達忠次：ベクトル解析（改訂版），培風館，1963.

索　引

ア　行

カ　行

サ　行

タ　行

ナ　行

ハ　行

マ　行

ヤ　行

ラ　行

著者略歴

奥村浩士（おくむら・こうし）

1941 年　京都市に生まれる
1966 年　京都大学工学部電気工学科卒業
1971 年　京都大学大学院工学研究科博士課程単位修得退学
　　　　京都大学大学院工学研究科電気工学専攻教授を経て
現　在　京都大学名誉教授，工学博士

電気電子情報のための
線 形 代 数　　定価はカバーに表示

2015 年 3 月 15 日　初版第 1 刷

著 者　奥 村 浩 士
発行者　朝 倉 邦 造
発行所　株式会社 朝 倉 書 店
東京都新宿区新小川町 6-29
郵 便 番 号　162-8707
電 話　03(3260)0141
F A X　03(3260)0180
http://www.asakura.co.jp

〈検印省略〉

中央印刷・渡辺製本

ISBN 978-4-254-11145-3　C 3041　　Printed in Japan